悅讀的需要，出版的方向

勇者不懼

拯救福特企業夢幻CEO穆拉利

Alan Mulally

American Icon

Alan Mulally and the Fight to Save Ford Motor Company

Bryce G. Hoffman

布萊斯・霍夫曼 著

許瀞予 譯

致MSN、MSH，以及我的雙親——
內德．霍夫曼（Ned Hoffman）、比莉．克勞利（Billie Crowley）
感謝您們一輩子的支持

CONTENTS

CONTENTS

【推薦序1】

人對了、事情就對了

何湯雄／特力集團董事長

關於「人對了、事情就對了」的說法，本書無疑是最佳印證；而對我這創業者來說，書中有許多內容場景，甚至能與我的親身體驗互相對照：特力集團作為台灣最大貿易商與居家生活通路業者，回顧我們的組織變革過程，所幸在二〇〇九年找來台灣IBM前任總經理Sophia童至祥擔任執行長，帶領公司規劃策略並落實執行，才能在近年連串金融風暴、歐債危機之中，仍創下連十三季度EPS持續成長的紀錄！相對福特汽車作為美國最負盛名的企業之一，穆拉利執行長接手領導的團隊，能在風雨飄搖中堅定信念、拒絕美國政府救援，洞見與勇氣令人激賞，福特改革最終也贏得市場喝采，是一篇精彩無比的個案！

【推薦序2】

自助、人助，還需要天助

黃孝文／中華民國企業經營管理顧問協會理事長

走過低潮後的上坡果然充滿樂趣！空降的CEO穆拉利先生憑藉著他樂觀、積極、正面的能量，克服了重重的難關，將福特汽車帶向一個正確的方向，過程中許多事件不斷的考驗著穆拉利的決心與勇氣！董事會曾經考慮是否需要聘請外部顧問進來協助，而穆拉利的能力、名氣、魅力與影響力，卻讓所有的人願意相信他並跟隨他。

除此，企業會走向成功還需要有不錯的運氣，從一開始向銀行貸款的時機點、通用及克萊斯勒的破產、豐田的品質危機、三一一大地震與海嘯等，都告訴我們自助、人助還需要天助的道理。霍夫曼記者花了許多時間蒐集福特企業的一手素材，而讓這本書充滿可看性與真實性，此書文筆流暢易讀易懂，許多案例非常值得企業借鏡或深思，是一本值得推薦的好書。

【推薦序3】

不知與時俱進，轉型提升是重中之重

吳中書／中華經濟研究院院長

「創業惟艱，守成不易」這是企業經營中經常聽到的諺語。企業家要在充滿競爭與挑戰的環境中脫穎而出的確相當不容易，然而如何保持優勢，持續穩健發展更是困難。古今中外曾經名噪一時的企業家如今安在？許多企業的曇花一現固然有很多原因，不知與時俱進，轉型提升是重中之重。這本書所介紹的靈魂人物Alan Mulally 能夠將福特公司由瀕臨破產邊緣改造成高獲利公司，絕非偶然。其實事求是、大膽求證、去蕪存菁、嚴守紀律、並知人善用、整合規劃的態度與能力是挽救美國波音公司與福特公司的關鍵所在。台灣有很多企業甚至政府正面臨轉型的調整，書內敘述福特公司所存在的若干缺失，也存在於若干國內企業與政府組織中。相信閱讀此書，一定會給相關企業經理人、政府從業人員以及社會大眾重要的啟示。

【推薦序4】

偉大傑出的企業家，值得學習的典範

林惠玲／臺灣大學社會科學院院長

隨著經濟的發展，以及全球化、自由化的推展，同一產業廠商間的競爭也愈來愈激烈。廠商間的競爭不僅是來自國內的同業，也來自國外的廠商。沒有效率的廠商很容易陷入經營困境，甚而被淘汰。

一般而言，大規模的廠商享有規模經濟，可以較低的成本生產產品，以價低的價格來銷售，獲得鉅額的利潤；大規模廠商也會遭遇規模不經濟，而陷入經營困境，進而退出市場。

福特汽車正是一個活生生的例子，這個世界性的大汽車廠，曾經有過輝煌的歲月，她的汽車成為全世界駕駛人的最愛之一，但是卻於二十一世紀初，陷入困境，面臨關門的可能。在這樣困難的情況下，福特公司邀請到艾倫．穆拉利來擔任執行長，進行重整的工作，這是何等困難的工作，而艾倫．穆拉利居然做到了，而且創造出比重整前更輝煌的業績，這是多麼神奇且不可能的任務。

日月文化集團寶鼎出版社出版了這本《勇者不懼：拯救福特，企業夢幻CEO穆拉利》書籍，個人覺得非常值得向臺灣的讀者推薦，該書對於艾倫．穆拉利如何以勇者無懼的精神，重整一個即將破產的公司，有精彩生動的描述，值此臺灣經濟低迷，廠商面對嚴峻競爭的時刻，本書可以給企業領導人及所有讀者帶來許多啟發及借鏡，而讓臺灣的企業不僅能夠突破困境，而且能夠締造更好的佳績。

【推薦序5】

勇敢的，一步一步做

黃崇興／臺灣大學商學研究所教授

航空業的經驗，能不能移轉到汽車產業？「每輛車平均有上千個零件，在製造流程中不能有一點差錯」，「波音一般的商用客機大概有四百多萬個零件，如果一個沒裝好……」，技術經驗不是重點；重點是，對於一個曾經歷史輝煌，可是今天卻鏽蝕斑斑的古老帝國，你如何進行變革。工會是美國汽車產業的痛，多品牌多車款的山頭林立是福特長久發展下來的包袱，如何在本土市場的信貸危機，接著的世界金融風暴下培養競爭力？穆拉利只是勇敢的，一步一步做：組織再造，削減成本，加強力道在研發上投資，推出新車款面對未來。不要政府的金援，天助人助！

【推薦序6】

大破大立下「勇者」的智慧

熊秉元／浙江大學法律與經濟研究中心主任

全球景氣不振、經濟板塊移轉，近年企業面臨轉型及倒閉危機時有所聞；當組織與企業文化成為前進的窒礙時，如何捨念過去的榮耀、急轉改革，是領導者的一門大功課。書中第四代接班人比爾．福特，展現敏銳判斷力與智慧，以充分授權支持挖角而來的執行長穆拉利，是為「穆拉利式改革」大破大立最根本的後盾。改革是個進程，無人能預料終究走向敗或榮，能否具有遠見、持續力、運籌帷幄直至曙光乍現，足足考驗改革者。穆拉利以親和力為人、裁人、識人、爭取人，以至整合：BPR（會議）、一個福特（品牌）、組織、工會、現金流，甚至全美汽車產業，具有全方位領導的過人之處。全書敘事精彩如小說，值得推薦給企業領導人、主管、各種產業研究者；有機會一讀，必能有所收穫。

【推薦序7】

發揮領導者的真本事

管康彥／政治大學商學院企業管理學系專任教授

領導者沒有悲觀的權利，必須能看到黑暗背後的曙光，在逆境中勾勒與傳播組織未來的願景。領導者也不是躲在辦公室裡，向組織成員發送電子郵件傳遞聖旨的現代太監，經營的本質在於溝通與待人接物，藉由激勵式的領導，建構共識目標，點燃組織成員的工作熱誠。領導者最基本的定義就是有追隨者的人，領導者必須有感染力的能量，讓人想追隨。本書所撰述的福特汽車新領導者，便展現出領導者該有的真本事。成功衍生出來的企業文化往往會壓抑企業挑戰傳統，在不知不覺中被自己的成功經驗所腐蝕，而紛紛陷入困境。企業的最高經營責任者必須有高瞻遠矚的策略構思，引領企業變革轉型，才能在詭變的營運環境中，化危機為轉機。

作者序

二〇〇五年我在《底特律新聞報》（*Detroit News*）第一次報導福特汽車時，這家製造廠當時正在做最後的掙扎。那時我真的不知道福特會何去何從，但我知道不論最後福特是一敗塗地，還是東山再起，這個過程絕對是個精彩的故事。為了福特的員工、投資人、經銷商、社團甚至是美國，我希望記錄整個過程，更重要的是，我希望這個故事有個完美的結局，而這就是我想寫這本書的原因。

考慮到上述原因，在接下來五年裡我採訪了許許多多與福特相關的人，每次的面談我都十分謹慎，記錄也十分詳實。身為在《底特律新聞報》專跑福特的記者，我總是能得到多數事件的第一手消息，但我知道，如果要更深入研究福特，撰寫這家百年企業的歷史時，我一定得將這些消息背後的故事挖掘出來。

當這家汽車製造廠全體動員，決心要扭轉劣勢、創造歷史奇蹟時，我連絡董事長比爾．福特（Bill Ford）與執行長艾倫．穆拉利（Alan Mulally），告訴他們我的計畫——記錄福特如何完成這個不可能的任務。我也讓他們了解，如果這個故事能如實、全面地呈現在大眾面前，一定能激勵人心。這兩位重量級人物答應全力協助這項計畫。對於他們的支持，我真的無以回報，但我絕對會客觀、忠實地呈現這段歷史。

過了一年，我已經採訪了好幾百位這齣「歷史劇」的演員。我通常採取一對一的方式面談，有的甚至聊了好幾個小時。雖然我們談的每一句話都有可能被放在書裡，但他們很清楚地知道我絕不會洩漏他們的身分。許多人還在福特上班，想讓這些人侃侃而談的前提就是保護他們，因此匿名絕對是必要的。各位在書上看到我引用某些人的話，其中有些是摘錄於其他書籍或雜誌。在此，我也提供艾倫．穆拉利一個對所有讀者說話的機會，分享他在這些過程中的一些想法。

藉由採訪對象的協助，我才得以重現事件發生當下的對話，這也是我花費最多心力的地方。引號裡引述的對話有些由當事人提供，有些來自於參與對話的第三者，或當時的會議記錄、筆記等；至於某些沒有用引號的對話則是根據參與者記憶所及的轉述。有些當事人的想法或當時他們想分享的觀念，我會用粗體另外標示。

當然，一定會有人無法贊同這本書敘述的某些事件，我會參考其他書籍彌補遺漏的資料。大部分的採訪對象會分享他們的私人筆記、記事本或文件。福特汽車也提供了相當完整的文史資料，這是福特首次開放給像我這樣的作者「同時也是記者」研讀公司最「機密」的文件、備忘錄與檔案。書中許多地方著墨於福特汽車如何東山再起，以及美國汽車產業的興衰勝敗。或許有些讀者會發現本書某些地方與先前出版的資料相牴觸，但請相信我已經做過十分周延的查證。

前言

二〇〇六年九月五日，我跟著公關部門主管走進福特迪爾伯恩總部的媒體中心後台。一名負責接待我的公關人員敲門，探頭看了看裡面，要我和同事《底特律新聞報》（*Detroit News*）專欄作家丹尼爾．霍斯（Daniel Howes）進去。在房間裡，亨利．福特（Henry Ford）的曾孫笑得樂不可支，就像中了樂透頭獎。比爾．福特（Bill Ford）才剛剛辭去這家車廠執行長的位置。

「你看起來很開心，」霍斯觀察道。此時，比爾從部屬手中接過一瓶礦泉水，正大口地喝水。比爾聽到大笑。

「你根本不知道！」他興奮地大叫。在簾幕的另一邊聚集了全世界的汽車產業記者正對著手機咆哮，他們的手則是不停地敲打著電腦鍵盤。「我的太太高興！我的小孩高興！我更高興！」

當比爾使勁地搖著我的手，拍我的肩膀時，站在他旁邊的男人也在微笑。就在幾分鐘之前，艾倫．穆拉利（Alan Mulally）才剛成為福特汽車新任執行長。

「難道你不擔心你取代的這個人就此撒手不管，到處逍遙了嗎？」我問穆拉利。

他的臉沉了一下，隨即露出他的招牌笑容。

「布萊斯，你可能還不是很了解我。我告訴你，」穆拉利說。「不管福特汽車的狀況有多慘，絕對慘不過二〇〇一年九一一恐怖攻擊隔天的波音公司。」

這位身材修長，一頭棕髮的堪薩斯人曾經是波音公司商用客機部門的總裁。雖然美國企業界中下管理階層沒幾個人聽過穆拉利，他卻是在五年前紐約與華盛頓遭受恐怖攻擊，許多噴射機訂單被取消後，負起拯救波音公司大任的領導者。現在，比爾．福特要他來拯救另一家美國的標竿企業。

或許福特是帶領世界進入四輪交通工具的企業，是創造移動式生產線、中產階級的公司，但這些榮耀都已經是過去式。後來它與通用汽車（Gereral Motor）、克萊斯勒（Chrysler）成為美國戰後經濟的核心。**從二〇年代到七〇年代的五十年間，底特律三大車廠控制著美國汽車市場，每賣出六輛車就有五輛是由他們出產。**當時美國是世界上最大的市場，但他們的市占率卻逐漸下滑。尤其在最景氣的五〇、六〇年代，美國車廠愈來愈自滿。此時，歐洲與亞洲車廠順勢而起，研究美國車廠，找出讓他們在自家市場節節敗退的方法。在那個高獲利的年代，三家車廠更是創造底特律發放各種津貼的文化，如優渥的薪資、紅利、福利等，讓他們頓時成為大家欣羨的對象，只是後來這種制度同時折磨著勞資雙方。他們的成功得來過於容易，以致於市場占有率萎縮卻毫無警覺，至少反應不夠快。底特律三大車廠擁有過多工廠、員工以及經銷商。過於寬鬆的勞資契約導致人工成本過高，反觀國外車廠根本沒有這種負擔。最重要的是，他們固守舊有的營運模式，完全沒有全面改革的勇氣。華爾街開始冷眼旁觀，等著看哪一間車廠最先退出戰場。多數人的預測是福特汽車，因為他們的設計毫無吸引力，品質良莠不齊，而且管理階層無時無刻不在內鬥。

五年前，比爾．福特接管福特汽車，試圖挽救這間苟延殘喘的企業。曾有一段時間，比爾似乎有希望成功。汽車品質開始改善，福特成為第一家推出油電混合車的美國車廠，有一些車款開始受到市場青睞。只是消費者仍不免擔憂。有太多人買過福特的產品，並誓言下次絕不再重蹈覆轍。在此同時，油價不斷攀升讓那些原本習慣開大型車的人不再購買貨卡車或休旅車，而這正是福特營收的主要來源。他們也發現無法根除根深柢固的企業文化，管理階層拒絕改變，以自身利益為優先，而非組織的成功。這些人想的是如何陷害別人，抹殺他人的功勞；至於在工廠端，工會領導者一味地捍衛會員福利，絲毫不在乎製造效能。一年前，福特任命馬克．菲爾德斯（Mark Fields），這位讓歐洲區起死回生的領導者帶領美國區進行改革。菲爾德斯大膽的裁員、關閉工廠，希望藉由這些行動能讓福特轉虧為盈，只是他魄力還不夠，無法止血，資金與市占率不停地往下降。就在這個時候，日本的豐田汽車在美國的市場占有率首次超越福特。

當比爾．福特在二〇〇一年接任執行長時曾發誓：要讓福特汽車的營收在二〇〇六年達到七十億美元。只是計畫終究趕不上變化，光在二〇〇六年第三季，福特公布的損失就將近六十億美元，這是十四年來最慘的一季。投資人耐心盡失。原本被視為是績優股的福特汽車，股價只剩下個位數，更被投資銀行評為垃圾債券。福特即將破產的傳言在分析師之間不脛而走。

通用汽車與克萊斯勒其實也有類似的問題，只是華爾街分析師相信他們的狀況比福特還好一些。大眾普遍認為通用汽車能善用龐大的全球資產，不致於讓自己走上絕路；至於克萊斯勒則被認為有德國車廠戴姆勒．賓士（Daimler-Benz）撐腰，因此也能避開美國汽車產業狼狽的處境。經過分析師的仔細盤算後，他們一致認為福特將是第一家宣布破產的企業。

沒有人將艾倫．穆拉利的領導能力當一回事。

不到三年，通用、克萊斯勒相繼宣告破產，反觀重整後的福特則是讓華爾街驚艷。就在大多數企業因為經濟蕭條、慘淡經營的同時，福特汽車的財報一季優於一季。穆拉利可說在商業界打了一場漂亮的勝仗，他領導一項史上最偉大的重整計畫。

這一切得來不易。穆拉利將原本分崩離析、四分五裂的各區重新整合，轉變成一個單一、全球化的事業體，再度活絡原本已經僵化，困擾福特幾十年的企業文化。當時福特得抵押所有資產，甚至包括藍色橢圓標誌以獲得融資，才能支持穆拉利的改革。

「我是對的。福特的問題不比波音公司嚴重，」穆拉利後來向我透露。「他們真的比福特汽車還要糟很多，很多。」

第一章

亨利親手打造的企業

企業家之所以走下坡通常是過於執著舊有的方式，拒絕改變，他們依然眷戀過去的榮耀，孰不知自己的年代已經逝去。

——亨利・福特

除了出現與底特律其他車廠一樣的問題外，這家位於迪爾伯恩的汽車製造商的確面臨一些獨特的挑戰。福特汽車的災難絕非來自於六〇年代日本瓜分汽車市場或七〇年代的石油危機，早在一九〇三年六月十六日亨利·福特創立這家企業之初，公司內部就出現一些問題。他們一次又一次投入大量資金創造出領先同業的產品，但卻一次又一次讓這些成果付諸流水，失去競爭力。這家企業允許個人崇拜，培養許多傳奇性的領導者，但卻讓有能力的部屬相繼離去；它塑造嚴苛的企業文化，讓組織由內而外的腐化。這些天生缺陷一直伴隨著福特汽車。亨利·福特總喜歡誇耀自己是現代化社會的創始人。從許多層面來看，他的確功不可沒；然而，他也為這家公司製造出最難纏的敵人。

汽車史上你無法略過的亨利·福特

亨利·福特成立福特汽車的動機十分單純：「我想為大家製造一種車子，兼具便利性與空間性，適合一個人開車兜風，也能讓全家人一起出遊。我要雇用一流員工，以最新的工程技術、最簡單的設計，以及最頂級的材料打造這輛車。它的售價絕對親民，人人買得起，讓大家都能與家人坐在車內享受最美好的時光。」

後來一款簡單、可靠、實用的車型問世了，這就是福特最著名的T型車。亨利·福特真的實踐承諾，將汽車從有錢人的玩意兒，變為普羅大眾的交通工具[1]。當T型車一九〇八年十月一日開始銷售時，市面上多數車款還是不便宜，大約從八百五十美元起跳——換算成現在的幣值約在兩萬美元上下。福特當時強打的廣告標語是——「即使是你，也買得起福特」。但福特不滿足於現狀。由於T型車的強勁需求，這家領先群雄的製造商更創造世界上第一條移動式生產線。原本生產一輛福特汽車需耗時十三個小時，有了這條生產線，時間大幅縮短為九十分鐘，但缺點是生產線員工覺得工作乏味，流動率居高不下。一九一四年一月，福特汽車宣布員工的日薪調升為五美元，幾乎是當時其他藍領階級的兩倍，成為美國首創基本工資的企業。消息一出，成千上萬的勞工，尤其是南方的農夫紛紛放下鋤頭、十字鎬湧入底特律。福特的五元日薪引發自加州淘金熱以來最大的經濟移民潮，中產階級因而興起。亨利．福特對此十分自豪，這也讓福特的員工幾乎和福特汽車一樣穩定。大量生產的方式不但能降低成本，也能提高工作效率。更重要的是，他將節省的成本反應在消費者身上，發揮金錢的最大效益。亨利．福特宣稱，從製造成本中「刮」下來的每塊錢都為他帶來至少一千名新客戶。一九二五年前，T型車售價已經降到二六〇美元，相當於現代幣值三千美元左右，當時福特每年約有一百六十萬台的產能。

這在當時是十分可觀的數字，因為這家公司兩年前的製造量不過只有二十萬輛。T型車售價持續下修，銷售量竟也跟著銳減，市占率從一九二〇年百分之六一．五的高峰不斷下滑。福特汽車幾乎不見任何推陳出新，反觀其他車廠，如通用汽車則是經常推出比前一代性能更佳的改版車款。**由於亨利．福特認為T型車才是大眾最喜愛的車款，他固執、守舊，甚至把工程師開發的新車型敲得粉碎，導致T型車漸漸地追不上新科技。**事實上，許多經銷商，甚至是亨利長子埃茲爾·福特（Edsel Ford）都渴望福特能推出新車款。一九二七年福特汽車終於著手設計嶄新的A型車，然而時不我予，經銷商紛紛求去，需求驟減，亨利·福特被迫關廠，裁減超過六萬名員工。

固執、守舊的企業文化成了阻礙進步的絆腳石

正當福特改組的同時，通用汽車取而代之成為世界最大的汽車製造廠，許多人認為福特汽車氣數已盡。然而一九二七年十一月二十八日，美國各地的汽車展示場外排著大批人潮，為的只是看一眼福特二十年來首輛新車。對這些人來說，他們並不介意商店內其實只是新車款的紙板立牌。當天結束時，美國約有十分之一人口，至少一千萬人看過福特最新的A型車。它融合T型車的實用以及福特老客戶最期待的——「設計」。成千上萬的人當天立即下訂。福特製造廠又恢復往日榮景，甚至還供不應求。

兩年內，這家企業賣出超過兩百萬輛的A型車，在美國的市占率更是以前的兩倍。當其他競爭廠商持續推出改款車時，亨利·福特再次重蹈覆轍，停滯不前，直到一九三二年才又有一款新車，在這期間福特等於是坐吃山空。然而這家迪爾伯恩的汽車製造商仍舊受到老天的眷顧，福特

①T型車不是亨利·福特的第一輛車子，但卻是他第一輛「成功」的車子——也是讓福特在業界聲名大噪的產品。亨利·福特賣出的第一輛汽車比這早大約十年，一輛在自家後院手工拼裝而成的「四輪車」；至於福特汽車售出的第一輛車則是在一九〇三年七月一輛兩人座的小車。

又推出一款嶄新的暢銷車款。這一次福特依然故我，直到第二次世界大戰才真正增加產品線，只是即使是後來的雷鳥（Thunderbird）與野馬（Mustang），福特還是不斷出現相同的錯誤。

一九八〇年代，福特再次面臨嚴重的威脅，這次它的競爭對手來自遙遠的日本。外來車廠瓜分了福特與底特律其他車廠的原有市場，時間長達十幾年，許多人甚至懷疑美國三大車廠是否有應變的能力。幾年後，福特再次以嶄新的設計在車界投下震撼彈。一九八五年福特推出Taurus車款，流線型的設計讓車子的懸吊系統更緊密，操控更準確，看起來歐洲味十足。評論家批評Taurus看起來就像雷根糖，但它卻讓福特再次攀上事業高峰，獲利遠超過通用汽車。不久，通用汽車、克萊斯勒，甚至日本車廠也紛紛推出類Taurus的新車款。

看起來福特似乎已經從以前的經驗學到教訓。一九九二年，他們推出Taurus升級款，效能更甚於第一代，儼然已經取代本田Accord，成為美國最暢銷車款。只是這一切似乎是曇花一現。一九九七年，日本豐田汽車的Camry將Taurus擠下寶座，成為新一代的暢銷款，Taurus則是淪落到租車廠商的停車場。當Taurus在二〇〇六年停產時，甚至沒什麼人關心這項訊息。

* * *

福特邁向失敗之路的主要原因有兩個：第一是單一管理者主掌大權，其次是過度依賴單一產品。福特最初的管理者指的當然就是亨利．福特。他寧願獨自統治他的汽車帝國，而非培養管理階層。亨利有用人的眼光，剛開始找了不少有能力的主管，只是當這些人漸漸在組織內部發揮影響力時，卻反而被亨利．福特趕走。這位管理者甚至不願將權力下放給自己的兒子——埃茲爾．

福特。直到一九一九年公司買下其他投資者的股權後，埃茲爾才繼承父親的位置。然而在埃茲爾一九四三年過世之前，亨利．福特仍主導著組織內大大小小的各項決策，他經常撤銷埃茲爾下達的命令，更重新聘雇被埃茲爾解雇的人。

親小人，遠賢臣

福特汽車並非由亨利．福特一個人創辦，但他卻獨攬大權。這間企業的首位總經理為詹姆士．考森斯（James Couzens），這位謹慎的管理者，同時也是瘋狂的發明家——在一九一五年辭去職務。

「考森斯先生曾說，他可以與福特先生共事，卻無法為他做事，」這是福特早期另一位管理階層查爾斯．索倫森（Charles Sorensen）寫的一段話。「如果不是考森斯和他的團隊，以及這些人對銷售與財務的主導權，這家公司根本無法存活。」

曾經導入輪班制，首創大量生產的傳奇人物——威廉．克努森（William Knudsen）也被亨利．福特逼走，他後來成為通用汽車的靈魂人物。克努森在一九三一年將雪佛蘭（Chevrolet）帶入市場，宣告福特汽車帝國正式進入尾聲。

「克努森先生態度過於強硬，不受控制，」亨利．福特稍後承認。「這是我一手建立的王國。只要我還活著，它就應該照著我希望的方式經營、發展。」

福特寧願周遭圍繞的是唯唯諾諾的小人，而非能獨立思考的能人。據說哈利．班尼特

（Harry Bennett）就是他雇來維持River Rouge廠區秩序的幕後黑手。當時班尼特快速升任為安全部門主管，在組織內部發展堪稱世界最大的祕密警察勢力，他的狐群狗黨長期監視、打壓福特的高階主管。員工每天都生活在隨時會被解雇的恐懼中。**長期下來形成一種企業文化：他們回答每個問題都十分謹慎、小心，只說主管愛聽的話，而不考慮答案的對錯。**

宛如黑暗中古世紀的福特帝國

到了三〇年代，福特汽車儼然已經成為「黑暗的中古世紀，管理方式難以捉摸，組織內充斥著各種祕密活動與猜忌文化，」歷史學家道格拉斯．布林克利（Douglas Brinkley）曾如此描述。他更一針見血指出，這家企業根本沒有真正的組織架構。「亨利．福特喜歡聽公司內的小道消息，尤其是竊聽得來的訊息。組織的營運數據反而對他沒有任何吸引力。」

福特以本能與直覺經營他的平價汽車王國[2]。如果你想知道這家企業到底擁有多少資金，唯一方式就是看銀行帳單，他們甚至以磅秤來算出每個月的應收帳款。這對於草創時期的汽車製造廠或許沒問題，久而久之卻成為福特的「累贅」，原因在於，美國政府無法坐視一九四〇年代成為「民主兵工廠」的福特汽車不斷沈淪。

當時福特更換廠房設備，改生產轟炸機與吉普車，協助美國贏得二次世界大戰，美國國防部卻擔憂這些重要民間企業的管理不善可能帶來嚴重後果。華盛頓當局甚至在埃茲爾一九四三年過世後認真考慮接手福特汽車，原因無他，福特內唯一能理性思考的人已經不復存在。後來海軍命令埃茲爾的兒子——亨利．福特二世（Henry Ford II）立即辭去海軍中尉職務，直接前往迪爾伯恩報到。老亨利想再次獨攬大權，如同當初埃茲爾在世時一樣。一九四五年九月，這位福特創辦人的健康每況愈下，終於同意釋出掌控權。

亨利．福特二世雖然年輕，也沒有實務經驗，但他深知全面、徹底的改革是當務之急。他解雇班尼特以及祖父以前的跟班。他重用真正的企業家，如從通用汽車挖角而來的厄尼．布里奇（Ernie Breech），以及出身於美國陸軍航空隊的管理團隊，傳說中的「神童」（Whiz Kids）。他們共同創造現代化的組織架構，制定嚴謹的操作規範。福特的作法很快就成為其他企業效法的對象。這位新老闆還要求管理階層尊重每位員工，一視同仁。他保證，說實話絕不會秋後算帳，並對外界意見保持開放的態度。只是好景不常。當亨利二世對自己的能力愈有自信後，卻愈害怕失去這個得來不易的位置。他開始與經理人對立，導致管理階層擔心的是自己朝不保夕的工作，而非公司利益。

鬥爭的企業文化：夠強悍才能存活

「亨利．福特二世的蠻橫作風常會做出毫無退路，只憑感覺的衝動決策，」從七〇年代開始

②作者厄普頓．辛克萊（Upton Sinclair）在他具批判性的著作*The Flivver King: A Story of Ford-America*上首次提到亨利．福特是平價車款大王，這本書在一九三七年由美國聯合汽車工會發行。

報導福特家族的記者艾力克斯．泰勒三世（Alex Taylor III）描述。「鐵腕政治深植於福特的企業文化中。老亨利．福特與他的打手哈利．班尼特讓二〇以及三〇年代的福特瀰漫著恐懼的氛圍，久久無法消散……，甚至到八〇年代，管理階層還是害怕自己說的話會被竊聽，他們不敢想自己能在這裡待到退休，幾乎每個人都可能被鬥到垮台，這點與通用汽車的企業文化截然不同。只有強悍的人才得以在這家汽車製造廠生存下去。」

提到強悍，大概沒有人比得上李．艾科卡（Lee Iacocca）。七〇年代，這位行銷天才以野馬系列重新燃起美國人對福特的熱愛之後，很快晉升為總裁。只是他的個人風格最後竟成為內部對立的主要禍根，亨利．福特二世開始將艾科卡視為自己職權的最大威脅。當他知道艾科卡為了捍衛自己的職位，背著他籠絡董事會成員時，立即在一九七八年解雇艾科卡。不過艾科卡馬上轉到克萊斯勒發展，解救這家搖搖欲墜的汽車製造廠。

就在內部鬥爭即將到達另一種境界時，這位人稱「魔鬼上司」的福特二世竟宣布退休。他在八〇年代將公司交給一位極為謹慎的主管菲利浦．寇得威爾（Philip Caldwell），成為第一位非福特家族的董事長與執行長。有段時間，福特的發展似乎與通用汽車沒什麼兩樣，充滿著官僚主義、繁文褥節。但寇得威爾的繼任者——唐諾．彼得森（Donald Peterson）很快地釐清所有糾結點，為福特帶來新氣象。一九八八年，彼得森厭惡埃茲爾．福特二世（Edsel Ford II）與威廉．福特二世（William Clay Ford Jr.）不費吹灰之力就能進入董事會的狀況，拒絕指派他們成為董事會成員。

「我不是保母，」他當時這麼告訴《財星》（*Fortune*）雜誌。「我尊重埃茲爾與比爾（威廉．福特二世）為公司做的努力，但不能因為他們是福特家族的成員，就能成為公司的管理者。

我們必須堅持『能力』才是福特汽車的選才標準。」

接下來兩年，彼得森很想堅定這項立場，然而，只要福特家族還是公司最大股東，他就無法堅持理想。彼得森於一九九〇年辭職，就在此時，汽車製造業進入獲利最為豐厚的年代。

＊　＊　＊

我曾經問過豐田高層，福特汽車有無值得推崇的地方。

「有，」他想了一會兒回答。「他們克服困境的能力。」

關關難過關關過

或許福特汽車無法從以往的錯誤學到教訓，但它卻都能逢凶化吉，猶如汽車製造業的「拳王洛基」（Rocky Balboa）。他總能伺機出拳，雖然身處逆境卻能奮戰到底。每次只要有人看衰福特，這間老字號企業似乎會跌破眾人眼鏡，回到場中揮出完美的一拳。可惜的是，福特不懂得珍惜，不斷地重蹈覆轍，一旦危機解除，他們又故態復萌。

在過去一〇三年的歷史裡，福特經歷許多大大小小的災難，最近的一次危機發生在二〇〇六年。亨利．福特厭惡負債的感覺，但就在一九一九年美國經濟陷入蕭條之際，他為了買回早期投資者手上的股份而負債累累，這是公司第一次面臨破產的狀態。一次世界大戰後，通膨嚴重，福特汽車的銷售量不見起色；然而，亨利卻在迪爾伯恩River Rouge廠區持續他龐大的擴廠計畫，截至那一年年底，他們只剩下兩千萬現金，但光一九二一年前四個月的應付帳款卻高達五千八百萬美元。亨利．福特只好關閉主要工廠，賣掉設備，資遣約四分之一的員工，工廠外有十二萬五千輛沒賣出的T型車，因此他將這些車子裝上貨櫃，運往能立即付款的經銷商。在此之前，經銷商通常賣出車輛才需付款，從那時起，亨利改變遊戲規則。到了一九二一年四月，福特銀行裡有八千七百萬美元。這時候的福特不僅能正常營運，且能拉低售價，並視市場狀況隨時調整價錢。一九二一年底，福特已經刷新銷售紀錄，擁有百分之六一的市占率。

八年後，世界經濟陷入史無前例的大蕭條，福特試圖以獨特的經濟刺激計畫逆向操作。儘管市場對汽車的需求銳減，他竟為了刺激市場買氣為員工加薪，並降低產品售價，讓財務吃緊的一般大眾也能買得起車子。當其他競爭者紛紛關廠時，福特依然活躍於汽車產業。一九三一年，美國汽車市場萎縮三分之二，亨利．福特甚至被迫停止生產新一代的A型車，他關閉二十五家工廠，解雇七萬五千名員工，甚至收回員工之前調漲的薪水。一如往常，這些激烈的措施讓福特得以存活，但一九三〇至一九三三年之間，公司損失了一億二千萬美元；而通用汽車由於能快速止血，立即做出停止生產與裁員的決策，因此在那段期間沒有損失任何一毛錢。

戰後經濟復甦，福特也漸漸走出陰霾，然而讓人無法預料的是，七〇年代美國汽車產業遭遇一連串打擊。羅夫．奈德（Ralph Nader）的著作《任何速度都不安全》（*Unsafe at Any Speed*）揭開自T型車問世以來，美國汽車產業與製造商的神祕面紗，同時也讓美國相關規範進入嶄新的一頁。美國政府開始要求福特以及其他製造商必須出產更安全的汽車，並減少廢氣排放。他們試圖將這些昂貴的支出轉嫁至消費者身上。雖然美國後來打贏越戰，仍舊無法抵擋經濟衰退。當汽車標價愈來愈高，汽油價格也跟著開始攀升。消費者不是省油的燈，大家開始尋找更便宜、更節能的替代方案，不再眷戀底特律出產的「陸上豪華遊艇」。

因高油價而起的一連串困境

他們發現自己愛上幾年前從日本進口的「可愛小火柴盒」。美國人開始對價格低廉、省油的進口車感興趣，很快地他們也了解這些車遠比美國製造的車款還更安全。

「老實說，我真的不知道要如何追上這些外國的競爭者，」亨利．福特二世在一九七一年的股東會提出警訊。「或許有一天，我們只剩下服務能搬得上檯面。」

一九七三年石油危機後，美國國會強制執行一項省油的新政策。對於強項就是省油的日本車廠來說，簡直輕而易舉，然而，對美國車廠無疑是雪上加霜，他們得投入大量資金研發新產品與新技術。

對美國前三大車廠而言，這還不是最壞的時機。一九七九年爆發伊朗革命，導致第二次石油危機，總總因素讓總是開長途車的駕駛人更愛那些省油的小火柴盒。很快地，在全美國都可以看到日本汽車的維修站。

七〇年代對底特律的汽車製造廠來說就像是世界末日，這些只是福特汽車災難的開端。當時的新聞披露，一連串的火燒車事件都與福特的Pinto車款有關，這家企業開始面臨昂貴的官司訴訟。一九七八年，Pinto車款在印度高速公路被後方車追撞，導致車內的三名少女活活燒死，福特隨即以謀殺罪名遭到起訴。同時，福特其他車款也被控訴變速箱故障，總共造成一百多人喪生，兩千多人受傷。在七〇年代末期，福特汽車已經成為駕駛人最不想選擇的品牌。在一九七二年公告業績創下九億六百萬美元新高後，這家企業一年不如一年，在一九八〇年以虧損十四億美元坐收，幾乎和克萊斯勒不相上下，但後者可是有納稅人資金在背後撐腰。

幸運的是，保守的亨利．福特二世在一九七九年下台前，為福特隱藏了幾億元的資金。當他一年後辭去執行長職務時，這是首次沒有任何福特家族的人在位[3]。這些錢讓福特不需再次大量裁員與關廠。寇得威爾、彼得森以及新一代的高階主管更利用這些錢與美國聯合汽車工會（United Auto Worker）協商，簽下讓步合約，並研發如Taurus的新車款。到了一九八三年，福特又刷新紀錄，創下十八億的歷史新高。一九八六年，福特已經超越通用汽車。一九八七年，福特的營收更甚於日本與歐洲車廠的營收總和。

風水輪流轉，福特的休旅車工廠就像印鈔機

九〇年代中期，從表面來看，底特律車廠的「原罪」似乎都已經被赦免。石油價格回跌，通貨膨脹回到美國的低點。突然間，美國又開始流行大車，紛紛將小轎車換成休旅車。為什麼這種稍早之前只適合牛仔、農場工人或愛好戶外活動者的車款突然炙手可熱，套句汽車產業資深記者保羅．英格沙（Paul Ingrassia）的話：「這是一種時尚宣言。當大家只穿Patagonia的風衣，只開跑車時，你開房車就落伍了。」

為了因應市場的強勁需求，福特推出嶄新的SUV車款—Explorer。它在一九九〇年上市，短短幾個月就成為全球最暢銷的休旅車，同時也是福特史上最厲害的賺錢機器之一，為福特帶來可觀的進帳。到了一九九五年，福特賣出更多的卡車與轎車[4]。一九九七年，福特推出另一款更大型的休旅車——Expedition，為這家企業貢獻更多營收。兩年後，超大型休旅車Excursion上市，可惜因為過大而無法進入一些洗車機或停車場。一位德州婦女隔天就把車開回經銷商，車頂就如同沙丁魚罐頭被整個掀開。銷售員詢問那位婦女是否要換成較小的車型，竟被她拒絕。她還是堅持要買Excursion，並說將準備一個更大的車庫。環保人士對這類耗油的怪獸可不這麼友善。這系列車款儼然已經成為許多環保團體，如賽拉俱樂部（Sierra Club）批評的焦點，他們甚至譏諷福特應該將這類休旅車改名為「福特油輪」才對。然而，看到白花花的銀子源源不絕地滾進公司，福特對這類批評也不大在意。

如同通用汽車或克萊斯勒，福特的休旅車工廠就像印鈔機，他們甚至以直升機運送零件，而不願意浪費時間以火車代替，足以顯現這些印鈔廠的雄厚財力。不過汽車界的三大巨頭可不願意分享天上掉下來的意外之財。這是日本車廠幾十年以來首次被美國車界排除在外。日本車廠在這方面的動作太慢，得花好幾年才能趕上美國的腳步。事實上，當底特律的錢淹腳目時，日本競爭

③ 這樣的結果並非福特家族的意願，而實在是家族成員都太年輕，不足以擔任領導者的重責大任。不過，人稱「魔鬼上司」的亨利二世在一九八七年過世之前都是董事會成員，而且主導財務委員會。

④ 在一九四八年推出的F系列已經是美國最熱賣的房車。

者正為日幣不斷升值所苦，為了不讓利潤被匯率吃掉，只好提高售價，造成當時的日本車根本乏人問津。

一九九八年，福特公告營收高達二三〇億，世界各地的汽車製造廠只能望其項背。這些營收絕大部分來自於一九八九年從海灣西方公司（Gulf + Western）手上收購的第一聯合資本（Associates First Capital Corporation）的貢獻，這是一家提供財務服務的企業。即使沒有這家子公司的挹注，福特一九九九年的進帳也有七十二億美元。

* * *

當這家企業絞盡腦汁想出運用手頭現金的方法時，創辦人的後裔也想盡辦法要擠進福特的管理階層。

獨特的股權結構

雖然福特汽車早在一九五六年上市，但組織絕大部分的掌控權仍握在福特家族手上，這只能說感謝某個人發明了艱深難懂的財稅遊戲。自從亨利．福特買下合夥人的股份後，他就決定將經營權留在自家人手上。他怕銀行會想盡辦法偷走福特汽車，因此始終不願將公司公開上市。

然而，亨利．福特最恐懼的不是華爾街的騙子，而是遺產稅。一九三六年，他成立福特基金會（Ford Foundation），並安排在他過世後，也就是十一年後將大部分福特股份移轉到這裡。直到一九五五年，這個基金會已經成為世界上最重要的慈善團體，在國際間具有相當的影響力。後來，福特基金會認為沒有必要和福特汽車綁在一起，決定出售股權[5]。亨利・福特二世無法阻止他們的決策，因此讓銀行建立一種特別的股權結構，將股份分為兩部分：在紐約證交所公開交易的A股，以及專屬於福特家族的B股。不論福特汽車發行多少A股，B股所有人還是占有百分之四十的投票權[6]。這賦予福特家族足夠的權力左右公司決策，甚至是遴選董事會主席。

九〇年代末期，威廉・福特二世（也就是家族成員口中的比利，底特律人所知的比爾）成為董事會主席，他和汽車產業的淵源極深，甚至高於任何一個福特人。他父親威廉・福特一世（William Clay Ford Sr.）是埃茲爾最小的兒子，母親為瑪莎・費爾斯通（Martha Firestone），是費爾斯通輪胎橡膠公司（Firestone Tire & Rubber Company）創辦人哈維・費爾斯通（Harvey Firestone）的孫女。費爾斯通輪胎橡膠公司是量產輪胎的先鋒，也是福特T型車的供應商。

笑起來帶著酒渦的比爾・福特看起來與曾祖父亨利・福特一點也不像，反而比較像圓潤臉部線條柔和的叔叔亨利・福特二世。除了他湛藍的眼睛外，多數人對這位年輕福特的印象是聰明、愛笑、態度隨和、舉止優雅，更讓人想不到的是他有自嘲式的幽默感。

⑤ 福特家族的福特基金會在一九七六年與福特汽車完全脫離。這家汽車製造廠建立另一個慈善機構，名稱為「福特汽車基金會」（Ford Motor Company Fund）。

⑥ 這些B股可以在家族成員中自由交易，一旦賣給家族以外的人，這些B股就會自動轉換為在公開市場上交易的A股。

福特家見不到優雅的勝利者，也不會有風度翩翩的失敗者

一九五七年比爾出生在底特律，居住在聖克萊爾湖畔Grosse Pointe Shores區的高級住宅。他父親是福特董事會主席、副總，並負責管理美國本土事務部門。比爾每天在餐桌上聽到父親與其他人討論著公司與汽車產業的狀況。當他進入小學後，父親轉而對足球產生極大的興趣。一九六三年，威廉．福特一世竟買下國家足球聯盟（National Football League）底特律雄獅隊（Detroit Lions）的經營權。這隻隊伍贏球的機會不多，但並非他們不想。老福特的競爭心很強，他也想把這種精神潛移默化給比爾以及他的三個女兒。

「我們在家裡的每件事都具有高度競爭性，」比爾回憶道。他描述紙牌或其他小遊戲在他家如何變成競賽。「即使是晚餐後簡單的遊戲也會轉變成一場割喉戰。在我們家不會有優雅的勝利者，也不會有風度翩翩的失敗者。」

在比爾的成長過程中，圍繞在他身邊的是財富與權力。他們家會在加州的棕櫚泉市過冬。在那裡，這位年輕福特能遇得到住在街尾的華德．迪士尼（Walt Disney），等著父親和法蘭克叔叔（沒錯，就是著名歌手法蘭克．辛納屈）。即便如此，比爾．福特還是極力想跳出他的舒適圈。他參加聖克萊爾湖社區的少年曲棍球隊，經常對上福特員工的小孩。他與曾祖父一樣熱愛戶外活動，他最深刻的童年回憶是待在北密西根釣魚俱樂部的暑假，他可以一整天待在史塔郡河旁釣鱒魚。

就如同他的父親、曾祖父，比爾上的是康乃狄克州的名校霍奇基斯中學。他可以在埃茲爾．福特圖書館念書，或在威廉．福特一世網球場上邁力揮拍。其實比爾愛的是足球與曲棍球，但他

十分重視家族，尤其生長在密西根東南部，在那個大家奉福特家族有如皇室的地方，很難掩飾他背後的光環。在底特律，福特家族的名字不僅在網球場或圖書館出現，還有醫院、高速公路，當然還有汽車製造廠。

畢業後，父親給他一輛福特絕無僅有的金屬綠「野馬」，送他上普林斯頓大學，比爾在這裡的畢業論文是研究亨利．福特與聯合汽車工會的關係。他上大學後，投入更多時間在激烈的英式橄欖球上，沒有幾個人能擋得住他的衝勁。他在四年間跌斷好幾根骨頭。在他那輛野馬保險桿上的貼紙寫著：「在橄欖球的世界中，沒有所謂的勝利者，只有倖存者。」在比爾準備競選長春藤聯盟（Ivy Club）會長的同時，他也研究東方神祕主義與哲學。

一九七九年他拿到普林斯頓的歷史學位，比爾．福特決定到他曾祖父的公司上班，是製造汽車，而不是製造輪胎的那個曾祖父。他想證明自己的能力，因此他上班第一天的員工識別證是威廉．克萊（William Clay），職位是產品分析師。但他騙不了任何人。下午五點，福特抬頭看了一下大家，想等其他人離開，他再離開，只是沒有一個人移動。下午六點，有些同事開始看雜誌；下午七點，其中一個決定訂比薩當晚餐；晚上九點，福特終於推開椅子，走向大門，其他人才陸續離開。

不一樣的福特繼承人

從比爾．福特每天都進公司可看出他對福特汽車的貢獻，他大可不必如此。如果他選擇待在某個私人小島的海灘，大概也沒有幾個人會責怪他。身為企業第四代，許多繼承者不大會虧待自己，總是過得十分悠閒、自在，但比爾不同。在福特汽車工作幾年後，他又回到校園，於一九八四年拿到麻省理工學院史隆管理學院的碩士學位。稍後，他回到職場上，在一九八七年被任命為福特瑞士分公司的總經理。這個位於阿爾卑斯山的國家是滑雪勝地，但絕非福特的一級戰場。一年後，他和埃茲爾．福特二世被推選為福特董事會成員，從此揭開和彼得森的戰爭。他們贏得這場戰役，比爾還在一九九〇年成為事業戰略部的經理。十年後，比爾擊退他的堂兄埃茲爾，成為福特家族第四代接班人。

比爾．福特認為自己已經名正言順取得福特領導人的地位；然而，他的言行舉止和大家想像中的管理階層不大一樣。比爾篤信佛教，玩古典吉他，還是個激進的環保人士。他認為自家生產的汽車、卡車正是讓全球日益暖化的罪魁禍首。他面臨最大的挑戰是他父親買下的橄欖球隊。這隻球隊的成績慘不忍睹，在美式足球聯盟（NFL）中敬陪末座。帶領福特在九〇年代交出漂亮成績單的董事長艾力克斯．托特曼（Alex Trotman）認為比爾與埃茲爾是「有錢的富家少爺。縱使許多地方都可以看到這個家族留下來的遺產，但他們的能力還不足以經營這家全球最大的汽車製造廠。」當董事會要求他選擇比爾．福特當他的繼任者時，托特曼拒絕了。董事會最後還是讓托特曼屈服，他只好選擇離開。臨走前，他走過年輕福特身旁，對他說：「現在，你終於奪回你的王位了，威廉王子。」

* * *

然而，比爾終究還是無法獨自掌攬大權。

當董事會願意給比爾機會時，外部對於他經營公司的能力仍舊持保留的態度。別的不說，單就年紀而言，他真的很年輕。在他一九九九年一月一日正式接管福特汽車時只有四十一歲。董事會後來想出一個折衷方式：比爾擔任董事長，並找來一位經驗豐富的執行長輔佐他。

他們找來的是為人殷勤且十分有自信的賈克·納瑟（Jacques Nasser）。納瑟是出生在黎巴嫩，在澳洲長大的阿拉伯人，他年長比爾十歲，被認為是福特汽車中最有能力的主管。

南轅北轍的領導者

這兩個人簡直是南轅北轍。比爾雖然含著金湯匙出生，但卻十分務實，想盡辦法躲開鎂光燈焦點，當個平常人。甚至登上總裁之位後，他還是和福特的工人一起玩曲棍球。普林斯頓大學畢業後，比爾開始玩更加殘暴的冰上曲棍球。除了場內四飛的冰球與身體碰撞外，還必須忍受刺骨的雨水與降雪。此外，他厭倦了沉悶的Grosse Pointe地區，舉家遷移到位於安亞伯（Ann Arbor）休倫河旁占地十七英畝的大莊園，這裡距離福特總部約四十五分鐘車程，是個作風十分開放的大學城。平常，比爾·福特自己開著他的野馬或F-150貨卡車上班；週末，他溜著直排輪到附近的星巴克喝咖啡。許多人批評福特是造成地球反撲的罪魁禍首，他竟然也十分贊同這些意見。比爾仍然是那個直言不諱的環保人士，他的辦公室處處可見環保概念，包括簡單的麻壁紙，以及織上太陽能板的白色窗簾。

相反地，身為一個貧窮、深色皮膚的澳洲移民，納瑟在成長過程中遭遇的是威脅、罷凌，以及想盡辦法賺錢。長大後，他只想遠離那段不堪的過去，用財富與權力裝飾自己。他出門喜歡坐豪華禮車，一週幾乎工作七天，裝飾辦公室的是有質感的金屬與皮革，他甚至將辦公桌下墊了一個小檯子，只是為了彌補矮人一截的身高。在拿到皇家墨爾本理工大學（Royal Melbourne Institute of Technology）國際商業學位後，於一九六八年進入福特澳洲分公司，擔任分析師。接下來的三十年，他的足跡遍及全世界，他以自己的方式一步一步往上爬，終於在一九九六年成為企業業務部總裁。這段期間，納瑟以嚴格控制成本著稱，因而贏得「利刃賈克」（Jac the Knife）的綽號。董事會認為他具有嚴謹的財政紀律，毫不眨眼就做出艱難的決策，與年輕福特的理想性格剛好互補。

這樣的搭配表面上看起來十分完美，但實則暗藏危機。第一，沒有人願意和他人共享權力。第二，自從納瑟成為執行長後，所謂的「財政紀律」似乎消失的無影無蹤。納瑟一直想讓自己成為美國資本主義名人堂的一員，當他看到某些地方，如矽谷的榮景時，也很想分一杯羹。此外，他認為既然傑克．威爾許（Jack Welch）能成功將奇異公司從微波爐製造商轉型為金融服務公司，成為華爾街的新寵兒，他絕對也能如法炮製。

成為執行長不久後，納瑟收到的內部報告顯示，福特美國本土的營收主要來自於卡車以及休旅車的貢獻。這讓他警覺，尤其是日本製造商也看到這塊市場的商機，準備推出高耗油的車款搶市。只是納瑟寧願將重心放在將福特多角化經營，也不願多花心思開發新產品、豐富產品陣容。

納瑟打破福特存了十年的撲滿，準備來場瘋狂併購。他買下英國一家連鎖汽車修理廠，以及佛羅里達的廢棄物回收場；他投資網路公司，並和微軟、HP、Yahoo!合作。在此同時，他放下福特最核心的汽車事業，將福特總部專屬的「藍色橢圓」（Blue Oval）標誌移走，以從其他產業來的年輕人取代經驗豐富的管理階層。他將福特部分子公司獨立出去，命名為偉世通公司（Visteon Corporation），認真地考慮要讓福特完全退出美國轎車市場，專心於利潤更高的卡車與休旅車事業。他唯一認為有潛力的汽車業務是高級豪華轎車市場。當時福特已經擁有世界上最著名的品牌——Aston Martin（艾斯頓．馬丁）與Jaguar（捷豹），納瑟後來又買下Land Rover（荒原路華）以及Volvo（富豪），並加入福特自有品牌Lincoln（林肯），重新成立一個國際性的品牌「領先汽車集團」（Premier Automotive Group）。他甚至為這個部門在加州成立總部，以區別底特律的品牌。

當納瑟極力帶領福特走向一條新經濟道路時，比爾．福特試圖讓福特從「全球氣候聯盟」（Global Climate Coalition，簡稱ＧＣＣ）中除名。ＧＣＣ乍聽之下好像是環保團體，其實是個工業組織，致力說服綠色組織，警告大眾如果過於限制排氣量將對全球經濟帶來負面影響。環保人士無不對比爾的舉動喝采。這只是個開端。二〇〇〇年五月，他出版福特首份《企業公民報告書》（*Corporate Citizenship Report*），剖析某些具爭議性的議題，如排放廢氣對氣候的影響，以及小車與大型休旅車所造成的危險。綠色和平組織邀請比爾擔任倫敦綠色企業研討會的演講人。汽車雜誌《*Car and Drive*》編輯布洛克．耶茲（Brock Yates）還形容這位年輕的接班人只是：「內疚的富家少爺，不像他的祖先是有自信的企業大亨。」

得罪基層與經銷商，流失福特重要資產

反觀納瑟的表現就真的像是個大亨。他建立偶像膜拜的文化，出現時身邊總跟著一堆人，屢屢在公開場合與部屬搶功。他更全面性宣布，所有汽車必須安裝傳統的時鐘，試圖顯示優雅的格調，甚至一時興起修改員工識別證上的藍色色調。納瑟曾經與資深管理階層開會，概述他的市場行銷計畫。當部屬對計畫提出修正時，他竟要大家閉嘴。

「這是我們最新的行銷策略，」他憤怒地說，「如果你不同意，我馬上請人事幫你結算退休年資。」

福特士氣低落，員工不僅要應付納瑟的朝令夕改，還得小心他隨時爆發的脾氣。更糟的是，他後來引進一套員工績效評估系統，不看經驗，而以某種複雜的標準為雇員分級，福特開始流失那些任勞任怨的資深員工。納瑟壓根兒沒想過，**福特是因為這些員工的技術與資源才能化解一次又一次的危機。他們深知福特的歷史，了解這家汽車製造廠過往如何克服災難，如何絕處逢生。**現在多虧了納瑟，讓這些福特最重要的「資產」紛紛求去，有些人甚至還以年齡歧視為由對福特提出訴訟。

納瑟同時也與福特的經銷商漸行漸遠。他的計畫是將都會區的經銷商納入福特掌控的大型賣場。這些經銷商可以擁有新零售通路的部分擁有權，但前提是必須放棄經銷權。多數經銷商認為福特的這步棋無疑是想讓他們退出，吸收所有利潤。有些業者提出公開聲明譴責納瑟，如果需要，他們不惜與福特對簿公堂。

當福特無視於來自基層的聲音後，品質開始走下坡，設計也不如以往，偷工減料，新品上市時間更是遙遙無期。然而，只要公司還處於獲利狀態，沒有幾個人會想去挑戰野心勃勃的納瑟。

但這一切已經超出比爾容忍的極限。

守護福特家族名聲

如同家族其他成員，他以這家冠上家族姓氏的企業為榮。他們深切了解這是美國最後，也是最偉大的家族企業。他們是亨利．福特夢想的守護者，且發自內心的關懷那些依賴福特汽車維持生計的人。就在比爾．福特接任董事長後一個月，一聲巨大的爆炸聲撼動整個Rouge廠區，七名工人死亡，多人受傷。比爾在第一時間，甚至火還沒撲滅就趕至現場，跟著傷者前往地區醫院，陪在擔心、哀傷的受難者家屬身旁。接下來幾天，他的身影出現在幾場喪禮上。這是福特汽車與其他汽車製造廠最大的差別，這也是為什麼許多員工都說，他們是為福特家族的人工作，而不是福特汽車。

員工的訴訟與經銷商的公開信深深刺傷比爾，這些人和比爾的交情不僅止於公事。他怕納瑟快速地改變遲早對組織，甚至對福特家族造成傷害，因此他決定在事情惡化前採取行動。

＊　＊　＊

厄文．霍卡迪（Irv Hockaday）原在Hallmark Cards擔任總裁兼執行長，二〇〇〇年他在這個家族企業傑出的職場生涯接近尾聲。這位白髮蒼蒼、戴著眼鏡，有著中西部口音的長者自一九八七年就被選為福特汽車的董事會成員，也是比爾．福特在接掌家族企業後的導師。他靜靜聽著這位年輕的門生訴說對納瑟的擔憂。他同意許多董事會成員都認為這位氣燄高張的執行長改革速度過快，但他其實不大擔心公司在保守派彼得森與托特曼的經營下會出什麼大問題。他認為不需操之過急。

「好吧，比爾，你知道其實賈克的經驗十分豐富。他很積極，而且是那種會跳脫傳統思維的人，」霍卡迪聽完後說，「考量到他豐富的經驗，而你在這個領域仍舊是個新手，如果是我，暫時不會有任何行動。」

他建議比爾耐心等待，觀察情勢。雖然比爾不大同意，但他還是照做。

然而，螺絲釘真的鬆脫了。

掌舵者有問題時，何時可以介入處理？怎麼做？

二〇〇〇年初，國家交通安全管理局（the National Traffic Safety Administration）開始調查Explorers車款的重大意外事件是否與費爾斯通輪胎有關。這種輪胎如果在夏天高速行駛中容易讓車子翻覆，造成嚴重的災難。無論如何，福特都責無旁貸。一九八八年買下費爾斯通輪胎的日本普利司通（Bridgestone）宣稱，福特的休旅車才是罪魁禍首。消費者認為兩家公司都有疏失，控訴他們企圖隱藏問題。

美國政府命令費爾斯通召回六百五十萬個輪胎。為了重建消費者信心，福特決定召回超過一千三百萬輛汽車，總花費高達二十一億美金。隨著死亡人數攀升至一百四十人，兩家企業成為集體訴訟的首要對象。福特與費爾斯通在美國長達一世紀的交情決裂了，開始在法庭上互揭瘡疤。所有的訴訟費用與賠償讓福特付出幾億美元，然而企業形象的重挫才是福特最慘痛的代價。

此時，美國進入另一次的經濟衰退。福特的銷售量驟降，部分是經濟問題，而另一部分則是美國民眾開始注意到福特產品的疏失。到了二〇〇〇年底，營收幾乎掉了一半，二〇〇一年似乎只會更糟。由於訴訟與召回問題車輛讓福特現金所剩無幾，此時納瑟毫無節制的花費在內部看來尤其刺眼。甚至長期對母公司營收貢獻甚多的福特信貸（Ford Motor Credit Company）也出現問題。一九九九年納瑟聘雇一位自命不凡的銀行家唐・溫克勒（Don Winkler）帶領這家財務公司。溫克勒認為只提供汽車貸款無法成什麼氣候，因此誓言將福特信貸轉型為「全球性的汽車貸款公司」。但審核的過程太快、也太鬆散，公司的呆帳愈來愈多，甚至到達警戒狀態。

比爾・福特不再是董事會中唯一擔心納瑟的成員了。當他再次致電霍卡迪，這位Hallmark總裁總算同意比爾在董事會中揭露他擔心的議題，但前提是比爾必須確認自己已經準備就緒。他建議比爾找幾位支持他的成員先行演練。

「除非你有百分之兩百的準備，否則我不答應你這麼做，」霍卡迪建議，「如果你在董事會上的簡報不完全、不成熟，你只會為自己帶來更多麻煩。」

「非常合理，」福特回答。

比爾擔心此次會議會提早曝光。事實上，他絕對有理由這麼想，因為納瑟的跟班不僅錄下比爾與他人的對話，還在他的車子裝竊聽器，防止比爾密謀造反。霍卡迪提議在Hallmark密蘇里總部堪薩斯市舉行會議。他還派Hallmark的私人飛機接送比爾，才不致於洩漏行蹤。

解雇納瑟

當比爾抵達時，看見卡爾．雷查德（Carl Reichardt）與羅伯特．魯賓（Robert Rubin）在會議室裡等他。雷查德是美國富國銀行（Wells Fargo）前任總裁，而魯賓則曾是美國總統柯林頓的財政首長。兩位都是霍卡迪的推薦人選。他們絕不會洩漏風聲，更能對比爾的簡報提出最中肯的建議。

他們對比爾的分享只能用瞠目結舌四個字形容。他概述納瑟傷害公司核心事業的作法，並提出大量的事實與數據佐證。至於其他董事會成員則對比爾能蒐集如此詳盡的資訊感到訝異，尤其是納瑟根本拒絕提供任何公司的關鍵報告與資料。他們承諾會提交下次董事會討論。

二〇〇一年七月，比爾對迪爾伯恩的全體董事會陳述他的觀點。聽完後，董事會成員要求比爾離開會議室，並要納瑟進來。

「你有麻煩了，」董事會告訴納瑟。「比爾對你有些疑慮，我們也認同他的想法。身為執行長，你必須重視這些問題。」

納瑟保持冷靜，沒有提出任何辯解。董事會要比爾再次進入會議室，同時對他們兩個說：「你們兩個必須想辦法分工合作，否則董事會絕對會介入解決，」董事會提出警告。「你們應該一起界定自己的角色，找出各自的掌管事項。你們最好盡全力試試看。」

董事會同意在經營層面賦予比爾・福特較多的權力，但納瑟似乎不把比爾的建議當作一回事。這家汽車製造廠的財務持續走下坡，當然員工士氣也一天比一天低落。二〇〇一年的九一一恐怖攻擊徹底摧毀美國整體經濟，尤其是汽車產業。不斷下修的銷售量讓福特的問題日益惡化；此外，經銷商愈來愈看不慣納瑟的作法。董事會終於同意開除納瑟。現在，唯一的問題是「誰」來代替他。

十月初，亨利・福特的後裔齊聚一堂，共同討論福特汽車的未來發展。比爾・福特站起來，直言不諱地陳述當前的狀況。福特汽車真的陷入危機，納瑟摧毀他們和前人的努力。比爾表示，他觀察福特內部所有員工，沒有人能擔任這個職位。他們已經讓外人經營這家公司二十幾年了，現在輪到福特家族的人自己掌權。比爾認為最好的方式就是解雇納瑟，由他擔任執行長。他需要家族成員的支持。

他終於如願以償。

兩星期後的董事會議之前，許多成員都接到福特家族的電話，說明他們的想法。現在，輪到比爾親自上陣，推銷自己。他表示，贏回大眾信任的唯一方法就是讓福特人重新掌舵。他知道擔任執行長必須耗費許多心力，但他向董事會保證，將盡一切力量拯救這家百年企業。董事會被比爾真誠的請求感動，只是還有成員質疑他的能力。福特當前有兩項艱難的任務：第一，恢復歷經爆炸的Rough廠區；第二，管理這家跨國企業每天的營運。即便如此，他們認為比爾有權利嘗試一下。

「雖然我們還是有點猶豫，」其中一名成員透露，「但我們都希望他能成功。」

第二章

破產

企業內部的痼疾才是最需要花心思的地方。
——亨利·福特

當比爾・福特要「請」走賈克・納瑟，重新接管福特汽車的消息傳開，迪爾伯恩當地爆出熱烈的歡呼聲。員工看到福特藍色橢圓標誌重新掛回總部大樓時，無不熱淚盈眶，他們不敢相信納瑟真的要離開了。全國各地經銷商的感謝信如雪片般湧進底特律，部分員工也鬆了一口氣。比爾・福特說得沒錯！拯救福特，修補組織與工人、經銷商、供應商間關係的唯一方法就是，讓福特家族的成員重新掌舵。

然而，並非每個人都歡慶此事。華爾街早認為福特家族掌控福特汽車是件落伍、跟不上時代的事，而且投資人也因而無法享有應得的利潤，分析師更公然質疑比爾・福特的領導力。福特公布二〇〇一年大虧五十四・五億美元，使事態更糟。其實，納瑟與九一一恐怖攻擊事件才是福特鉅額虧損的主因，不但終結了福特九年來的穩定成長，並讓市場對福特的未來新增憂慮。福特汽車的信用評等被調降，股價大跌。

比爾・福特重掌福特後的改革

比爾・福特和福特歷任執行長一樣，當遭逢財務危機時，只能不斷地縮減開支。二〇〇二年一月，他宣布關閉北美的五個廠區，減少兩萬一千個工作機會。比爾也許是普通人，但他承諾要盡全力拯救福特，這包括減少紅利發放，此舉引起福特家族某些人的反彈。此外，他也戒除納瑟政權時期的奢華作風，解雇坐領高薪的顧問，要主管減少不必要的開銷，將午餐會議提供的牛排、鮭魚改成三明治。他甚至賣掉幾架公司的私人飛機。最重要的是，他要福特企業重新聚焦於核心事業——汽車的製造與銷售。高聲吶喊著「回歸基本面」，比爾讓福特擺脫前任執行長認為比汽車製造更值得投資的其他投資事業。比爾增加之前納瑟下令刪減挪為瘋狂併購的產品研發費用。他下令改善汽車品質，讓資深工程師知道，他們的經驗仍舊是迪爾伯恩看重的。他解雇那些幾乎讓福特信貸一敗塗地的銀行家，轉而啟用真正了解公司理念，體認福特信貸是「協助汽車銷售」的人。他前往華爾街，募集四十五億資金；他緊盯著公司的電視廣告，甚至嘗試根除汽車業界惡名昭彰的複製文化。

多年來，福特幾乎沒有研發任何新車款，總是以華而不實的廣告標語企圖蒙混過關，例如他們喊出「物超所值」（其實就是推出較次級的車款），「最晚進入市場，卻擁有最佳配備」（老實說，只是市場上最慢推出某個車款的推托之詞），甚至稱自己為「快速跟隨者」（從實際層面來看，是形容福特複製競爭者推出類似車款）。他們藉由曖昧混淆的語言，合理化自己的無能。比爾下令將這些詞彙趕出福特汽車。

他對著設計師與工程師說，「只要那些標語、詞彙還在公司內，我們將永遠無法回到汽車產業的龍頭地位。」

他知道福特汽車的發展不僅止於此，歐洲區就是最好的證明。相較於北美地區，福特車款更受大西洋另一端車主的喜愛，甚至成為福特僅有的賺錢區域。雖然休旅車、房車的收益還算可觀，其他車款實在慘不忍睹。

「我們長久以來只依賴某幾次的全壘打得分，」比爾告訴他的團隊。「我們需要的是持續不斷地安打，而非全壘打。我們必須讓每種車款都能大賣。」

到了二○○二年底，福特汽車終於出現盈餘[1]，產品售後服務成本開始下降。稍後，福特汽車在十分有影響力的調查機構「J.D. Power and Associates」所發起的品質調查中占兩項排名，終止在汽車產業敬陪末座的命運。只是沒有人相信比爾真的能扭轉乾坤。十年來，福特股價首次跌破十美元，信用評等也持續下降。他突然覺得自己好像是汽車界的喜劇演員羅德尼・丹吉菲爾德（Rodney Dangerfield），不管怎麼做，都得不到其他人的尊重。

* * *

然而，其他人的憂慮是對的。福特汽車雖然又開始賺錢，但是比爾・福特卻陷入了史無前例的困境。

在二○○一年十月發動「政變」後，董事會希望，或者說要求比爾・福特有能力處理各種突發狀況，成為名副其實的執行長。為了確認比爾能做到這一點，董事會再次邀請卡爾・雷查德（Carl Reichardt）督導這位四十四歲的執行長。雖然已經年屆七十，這位美國富國銀行前任總裁的思路仍十分清晰，能精確分析各種財務問題。他是美國銀行業界的巨擘，連華倫・巴菲特（Warren Buffett）都稱讚他為商界最傑出的經理人之一。當時，雷查德住在加州一處舒適的農場裡，預計六個月後退休，但他同意前往密西根州，擔任福特副董事長。他的任務是恢復福特的財務狀態，信用評等，以及教導年輕的比爾如何經營公司。

①扣掉組織重整與中止業務損失的九・八億美元，福特靠著僅存的業務還有二一・八四億美元的盈餘。

如同其他團隊面臨的迫切挑戰，許多納瑟時期的高階主管在自願或非自願的情形下都已經離開公司，留下的只是一些老弱殘兵。雖然組織內有能力的人還是很多，但被隱藏在層層部門中，這些人只對升遷感興趣，而非經營一家公司。他們將升遷視為長久工作的報酬，只憂慮如何享用自己的分紅，而忽略公司面臨的難題。

每個位子的人都對了，企業運作才順暢

比爾．福特已經盡全力了。他找到一位有能力擔任福特營運長的人——尼克．許勒（Sir Nick Scheele），一個討人喜歡的英國人，曾成功地做到許多人認為不可能的事——讓Jaguar轉虧為盈，至少有一段時間如此。英國女王伊麗莎白二世（Queen Elizabeth II）因為他努力挽救了心愛的英國品牌，還特地封他為爵士。身為歐洲福特汽車的總裁，許勒著手展開改組，整併產品團隊，實際創造出一些具有世界水準的車款。他在歐洲的工作尚未完成，但是如果福特的事業繼續在北美走下坡，這些都不重要了。福特安排一位討人厭的英國人——大衛．特茲菲爾德（David Thursfield）來掌管國際事務。他的作風強悍，懂得如何裁減成本，總是能讓各方的蜚短流長消失於無形。至於北美總公司，比爾任用吉姆．帕迪拉（Jim Padilla），一位和藹可親，品質至上的底特律人。帕迪拉十分懂製造業，但是如果他涉入公司其他業務，就會發現他沒辦法勝任。

比爾知道這還不是實力最堅強的團隊。不久，特茲菲爾德與帕迪拉之間開始出現嫌隙，他們都認為對方越界，侵犯到自己的勢力範圍。當其中一人踏進會議室，另外一個絕對馬上離開。漸

漸地，基層員工開始選邊站，各種陰謀論出現，企圖抹殺對方的功勞。歐洲車被改得體無完膚，如果沒有進行昂貴的改款工程，幾乎無法達到美國政府的安全要求；此外，美國發展的尖端技術也不讓歐洲團隊分享。值得慶幸的是許勒還待在福特，他不但是位值得信賴的顧問，也總是能事半功倍。只是計畫總是趕不上變化。

幾個月後，比爾獲得更多的援助，二〇〇二年五月，艾倫・吉爾摩爾（Allan Gilmour）願意回鍋頂替納瑟的財務長。吉爾摩爾為福特工作三十四年，一九九五年，他以副董事長位置退休前，比爾曾當過他的部屬。要說服吉爾摩爾返回職場不是件容易的事。他退休後，公開出櫃——這對充滿陽剛味的汽車產業的確是一大震撼。但吉爾摩爾希望能幫助他的前部屬比爾清楚如何經營一家公司。董事會希望他像雷查德一樣，會教比爾如何獨立運作。兩人都很佩服他的遠見，希望協助他實現這些夢想。在組織做重大決策前，兩位前輩會提供各種意見，但最後的決定權還是留給比爾。不過，比爾・福特傾向聽從他們的意見。

比爾下完決策後無法要求部屬確實執行。這些人表面上同意比爾的決定，但回過頭來依然故我。如果比爾稍微施壓，他們就搬出各種完美的藉口，讓比爾無力反駁。通常他不大會去質疑，以避免衝突發生。他曾承諾董事會，會盡全力挽救福特汽車，只是一年過去了，身為執行長的重擔壓得他喘不過氣。比爾對制定公司的走向、遠景還是很有興趣，但他厭倦管理每天發生的小細節。

他在那年十月接受《商業周刊》（*Business Week*）訪問時承認，「我現在大概說不出『經營公司很有趣』這類的話了。」

比爾・福特知道自己需要協助，同時也知道公司內部的人幫不上忙。他要人力資源總裁喬伊・雷蒙（Joe Laymon）開始在其他企業尋覓人選。

向外借將

喬伊・雷蒙不是傳統的人資主管。他不會花時間去追蹤公務車的里程數，或是舉辦提昇士氣的活動。雷蒙是非裔美國人，父親在各農場間打工，走私者，更是密西西比的民權運動者。在拿到威斯康辛大學麥迪遜校區經濟學碩士之前，雷蒙表現平平。畢業後，他先到美國國際發展局駐薩伊共和國工作，中間曾在全錄、柯達擔任高階主管，在二〇〇〇年進入福特。沒多久，他便成為比爾最信任的得力助手，也是他最敬畏的執法者。雷蒙有點像後期的哈利・班尼特，在福特內部發展祕密警察勢力。但兩者最大的不同是，班尼特做事倉促、急躁，雷蒙說話十分溫文儒雅。在他親切的外表下，其實隱藏善於算計的冷酷無情，讓許多高階主管身陷危險而不自知。

「喬伊・雷蒙是暗黑藝術的大師，」某個員工這麼形容。「他知道所有屍體藏在哪裡，因為大部分都是他親手掩埋的。」

雷蒙同時也是策略大師，深知激勵員工的方式，以及如何利用這些訊息讓自己處於更有利的地位。最重要的是，他對比爾・福特忠心不二。

二〇〇三年，兩個人開始列出所有能帶領福特進行全面改革的人選。如果要選出企業界的明日之星，那麼非卡洛斯・戈恩（Carlos Ghosn）莫屬。他的父親和納瑟一樣是黎巴嫩人，母親為法國人，但他在巴西出生。一九九九年法國雷諾汽車（Renault SA）在日產汽車（Nissan Motor Company）陷入嚴重財務危機時買下關鍵性的股份，戈恩便被任命為日產的營運長。戈恩承諾，如果無法讓這家公司轉虧為盈，他就辭職。一年後，日產開始獲利，戈恩升為總經理；再過一年，戈恩被拔擢為執行長，日產成為全世界最會賺錢的汽車公司。

福特的經濟規模比日產還大，雷蒙希望以此為誘因，吸引有野心的高階主管。比爾・福特要雷蒙轉告戈恩，先擔任營運長，往後絕對有機會成為執行長或拿到可觀的分紅。雷蒙事前就告訴比爾，如果沒有最高階的職位，戈恩大概是不會接受，但他還是會去試試。

幾個月後，雷蒙站在東京街頭一家時尚餐廳前，他不懂戈恩為何堅持要在外面見面。過了十幾分鐘，他看見街尾出現的騷動後，他完全明白箇中原因了。他看見一大群人將某個人團團圍住，紛紛遞出原子筆和白紙，只是為了要他簽名。這位名人就是卡洛斯・戈恩。

看到那種景象我無法確定，福特是否能提供這個人足夠的發展空間，當這位超人氣CEO突破人群，走過來和他握手時，雷蒙想著。

為了爭取戈恩，雷蒙轉了三趟飛機到日本，來到這家餐廳。晚餐中途，他從口袋掏出信封，並將聘書移至桌子對面。戈恩快速地瞥了一眼，搖搖頭，將信封退回給雷蒙。他對為比爾・福特工作不感興趣。他可以答應搬到迪爾伯恩。他也可以拯救福特。但前提是，他得一開始就是執行長和董事長。

「我沒辦法答應你，」雷蒙有點措手不及地回答。

戈恩露出微笑。「跟比爾說，我是他的囊中之物，但前提是，我的職位必須是執行長與董事長。」他堅持地說。

雷蒙離開座位，走出餐廳打電話給比爾．福特。「有好消息，也有壞消息。」雷蒙這麼告訴他老闆。「好消息是他答應了，壞消息是他想要你的位置。」

比爾要他不用再談了，坐飛機回美國。

＊　＊　＊

迪特．柴奇（Dieter Zetsche）或許不是超級明星，但在二〇〇三年春天，這位留著鬍子的德國人被稱為是日耳曼的李．艾科卡（Lee Iacocca）。一九九八年戴姆勒賓士集團與克萊斯勒進行德國人所謂的「對等合併」。然而，自從美國方面認知到所謂的「合併」其實是「接管」後，發展並不如預期順利。二〇〇〇年，柴奇被派至克萊斯勒，拯救這家幾年來連續虧損的公司。現在，克萊斯勒已經是美國前三大汽車品牌，甚至有多餘的盈餘挹注德國。

雷蒙和柴奇的女兒就讀底特律北部同一所著名的幼稚園，藉由這層關係，他知道柴奇和家人都喜歡住在美國。他也知道克萊斯勒總裁與戴姆勒賓士集團的執行長尤金．施倫普（Jurgen Schrempp）的嫌隙日益加深。經過幾次在克萊斯勒總部附近的奧本山（Auburn Hills）會面後，雷蒙終於說服柴奇到迪爾伯恩和比爾見面。

比爾同樣提供營運長的位置，還是被柴奇拒絕。他們見面的消息被柴奇的人洩漏出去，只是內容竟然變成比爾願意讓出執行長的位置。事實上不管是營運長或執行長，柴奇都沒興趣，他只是利用福特鞏固自己在德國的地位。幾年後，施倫普果然出局，由柴奇獨掌大權。

在柴奇拒絕福特一年後，另一位德國車廠的頂尖經理人成為雷蒙的目標。沃夫岡・伯納德（Wolfgang Bernhard）是柴奇在克萊斯勒的營運長。他只有四十三歲，卻能帶頭削減成本，致力改善產品性能。當雷蒙使盡全力說服他的老闆，伯納德是福特營運長的最佳人選時，戴姆勒・克萊斯勒集團竟然宣布伯納德將在二〇〇四年四月底接管賓士部門。雷蒙感到十分無奈，只能繼續尋找下個候選人。然而，就在伯納德走馬上任的前一天，他卻淪為組織內鬥的犧牲品，被炒了魷魚。雷蒙馬上飛往德國，希望能帶回伯納德。他提供與戈恩類似的機會，當然，合約內容沒那麼好。這位年輕的德國人非常感興趣，前往迪爾伯恩與比爾・福特見面。兩人似乎十分契合，但一返回德國，伯納德又改變心意，因為他發現福斯汽車（Volkswagen AG）的密使正等著他。幾個月後，這家德國車廠宣布，伯納德加入董事會，成為福斯汽車新任的董事長。

＊　＊　＊

雷蒙的口袋名單愈來愈短，福特的問題清單卻愈來愈長。福特在二〇〇二、二〇〇三、二〇〇四年的業績不見起色，市場占有率持續下滑。二〇〇一年九一一恐怖攻擊後，車廠的利潤下滑，將汽車的剩餘價值破壞殆盡，通用汽車開始祭出一連串的誘因刺激買氣。雖然福特還是小有獲利，但完全來自於福特信貸的貢獻。

橫在改革者前的難題，內鬥、不共心

雷查德於二〇〇三年退休時警告比爾，世界經濟只會更差，不可能轉好，無論如何手上絕對要持有現金。比爾知道吉爾摩爾不會留在這裡太久，許勒也即將離開（雖然比爾知道損失其實不大）。此時，讓他一個頭兩個大的是另兩位高階主管的鬥爭。他知道一定要讓其中一人離開，否則公司會分崩離析。特茲菲爾德十分傑出，但問題較多，很難掌控；反觀帕迪拉，雖然他似乎無法勝任新職位，至少能與其他人和平共處。比爾於二〇〇四年四月宣布，帕迪拉晉升，特茲菲爾德辭職。同年，吉爾摩爾也宣布退休，他將財務長之位交棒給在福特表現不俗，且做事嚴謹的財務專家唐・勒克萊爾（Don Leclair）。比爾雇用一位領導力發展教練和勒克萊爾合作，希望能緩和勒克萊爾有時過於焦躁的個性。當吉爾摩爾二〇〇五年二月真正離開時，比爾再次拔擢帕迪拉升任為總裁。

在做了種種安排後，北美區竟然不見起色。他質疑歐洲都已經推出Focus新版車款，為何北美區還在原地踏步。只是主管還是那一套說詞。

「不同步才能有產品區隔，」帕迪拉這麼告訴他。

到底在搞什麼名堂？比爾心想，他覺得這只是推托之詞。

「好，沒關係，」他說。「為什麼我們不能結合兩項產品？」

「產品週期不相符，」帕迪拉說，「它們在不同階段。我們必須等到下次改版才能這麼做。」

但比爾・福特福特知道下次還是會舊事重演。

這全都是廢話，他最後氣憤地離開會議室。**沒有人會告訴我真正的答案**。

* * *

比爾．福特深知自己無法做出全面性的改變，他又將以往理想、崇高的抱負搬出來，期望多少對這個幾近停滯的組織起一點作用。這些抱負大部分源自於對環保運動的熱愛，他最大的願望就是將福特從休旅車的代表轉型成為擁有永續發展技術的領導者。

二〇〇三年福特汽車百年慶典活動之一就是改造Rough廠區，讓這個最具代表性的製造廠脫胎換骨，成為永續發展的綠色基地。他計畫讓Rough廠區減少能源消耗，綠化每間廠房的屋頂。一年後，福特推出美國第一輛，同時也是世界第一輛環保休旅車——Escape油電混合車。這是比爾．福特不計報酬研發的產品。雖然高階主管不斷反對，認為這只是燒錢的罷了，但比爾仍持續催生，完成整個專案。主管的憂慮或許是對的，但公司其他正在研發的車款何嘗不是有燒錢的可能呢？至少這輛車在企業形象上為福特扳回一城[2]。

不僅如此，福特的引擎性能也持續改善，他們與通用汽車合作，發展最新的六速變速箱，讓兩家公司在動力競賽中迎頭趕上國外競爭者。此時，福特與日本馬自達公司（Mazda Motor Corporation）的合作也愈密切。福特自六〇年代就是馬自達的主要股東，並在九〇年代亞洲金融風暴中買下這家來自於日本廣島汽車製造商的關鍵股份。在許勒的堅持下，福特刻意與馬自達保持

②豐田汽車最著名的環保車款「Prius」從一九九七年問世之後，直到二〇〇一年底才真正賺錢。

關係，藉此接近這家日本廠優異的製造平台。對於瑞典的合作夥伴——Volvo，福特也採取相同作法。很快地，福特在美國銷售的車款幾乎都出自於這兩家廠商的製造平台。這步棋的確走得十分高明，讓福特車款的品質與效能大幅提昇，雖然追根究柢其實和福特自身的製造能力沒多大關係。

自從二〇〇五年五月，福特信用等級被評為垃圾債券後，比爾．福特宣布放棄所有分紅，直到公司恢復盈餘。他在二〇〇一年擔任執行長之後，就沒有領取任何薪資，但他的股票選擇權與其他分紅仍舊為他帶來每年約二千二百萬美元的進帳。現在，他將全數放棄。

創新，才是福特的未來關鍵

九月，比爾站在福特最先進的研究中心中庭，對所有研究人員與工程師發出最誠懇的請求，喚起他們的創新能力。

「我們會持續削減成本，改善效能，但只有效能是無法抓住下個世代的眼光。」他說。「此刻，我真的需要你們的協助。我需要你們提出質疑，我需要你們勇於挑戰，我需要你們拋棄那些無謂的程序。我需要你們大聲說出『創新』將是福特未來的關鍵要素。」

比爾指出，二〇一〇年底半數福特車款都將改成混合動力車，他甚至承諾福特一年將有二十五萬輛以上的產量。事實上這只是一個遙不可及的夢想[3]。一個月後，混合動力專案的主導者在一片抗議聲中辭職。

這些積極行動只是彰顯福特基本的商業模式已不再奏效，至少在北美區如此。相同情形也發生在通用汽車與克萊斯勒，只是他們仍舊認為自己是美國前三大車廠，不願面對現實。底特律地區不知不覺開始有種幻覺，他們認為終有一天低品質、高耗油的車款絕對會被淘汰，因此現在最好先等待消費者覺醒，不要有任何動作。在這種想法下，受害最深的莫過於美國聯合汽車工會（United Auto Workers），因為工會領導人最重要的目標就是，以各種方式防止福特與底特律地區的車廠縮減事業體系或精簡人力。

二〇〇五年，福特北美廠區的產能利用率只剩下百分之七十九。福特每製造一輛車平均虧損五百九十美元；反觀豐田與本田汽車，平均一輛車的獲利約有一千兩百美元以上。另一個重要的問題是生產力。豐田北美製造廠不用三十小時就可組裝一輛車，而福特則需要花上三十六小時。此外，福特不但沒有關廠，還增加一些廠房。五年後，由納瑟將福特部分前子公司獨立出去的偉世通瀕臨破產邊緣，威脅要把母公司也一起拖下水。福特很大程度仰賴偉世通供應零件，而偉世通的美國工廠雇用的是福特的員工，因為聯合汽車工會拒絕讓偉世通破壞與工會的合約。一旦偉世通倒閉，福特必須接收所有員工，且重要零件沒有供應商。為了防止這兩個夢魘發生，財務長勒克萊爾在二〇〇五年五月緊急調度十幾億美金援助偉世通，這個舉動讓兩家公司得以苟延殘喘。雖然交易內容是福特必須收回偉世通在美國與墨西哥二十四家工廠，但總比讓它被清算好[4]。

③ 二〇一〇年，福特實際上只有五種車款改成油電混合車，那年銷售的數量低於三萬六千輛。

④ 福特當時的舉動飽受批評，但或許這也拯救了福特本身。通用汽車試圖讓前子公司德爾福（Delphi Corporation）自生自滅，但幾年後兩家公司還為後續問題持續纏鬥。

納瑟的去職或許讓福特暫時鬆了一口氣，隨後他們也深刻了解這個男人只是福特問題的冰山一角。對多數員工而言，比爾．福特決定重掌兵符所點燃的希望，隨即被一種無奈的宿命論給澆熄。他們開始更新自己的履歷，等待下一波裁員；有些人則是抱怨大環境的所有錯誤，但福特似乎不為這些改變所動搖。許多意圖改革的員工不斷爆料給媒體，希望藉由暴露福特缺點，讓高階主管自我反省，有所改變；很多敏感文件也被夾帶出來，當作最有利的證據。當時，最常披露這類消息的是《底特律新聞報》（*Detroit News*）。比爾．福特的祕密警察試圖在電子郵件網絡中裝上軟體，防止任何消息寄到報社；組織內部間諜監聽電話，甚至在放機密文件的房間內裝攝影機，監看誰曾接觸這些文件。

比爾．福特深知這家公司已經達到某個臨界點。如果沒辦法徹底解決根本問題，福特將無法生存。他必須找到能領導全球性企業改組的人，只是之前他的提議全被那些候選人拒絕，公司內部的高層主管也沒有膽量挑戰這項任務。比爾決定縮小範圍，先專心解決北美的問題。他認為如果北美業績持續下滑，其他地區也不重要了。除了這件事，任何事情都可以等。

「我們的承諾必須從美國開始，」比爾在九月的演說中提到。「我們既然身為一家跨國企業，北美總部是福特當前最大的挑戰且亟需改變的地方。」

* * *

在比爾演講的同時，他正整合一個團隊接手這項任務。只是這次他不再依賴高階主管，反而從世界各地找來有潛力的中階經理人，最後任命公司最閃亮的明日之星——馬克．菲爾德斯

（Mark Fields）為團隊領導人。

菲爾德斯是位年輕、帥氣的主管，留著烏魚頭髮型，臉上總是掛著如電影明星般的自信笑容。他出生在布魯克林，於紐澤西州長大，即使後來到羅格斯學院念經濟學位，到哈佛大學念MBA，也無法抹殺他原有的氣質。畢業後，他在IBM待過一段時間，一九八九年進入福特行銷部。由於反應靈敏，擅長管理科學，升遷飛快。許多和菲爾德斯見過面的人都認為他十分自負，但其實是他對自我能力的自信。在挽救福特阿根廷子公司與福斯瀕臨分裂的「婚姻」後，他在一九九九年被調派到日本，負責馬自達的業務。當時他只有三十八歲，日本汽車史上最年輕的領導者。

當媒體頭版大幅報導戈恩拯救日產汽車的新聞時，菲爾德斯也對廣島的汽車廠施行同樣的魔法，差別在於他不受媒體關注。當時馬自達的企業定位並不清楚。如果馬自達想以一系列陽春車款擠身成日本大型車廠無疑是自找麻煩，這個世界並不需要多一家只會製造四門轎車的無聊車廠。菲爾德斯說服公司返回源頭，針對那些熱愛駕駛的人設計時髦跑車，後來推出以「Zoom-Zoom」為品牌口號的新世代車型，不但吸引大眾目光，更讓馬自達再次站回汽車產業的舞台，重回賺錢的行列。這種優異的表現讓菲爾德斯成為另一個讓東京女孩為之瘋狂的外國人，他花了一段時間才適應這種狀況。隨後他被調任至倫敦，負責納瑟之前成立的領先汽車集團。二〇〇四年，菲爾德斯升任為福特歐洲分公司總裁。

不管在哪個職位上，菲爾德斯都戰戰兢兢，他只會讓品牌表現更出色，預算更精實。舉例來說，在他抵達阿根廷後，受邀參加公司年度馬球大賽。那天下午他和布宜諾斯艾利斯的菁英開懷暢飲，他希望員工也能盡興，因為這是最後一次比賽。在馬自達上任後，他裁減約百分之二十的人力，這在實施終身雇用制的日本並不常見。他接管領先汽車集團後，退掉在倫敦柏克利廣場時髦的辦公室，自己和員工搬到福特位於蘇活區的設計工作室。

從北美總部整頓起

比爾．福特與其他董事會成員已經觀察菲爾德斯一段時間，認為他「愛的教育、鐵的紀律」正是北美公司所需要的。雖然在接掌北美部門之際（或許有一天能成為營運長），董事會不確定他是否能負起這重責大任，但他們也沒有其他人選了。那年八月比爾拿起電話，致電給身在倫敦的菲爾德斯。

「我真的需要你回來幫我管理北美部門。」他說。「這個地方需要領導者，你就是我心中的最佳人選。我需要你幫我重整這一切。」

菲爾德斯知道這是個絕佳機會，但不確定自己是否真的想接。他知道總公司的文化有多險惡，也知道如果沒有處理情況將會多惡劣。他得考慮一下。那天晚上，他一邊喝酒，一邊思考比爾的提議。其實他並不訝異比爾找人接管北美部門。很明顯地，北美地區在過去六個月就像沒有舵，也沒有航行目標的船。他知道高層花在內鬥的時間遠比處理基層問題還多。過去幾年他都遠居海外，因此能置身事外，不用淌這個渾水。他認為自己絕對能解決他們的問題，只是不確定其他高階主管是否會插手。隔天，菲爾德斯回電，答應比爾的提議，但前提是比爾必須承諾絕對會保護他。

「我要建置自己的團隊，希望公司能完全授權。」他告訴比爾。「每個人都得知道我與我的團隊才是能解救公司的人，而不是那些只會沉迷於陰謀鬥爭的員工。我知道北美地區的狀況，沒有任何計畫，也沒有任何人能承擔責任。」

「沒問題，」比爾說。「我同意你的要求。」

他給菲爾德斯一個月的時間打包，要他在十月底前，前往迪爾伯恩走馬上任。稍後，福特汽車賣掉赫茲租車，因應未來改革所需要的財務缺口。福特在一九九四年買下這家租車公司，後來以五十六億美元賣掉。如果將赫茲債務考慮進去的話，這項交易實際價值高達一百五十億美元。

菲爾德斯深諳如何建立品牌，卻不大了解如何製造汽車。為了彌補這項缺陷，比爾安排安・史帝文斯（Anne Stevens）輔助菲爾德斯。這位強硬派的製造專家有著一頭紅髮，嚴肅的眼神。她是名工程師，十三歲時曾打扮成小男生，溜進當地賽車場的觀眾席。身為有兩個小孩的已婚婦女，史帝文斯必須比其他人更努力才有升遷的機會。她從一九九〇年開始在福特工作，一九九五年，成為福特歐洲地區有史以來第一位廠長，更在二〇〇一年成為汽車營運部門首位女性副總。隨著升任為美國地區的營運長，她成為汽車產業中最有權力的女性。

當時史帝文斯五十六歲，比菲爾德斯整整大了十歲，她不諱言想要坐上菲爾德斯的位置。其實早在很久之前兩人就結下樑子。在之前一項移地會議中，史帝文斯正向許多高階主管簡報，她熱烈地呼籲大家，不要讓品質向下沈淪。

「如果我們無法改善品質，豈不是要客戶退而求其次。」她說。「這是唯一能改變客戶想法的方式。」

當她洋洋灑灑列出福特的缺失後，菲爾德斯笑嘻嘻地舉手發問。

「我是馬克．菲爾德斯，我有個關於品質的問題。」他依然嬉皮笑臉地說。

史帝文斯瞪著他。這是嚴肅的員工會議，她認為菲爾德斯對會議與她不夠尊重。為了共同拯救福特北美地區的汽車事業，兩個人儘量克制自己的敵意。菲爾德斯承諾比爾在九十天內提出計畫書。他們成立一個將近有五十位經理人的多功能團隊，他和史帝文斯比較公司其他部門如何成功運作，詳細分析北美區的企業模式，試圖了解該怎麼做，才能讓福特總部的銷售停止下滑。計畫中的改善關鍵主要是效法巴西子公司近期轉危為安的方式，其他部分則是受到歐洲子公司的啟發。

「前進之路」計畫

十一月四日，那天是公司放假的日子，菲爾德斯與團隊資深成員前往辦公室，花了十個小時微調各項細節，對目標達成共識，並確定大家是否真能患難與共。當他們對計畫內容確認無誤後，開始寫信給董事會。菲爾德斯稱此為「前進之路」（The Way Forward），這是他在離開倫敦前在BBC看到邱吉爾文件中的詞彙。計畫書指出，福特必須在二〇一二年之前關閉北美十四座工廠，其中包括七座組裝廠。關閉工廠必須得到聯合汽車工會的首肯，因此所有行動得等到下次勞工契約談判才能進行。這次瘦身行動將裁減二萬五千至三萬名員工。菲爾德斯希望一半以解雇的方式，而另一半採自願離職，但這都需要與工會協調。此外，福特也會縮減四千個工作機會，以及減少百分之十二的管理階層。菲爾德斯訂下目標，要在二〇一〇年削減六十億美元的物料成本，並在接下來三年將北美廠區的產能減少百分之二十六。

就像比爾・福特在九月演說中提過，如果沒有斷尾求生，公司絕不可能重返榮耀。福特必須知道消費者在想什麼，菲爾德斯的行銷團隊因此採用政治選舉時常用的人口統計分析，了解誰最喜歡或最不喜歡買福特的產品，以及誰還在考慮。這項研究透露，多數美國消費者想買美國產品。事實上，大約有百分之五十八以上的人前一年曾購買過福特、通用汽車或克萊斯勒，但有趣的是，他們都希望這些美國車的品質能跟上日本車廠。福特必須更加努力才能提昇品質，滿足顧客期望，菲爾德斯認為這是個不容錯過的好機會。與其在遊戲中和篤定是贏家的日本車廠爭霸，還不如將福特帶到其他廠商絕對跟不上的境界。為了達成目標，只是「美國製造」並不夠，還得讓大家一聽到福特汽車就會肅然起敬，大唱星條旗（美國國旗歌）。菲爾斯德要推出的是時髦、創新具絕佳性能的車款，而非只是一般的交通工具。

菲爾德斯真的很幸運，福特在兩年前就雇用一位英國人重新設計北美地區的全系列產品。這位英國人——彼得・霍布里（Peter Horbury）鍾愛的是粗毛呢西裝，點啤酒還是以品脫為單位，但他十分認同菲爾德斯對福特的理念[5]。他受到美國拓荒時期的篷車與海軍戰鬥機啟發，決定以這塊「金屬板」傳達美國當代精神。他在工作室幾乎已經完成這款完美、多用途的全新旗艦車

⑤ 還沒進入福特之前，霍布里曾負責將Volvo原有了無生趣的厚重車款改為最具有瑞典風格的簡單樣式。霍布里打了一場成功的戰役，為他贏得全世界汽車業界不少喝采。

款，他稱之為Edge。

菲爾德斯稱此為「美國大無畏精神」的設計。他將此標語印在藍色手鍊上，發給團隊成員。他清楚表示，這條手鍊不只是一種裝飾，他將發給公司的每個人。菲爾德斯對標語與標誌很有一套，他承諾，除非北美地區重新獲利，否則不會將此手鍊拿掉[6]。

菲爾德斯在二〇〇五年十二月七日將此計畫簡報給董事會。剛開始他先大致說明當前的經濟環境，並預測接下來十年的變化。現在回想起來，他當時的假設似乎過於樂觀。菲爾德斯在簡報中指出，油價會繼續維持低點，偶爾才會突然攀升；二〇一〇年美國汽車銷售量大概穩定維持在一千七百萬輛；小型車還是會繼續成長，至於大型休旅車將會漸漸被現在的跨界車款（crossovers[7]）取代。後來證明現實環境比他預測還要艱困，只是在當時這些狀況被視為是「挑戰」。他告訴董事會，福特最大的挑戰是贏回消費者的心。

菲爾德斯將大部分時間花在討論人口統計分析結果與品牌矩陣。這位行銷鬼才讓多數董事會成員開始不耐煩，但他們此時已經有種共識，那就是福特必須有某種與美國精神有關的主張。福特必須將重心放在有競爭力的地方，並以現有平台製造更多車輛。換言之，公司的投資重點應該在於車體與內部構造，不管看得到或看不到的地方，消費者都不用擔心品質。菲爾德斯舉例，福特應該利用Volvo的單一平台製造北美地區的六種車款[8]，就像豐田汽車。這也是為什麼日本車廠每輛車的材料成本比福特少一千美元的原因。此外，他希望能淘汰老舊車款，如Freestar小卡車、Crown Victoria轎車，並以迷你或多用途車款取代，這也是北美地區所缺乏的產品線。

「我們不能只是為了生產而生產，」他告訴董事會。「我們必須考慮實際需求。」

菲爾德斯也希望能停止中間的回扣，讓價格更透明化，提高福特車子的剩餘價值。他們將提供更低的租賃利率，讓產品更具競爭力。最後，菲爾德斯提出「前進之路」計畫的幾項明確目標，顯示在二〇一〇年之前年度銷售量至少有兩百五十萬輛，並承諾北美地區將在二〇〇八年再次獲利。

董事會對他的簡報印象深刻。雖然不少董事會成員早就認為這些勢在必行，但總算有人能帶領福特大刀闊斧的改革。他們稱讚菲爾德斯的計畫，並要他儘速進行，因為福特所剩的時日無多。

＊　＊　＊

菲爾德斯的計畫一直延宕到二〇〇六年一月才正式宣布，因為高層擔心裁員與關廠的消息會為稍早之前的產品上市蒙上一層陰影。在比爾．福特與董事會的支持下，菲爾德斯急切地想採取行動。他在一月四日舉行的洛杉磯汽車展示會中吹起改革的第一聲號角。在一場對全球汽車媒體的演講中，他承諾福特絕不重蹈覆轍，福特現在能做的只有「應變求生」。四天後，菲爾德斯站上底特律北美國際車展（North American International Auto Show）的舞台上，這次他先介紹霍布里設計，融合所謂「美國大無畏精神」的多用途車款——Edge。從粗獷，超大的鍍鉻水箱護罩外

⑥ 即使設計已經改變，菲爾德斯還是遵守承諾。

⑦ 譯註：這種車款通常結合休旅車、轎車與多功能休旅車等車款。

⑧ 六種車款包括福特「Flex」、「Taurus」、「Explorer」、Lincoln「MKT」與「MKS」，以及一款後來胎死腹中的車型。這些車款全都使用Volvo為「XC90」打造的D3平台。

型來看，Edge的確十分符合這項精神。

「未來福特將會生產更多類似Edge的車款，展現其獨特的風格。」菲爾德斯在會場上表示。「這類產品將代表福特北美地區。這是促使我們向前的原因。從今天開始，我們將再次拿下美國汽車的高市占率。」

「前進之路」的其他項目在兩星期後開始進行[9]。一月二十三日，比爾．福特與馬克．菲爾德斯以公開廣播的方式對全球福特說明細節。

「我們必須改變，必須犧牲。」比爾告訴所有員工。「『前進之路計畫』對福特來說，的確是一帖猛藥，但它能重建福特的遠景與策略。」

比爾舉出他無法忍受的一些事情。

「我們將不再容忍以下事項：漸進式、不見成效的改革，一味的迴避風險，短視近利，墨守成規，限制員工發展，維護不必要的程序，只銷售我們想銷售的，而非顧客想要的。」他說。「簡單來說，我們不再容忍過去的經營模式。」

這段話十分強而有力，卻對大規模的裁員隻字未提。隔天《底特律新聞報》以「痛苦」為頭版標題回應。

美國聯合汽車工會主席羅恩．蓋特芬格（Ron Gettelfinger）形容前進之路計畫是「對許多一輩子奉獻給福特，在福特辛勤工作的員工最震驚的消息」。他承諾在契約二〇〇七年到期時將和這家公司攤牌。消息傳開，福特股價立即攀升百分之五，但華爾街分析師仍舊保持懷疑的態度，他們不相信福特的決心與魄力。

事實再次證明，分析師的想法是正確的。

* * *

就在菲爾德斯宣布前進之路計畫時，油價又持續攀升。不到一年的時間，美國油價兩次逼近每加侖三美元的高點。如同菲爾德斯在十一月的預測，房車與大型休旅車將不再受到青睞。由於這些車款是福特當時僅有，也是僅剩能賺錢的產品，美國人將它們打入冷宮，對福特而言，無疑是存在危機。福特在美國的銷售量逐年下滑百分之七，但這是包含當時需求強勁的中型車銷售量。如果單就房車來看，銷售量下降百分之十五，而曾經風光一時的Explorer更是跌了百分之四十二。

菲爾德斯看到這些數字後，知道計畫遇到阻礙。他們的確將油價攀升的因素考慮進去，但沒想到的是竟然在計畫宣布後的三個月就發生。需求下降的程度，原物料如銅、鋁漲價的幅度都遠遠超過他們的預期，讓福特的損失較以往更嚴重。幾年來，福特與其他美國車廠都強迫供應商吸收多出來的成本，許多廠商因此面臨破產，不得不調高價錢。

「如果趨勢繼續這樣下去，我們會被逼入絕境。」財務長勒克萊爾警告菲爾德斯。

到了五月，儘管公司推出十分具競爭力的終極車款，但情況未見好轉。菲爾德斯提出另一個口號——「勇敢的行動」，激發消費者的情感訴求，說服他們福特已經再次找到應對方式。由

⑨《底特律新聞報》在菲爾德斯向董事會成員簡報的同一天，也就是十二月份就已經率先披露計畫的一些細節。

於福特大部分產品都十分普通，原來想吸引媒體目光的一連串對策的確非常「勇敢」。廣告商為福特想出許多活動，包括終身保固，碳補償措施，勒克萊爾卻因花費太高而推翻這些提議。在沒有任何實際行動下，消費者看到的只是電視廣告人物跳下瀑布、馴服野牛、搬到紐約等一些「勇敢」的行動。整個計畫就像洩了氣的皮球，讓經銷商感到憤怒難耐。

到了六月，愈來愈多負面消息出現，房車與休旅車銷售量持續探底，福特的股價與信用評等跟著跌落谷底。當時福特一張股票不到七美元，被打入垃圾等級的債券。董事會成員紛紛減薪，外部成員也減少分紅。

七月，豐田汽車在美國的銷售量首次超越福特。菲爾德斯更換團隊成員，著手進行更大規模的裁員計畫。他們整個夏天都關在會議室，想找出沒有被裁減的漏網之魚。福特必須關閉更多工廠，削減更多工作機會。然而，不管如何縮小公司規模，也無法實現在二〇〇八年轉虧為盈的目標。他們不再想新的計畫名稱，而將此稱為「加速前進之路」。許多人諷刺這個計畫為「前進之路二代」，笑稱說不定福特高層已經在討論「前進之路三代」的版本了。

惡劣的企業文化加速頹勢

當他們緩慢前進之際，菲爾德斯遇到長久以來存在於福特的阻礙。某些資深高階主管表面上支持他的計畫，但如果結果不如預期，又會回過頭來陷害菲爾德斯。福特僵化的組織架構讓菲爾德斯根本無法全球同步施行計畫。他原本以為董事會的授權讓他的地位堅不可摧，但是他錯了，因此他出現在比爾・福特面前，要他實現承諾。只是，比爾也是泥菩薩過江，自身難保。會議的氣氛一次比一次緊張，惡劣的企業文化只是助長蔓延的火勢。

那年夏天的度假會議終於讓問題爆發了。福特的高階主管將自己關在亨利・福特博物館的會議室，希望在沒有任何外力的打擾下加速重建計畫的擬定。自從勒克萊爾拒絕「勇敢的行動」中所有提議後，兩人就呈現對峙的狀態。現在，勒克萊爾甚至要削減廣告預算，這讓菲爾德斯根本不能接受。

「你沒有其他選擇，」勒克萊爾表示。「我們一定得這麼做。」

「如果換成你經營這家該死的企業，你絕不可能會這樣想。」菲爾德斯砲火猛烈的回擊。「你不是我，你只是財務長。我會徵求你的意見，但僅此而已。」

「你一定要刪減預算。」勒克萊爾大聲咆哮。

菲爾德斯從椅子上跳起來聲嘶力竭地說，「我受夠這一切了！」他幾乎要跨過桌子，就在此時比爾抓住他。

「好了，不要再吵了！」比爾要求。

諸如此類的情形以及組織內部長久以來無法坦承以對，阻礙了福特「前進之路第二代」計畫。隨著市場評價日益惡化，計畫的定位也一再更改。

「預算持續改變，」一位高階主管回憶。「沒有人知道錢在哪裡；沒有人知道實際花了多少錢。大家變得很精明，知道要浮報預算與預定的花費，到了年底才有錢可用。」

就在房車銷售量持續下滑之際，菲爾德斯著手減產，是近二十年來規模最大的一次。他要求工廠在第四季削減百分之二十一的產量，後來更提前到第三季開始。十間工廠無限期停工，約三萬名員工暫時解雇。福特在九月宣布此消息時，大家心知肚明規模更大的縮編絕對是勢在必行。

雖然菲爾德斯持續談論要以實際需求生產福特的汽車與房車，但很明顯地，他或總部的任何一個人都沒有膽量敢這麼做。他們曾在福特的保護傘下堅持自己的信念，只是他們缺乏想像力、創造力，這是底特律幾十年以來最大的困擾。菲爾德斯知道福特必須改變才能生存，但他無法得知的是究竟得做出多大、多徹底地改變才能免於被市場淘汰。福特需要的不是勇敢的行動，而是由上到下的改革。

最重要的一點，底特律並非孕育這些革命者的最佳搖籃。

* * *

董事會認為是時候考慮別的方案了。那年稍早之前，董事會曾要求比爾．福特考慮與其他車廠合併，並將某些部分出售給私募股權公司，許多這類公司其實已經開始詢問。在這一波併購案中，德州太平洋集團（TPG Capital）就是其中之一，而摩根大通旗下的私募公司One Equity Partners則成為納瑟的新東家。在此同時，董事會也要求比爾了解如何宣布破產。

對於多數企業來說，最符合邏輯的作法就是申請破產保護令，但福特的情況特殊。在福特汽車一九五六年公開上市以來，亨利．福特二世建立一套複雜的股權結構，讓福特家族得以永久控制這間公司，但也讓他們無法躲在破產保護令的大傘之下。一旦福特汽車面臨重整，福特家族與其他股東的股份將遭到清算，永久失去福特的經營權。正因如此，福特家族其實不支持這個作法，而他們手上持有的B股也讓他們有投票權，不讓福特汽車走到這一步。事實上，任何合併、出售或自願清算等事宜都需要持有B股的股東單獨投票、討論。

比爾．福特被董事會的信任危機深深刺傷。他無法入眠，整夜想著如何使福特走回正軌。他知道組織未來的方向，只是他需要一個人挺身而出，帶領大家。他知道單靠自己絕對做不到。隔天早晨，比爾睡眼惺忪地開車上班，途中他停下來，以一杯星巴克咖啡醒腦，準備度過位高權重卻孤獨的另一天。他花在會議的時間愈來愈少，總是待在自己的辦公室。他可以坐在楓木色的大型辦公桌後面，那個曾經屬於祖父埃茲爾的位置好幾個小時，望著窗外從Rough廠區冒出來的白煙。從A型車問世將近八十年以來，最暢銷的車就屬於F系列的貨卡車，但光有這款車並不夠。

亨利．福特會怎麼看現在的福特？比爾想著。他會怎麼看我？

比爾．福特開始打電話給家族其他成員，說服他們現在是讓福特汽車下市的時候了。有幾個成員同意。只是當勒克萊爾與律師著手相關程序後發現，這方法似乎不大可行。他們可以湊出足夠的現金買下其他股東的股份，但還不足以購買福特信貸。購買程序必須透過債券市場，要付出的成本過高。

在黑暗中找出路

比爾．福特相信還是有拯救這家企業的辦法，其他董事會成員則不以為然。羅伯特．魯賓（Robert Rubin）認為「前進之路」計畫中對環境的假設過於樂觀，並對福特的財務狀況表達嚴重的關切。他質疑福特在銀行是否有足夠現金應付未來的挑戰。不久後他辭去職務。至於董事會成員厄文・霍卡迪（Irv Hockaday）則是謹慎的不排除任何可能。

「俾斯麥[10]軍隊的策略就是多管齊下，」他提醒其他成員。

董事會其他成員紛紛點頭。

「我們想知道所有可行的作法。」他們告訴比爾。

雖然不大情願，比爾還是同意考慮其他方案。

二〇〇五年十二月，比爾聘雇他姐姐席拉（Sheila）的先生史蒂夫・漢普（Steve Hamp）為幕僚長。漢普過去二十七年來都在亨利・福特博物館服務。他看起來像是大學教授，而不是生意人，但他的管理能力絕對能勝任這個職位，為比爾處理他無法忍受的瑣事。當然，他也儘可能協助漢普對抗那些日益頑抗的高階主管。現在，在董事會的施壓下，比爾要求漢普、勒克萊爾與投資銀行找出為福特解套的各種方式。

他們建立一種最高階層的委員會，稱為「組織策略領導協調會」（the Corporate Strategy Leadership Council），以比爾為首，成員包括漢普、勒克萊爾、菲爾德斯、喬伊・雷蒙以及另外兩位高階主管——國際事務部副總裁馬克・舒茲（Mark Schulz）以及他的副手，也是福特歐洲地區與領先汽車集團總裁路易斯・布斯（Lewis Booth）。奎格・莫藍（Greg Moran）也是成員之一，當時他才剛升任為企業策略執行長[11]。莫藍曾在美國第四大銀行Bank One任職，擁有豐富的企業併購經驗。高盛集團（Goldman Sachs）與花旗集團（Citigroup）則是企業外部成員。找齊成員之後，他們開始進行「行動策略計畫」（Project Game Plan），一項以拯救福特為終極目標的最高祕密行動。團隊檢視各種可行的財務計畫，嘗試找出能增加現金流量的方法。此外，他們也分析了組織重整的對策。團隊成員不僅討論與其他車廠策略聯盟的可行性，更開始與一些企業接洽。

福特第一個選擇是與雷諾、日產汽車三方合作，這兩家公司當時都由卡洛斯・戈恩領導。談判開始於那年夏天，但戈恩的態度卻模稜兩可。其實他對此聯盟興趣缺缺，他要的是直接併購。他們也對豐田汽車、本田汽車以及韓國現代汽車提案，只是他們從未認真考慮過。戴姆勒・克萊斯勒集團當時也自身難保，所以不在福特的候選名單上。最後只剩下通用汽車。他們曾經有過愉快的合作經驗，通用汽車詢問福特是否能接受更全面性的結盟。除了動力零件外，福特建議兩家公司共同發展製造平台，專門生產數量較少的小型商務車。福特更丟出合併兩家後勤辦公室的想法，分享技術資訊，甚至分攤採購成本。然而，通用汽車對此建議的反應似乎不大熱烈。這些位於底特律市中心的傢伙認為他們已經超越福特，好像沒有義務要讓福特迎頭趕上。

最後，「行動策略計畫」團隊考慮出售福特在美國本土外，價值幾十億美元的品牌。他們將計畫書送交比爾與其他高階主管，但是沒有人願意出售這些極具名聲的資產，只有一家英國豪華轎車製造商Aston Martin例外。賣掉這家公司能為福特帶來現金進帳，只是還不足以全面拯救福特。

夏天過了一半，福特主管的心情似乎更加沈重。計畫成員以圖表分析福特的營收與現金消耗率得出一項結論：後者遠遠超過前者。他們試了各種模式，但沒有一個真的能發揮功用。

⑩ 譯註：俾斯麥（一八一五年～一八九八年），德國著名的政治家，有鐵血宰相的稱號。
⑪ 吉姆・帕迪拉曾參加過一次會議。只是他和比爾・福特的關係日益緊張，因此沒再參加第二次會議。

「我們將在十八到三十六個月之間花光所有現金。」勒克萊爾表示。「因此，我們必須提出申請破產保護令。」

勒克萊爾開始準備申請破產保護令可能面臨的各種狀況，在此同時，他和漢普也開始考慮將福特出售給另一家汽車製造廠的可能性。漢普任職於營利事業的經驗不多，更難以判斷福特遭遇的問題有多嚴重。每個問題對他來說似乎都是一種危機，即使只是簡單的對話也會讓他對福特的未來更加悲觀。

漢普把這層顧慮告訴妻子與其他親戚，福特家族成員開始緊張。他們看著股票從二〇〇一年比爾．福特發動「政變」以來的十六美元，跌落至現在不到十美元。漢普的憂慮漸漸在家族間傳開，他們愈來愈絕望，甚至有些人認為情況絕對比比爾宣布的還要糟糕，另外有些人則怕比爾壓力過大。那年四月，比爾終於體認吉姆．帕迪拉對公司的弊大於利，因此要求他退休，自己重新擔任總裁與營運長。這已經超過他的權責。兩個月後，亨利．福特二世的女兒安．福特（Anne Ford）寫了一封文情並茂的電子郵件給比爾。

「現在股價真的慘不忍睹，」她寫道。「或許我們該找個人協助你。」

壞時局考驗出領導者的視野與格局

不只有安．福特，大家不禁開始質疑比爾．福特真的有能力迎接福特汽車面臨的各項挑戰嗎？甚至董事會成員也提出相同問題。對於比爾無法管理公司每天的營運，對於比爾沒有能力要求部屬，他們感到愈來愈失望。有些董事會成員的私人律師提出警告，如果再不督促福特的領導人，也許會被股東控告疏於監督。雖然比爾與董事會的關係依然保持友好，但當這位執行長不在現場時，主管間的戰火似乎愈演愈烈。

有些人認為是該讓比爾．福特讓位的時候了。

「比爾沒有遵守承諾，他根本沒盡力。他不參加營運與產品方面的會議，也沒有能力解決內部衝突。」某位董事會成員表示。「我們需要執行長做最後決策，但比爾卻做不到。」

有些人認為應該要給予這個男人多點尊重，畢竟他是福特家族推派的代表。

「終究這還是他們的公司，」另一個人說。「我們必須小心應對。」

自二〇〇一年開始，比爾．福特的確為公司做出不少貢獻。他讓原本赤字的福特汽車轉虧為盈，連續三年出現穩定的獲利。他讓福特汽車重新回到銷售汽車的正軌，並成為美國第一家推出環保休旅車的汽車製造商。他試著推出更多改革，但還是敵不過這間企業幾十年來的沈痾舊病——管理不當與僵化的企業文化。

隨著七月董事會議的逼近，霍卡迪決定應該給這家公司的最高領導人一些忠告。他贊許比爾領導福特的強烈慾望，而他也盡全力支持他。比爾終於承認他快被這一切壓得喘不過氣來。

「沒有人能在這種現狀下單獨將公司經營得有聲有色。」他告訴霍卡迪。「我需要協助。請幫助我找到適合的人選。」

對於比爾拋棄自尊的覺悟，霍卡迪讚賞有加，只是他坦白告訴比爾，福特需要的不只是營運長那麼簡單。比爾同意了：他們需要一位能拯救福特的執行長。

比爾退位

二〇〇六年七月十二日，就在他要賈克．納瑟下台不到五年的時間，比爾再次站在董事會面前，發表另一場動人的演說。這一次，他不再以正統王位繼承人的自信姿態現身，而是一個試圖拯救工作與公司的男人。當比爾二〇〇一年十月擔任執行長時，福特股票還超過十六美元，現在卻不到七美元。當時福特是世界上第二大的汽車製造廠，僅排在通用汽車之後；現在它被豐田汽車超前，成為第三名。就在幾年前，比爾承諾將讓福特每年有九十億的獲利，現在福特面臨史上最慘重的虧損。現在大家議論紛紛，有人說福特即將破產，出售給其他汽車廠或私募股權公司。福特過去五年的興衰史寫在比爾臉上，他迷人的笑容不見了，取而代之的是筋疲力竭的神情。他告訴董事會，他已經厭倦每個月出現在這種會議上，為的只是聽取福特出現的各種問題。

「我知道情況愈來愈糟，」他說。「請幫助我找到解決方案。」

比爾要求董事會成員協助他找到新的執行長。

「這家公司對我意義深遠，我對它有許多堅持，」比爾表示。「但現在我唯一不堅持的就是我的自尊。」

這是霍卡迪在董事會上聽過最動人的一場演講，只是讓比爾退位是當前不得不做的一件事。相信在大型企業任職的高階主管絕對有一種莫名的自負、自尊，更何況是在這家規模超越《財星》雜誌選出世界五百大的企業。對這樣的領導者，尤其是家族姓氏還被刻在總部建築物上的人來說，要承認自己無法拯救公司是需要多大的勇氣。在底特律其他董事會會議上，那些執行長根本拒絕承認失敗。他們只是眷戀這個位置帶來的名利，卻也讓公司隨著他們消聲匿跡。比爾・福特太重視這間企業，他無法讓迪爾伯恩發生這種事情。

雷蒙試圖再次詢問卡洛斯・戈恩的意思。比爾甚至飛到巴黎與他會面，只是戈恩要的不只是執行長，他還想坐上董事長的位置。由於他之前曾和法國經營輪胎公司的米其林家族發生衝突，他不想重蹈覆轍。如果比爾答應不再插手福特的任何事，他就同意前往迪爾伯恩。

當比爾與雷蒙前往法國的這段時間，董事會成員也重新檢視候選人清單，他們想找一個不在汽車產業卻有能力接受此重大挑戰的人。這個人一定已經對世人證明他的能力，這個人要懂得如何經營全球性的公司，這個人更要有能力讓公司轉危為安。符合條件的其實沒幾個人，在清單上排名第一的就是他——艾倫・穆拉利（Alan Mulally）。

—第三章—

拯救福特的男人

相聚在一起只是開始；持續在一起是一種進展；工作在一起才得以稱之為成功。

——亨利．福特

身為波音商用飛機部門（Boeing Company's Commercial Airplanes Group）總裁，艾倫・穆拉利過去十年間一次又一次拯救這間企業免於災難，企圖將四分五裂的組織轉變成相互合作的團隊。在穆拉利的領導下，引領波音度過歐洲空中巴士集團的無情攻擊，與競爭者麥道公司（McDonnell Douglas）艱難的整併，以及在二〇〇一年紐約與華盛頓特區的恐怖攻擊中存活下來。原本是一次又一次致命的打擊，但穆拉利卻能力挽狂瀾，將它變成一次又一次改革波音的機會，讓波音成為更精實、更有獲利能力的企業。到了二〇〇六年，波音商用飛機部門的銷售、營收與獲利屢創新高。穆拉利將此成績歸功於他常掛在嘴邊的「團隊合作」。事實上，他有許多原則、方法是效法福特汽車。

穆拉利在波音公司的亮眼成績讓他在某種程度上已經是企業名人，他卻不引以為傲。他看起來就像在經典影集〈快樂時光〉（*Happy Days*）中充滿生氣的主人翁里奇・古寧漢（Richie Cunningham），只是年紀比較大一點。穆拉利和他一樣都有一頭微紅的卷曲金髮，尖尖的下巴，以及引人注目的笑容，不同的是，穆拉利看起來更有智慧，這點我們可以從他謙卑、樸實無華的行為舉止中得知。他充滿才華，卻光芒內斂，只求內在充實，不在乎表面虛榮。撇開這些不談，他簡直就像一個長不大的童子軍，你會發現他的對話中常會有「好棒」、「酷」、「沒錯」等字眼。大部分高階主管喜歡穿量身訂做的西裝配上昂貴的袖扣，穆拉利在波音公司的標準服裝是紅色風衣，他的正式穿著頂多就是藍色夾克配上領帶，僅此而已。大多數主管用的是昂貴的萬寶龍鋼筆，而他則是用便宜、可伸縮，隨處都買得到的鋼珠筆。不管簽什麼，他都會在名字下方畫一架可愛的波音747。

《西雅圖時報》（*Seattle Times*）稱他為「好好先生」。從他和其他人的相處中可看出穆拉利一點兒也不虛榮。在許多正式場合中，他很少去和那些權貴之人打交道，反而喜歡跟沒有背景的一般人相處。他會提出很多問題，而且會認真聆聽其他人說的話，不管對方是企業領導者還是餐廳的服務生。穆拉利的記憶力驚人，他能記得某個部屬幾個月或幾年前和他提過的一些瑣事。他喜歡和人擁抱，甚至高興時會親吻對方臉頰。這些待人處事的態度讓穆拉利深得部屬喜愛，但也經常讓對手措手不及。他們根本無從得知哪些是真的，哪些只是演戲。穆拉利喜歡這個樣子。

事實上，穆拉利為人正直，有決心，有毅力。他有個清苦的童年，小時候最大的願望就是能將自己的名字寫在天空上。穆拉利對飛行的熱誠不僅是小男生對飛機的喜愛而已，他曾經將自己綁在一個大型物體上，希望像火箭一樣發射，而他最初的實驗就在堪薩斯州的一大片草原上。

心懷遠大夢想的穆拉利

穆拉利的雙親是在一九四三年美國聯合服務組織（USO）舞會上相遇，一個月後他們結婚了，此時穆拉利的父親正要去參加太平洋戰爭。而當穆拉利太太發現自己懷孕後，就跟著先生派駐在加州的奧克蘭。艾倫就在那裡出生，他是他們四個孩子中的老大。穆拉利太太生完沒幾天，就將艾倫帶回堪薩斯州。戰爭結束後，穆拉利父親也跟著回到那裡，找到郵局的工作。穆拉利家族不至於貧窮，但也稱不上富裕。艾倫的童年是在一個又一個低矮的平房中度過，不知道怎麼回事，他小時候看起來不大討喜，是那種剪著呆呆的髮型，穿著雜牌牛仔褲，心中卻有著遠大夢想的小孩。他會坐在教堂最前排的位置，觀察牧師如何領導教會、鼓舞會眾。穆拉利曾經送過報紙和《電視指南》（*TV Guide*）。當他存夠頭期款後，馬上在蒙哥馬利．華德百貨（Montgomery Ward）買了一輛腳踏車。這輛車總共花了他五十七美元。除了頭期款外，他每星期要還一．二五美元。到了高中，他的交通工具升級為摩托車，並開始他的除草事業。他在車後掛上小拖車，如此一來就能裝載他吃飯的傢伙。在體育課程方面，他選擇的是體操，而不是足球。雖然他獲得堪薩斯州體操第二名，但似乎還是無法提昇他的校園地位。此時的穆拉利想的是更遠大、更重要的目標。

一九六二年九月，他終於在家裡的黑白電視中找到目標——當時甘迺迪總統呼籲他們這一代要完成登上月球的夢想。穆拉利將此視為個人挑戰，一個能滿足他野心的目標。他先進入附近的堪薩斯州大學，參加空軍預備役軍官訓練營（Air Force ROTC），開始學習物理與微積分，並策劃登上月球的路徑。在一次例行的健康檢查中，穆拉利發現自己是色盲，斷了他的太空人之夢。然而，他不以為意，立即將主修改為航空與太空工程。如果他無法成為太空人，那麼建造火箭總可以吧。此時，穆拉利開始展現他非凡的領導力，這個優點讓他在往後的工作上無往不利。他參加學校的兄弟會，成為勞倫斯分會的總幹事；晚上，他管理一家小型便利商店。那家店的老闆認為他未來沒什麼出息，他的教授卻不這麼想。穆拉利的畢業導師傑．羅斯卡姆（Jan Roskam）覺得穆拉利是個有擔當、天生的領導者，他有讓大家團結合作的能力。在學校年度工程展示會上，穆拉利不僅讓現場井然有序，更讓與會者都十分盡興。羅斯卡姆告訴他，他對人們有種神奇的魔力，建議他往管理發展。在波音公司擔任顧問的教授也告訴穆拉利，他應該為航空公司做事，而不是美國太空總署。

剛開始，穆拉利想當個網球教練，他的球技的確不錯。一九六九年完成碩士學業後，他前往西雅圖，因為他發現火箭雖然迷人，但更愛航空旅行。他讚歎著飛機讓世界變成地球村的能力。如同羅斯卡姆預測的，穆拉利很快就升為管理階層。然而他卻留不住下面的人，原因在於他做完部屬該做的事情，讓他們的缺點顯露無遺。**這位年輕主管終於了解，他的作用不是在部屬面前展現聰明才智，也不是告訴部屬自己有多麼優秀，他的功能是提昇部屬的能力。**這是十分珍貴的一課，也是他永難忘懷的一課。在一邊磨練管理技巧的同時，他也要求擔負更多的責任，更主動參與波音從７０７到７６７每項噴射機發展計畫。到了八〇年初期，穆拉利想爭取更高的職位。波音公司贊助穆拉利就讀麻省理工學院史隆管理學院的獎學金，在那裡，他獲得第二個碩士學位，與比爾．福特擦身而過。從此之後，穆拉利仕途一帆風順。他領導７５７與７６７計畫的座艙設計團隊，為商業客機創造出第一個全數位化的駕駛艙。但讓穆拉利一戰成名的是領導７７７的計畫。

八〇年代晚期，福特執行長唐諾．彼得森（Donald Perterson）擔任波音公司董事會成員之際，穆拉利正是波音重要噴射機計畫的首席工程師。彼得森建議穆拉利研究福特在Taurus車款所下的功夫，並介紹團隊領導人路．菲拉迪（Lew Veraldi）給他認識。菲拉迪是非常有遠見的產品發展經理人，當福特要他設計一款能擊敗日本人的汽車時，他集合組織內各部門的人組成團隊，以確保他們弄清楚相關問題。團隊中除了設計師與工程師外，他還找了能在組裝層面提供意見的工廠代表，知道供應商想法的採購人員，以及經常與經銷商對話，知道消費者思考模式的行銷人員。菲拉迪甚至和各大型保險公司合作撞車維修，找出如何才能讓車子更便宜之道。藉由這種創新的方式，Taurus不僅是美國史上最暢銷的車款，也控制在五億美元的預算內——這在一家以成本超支的公司簡直是前所未聞。

福特很快就將絕大部分從菲拉迪和Taurus小組學到的寶貴經驗拋諸腦後，但穆拉利沒有。在穆拉利一九九二年被拔擢為波音總經理後，他將在福特汽車學到的經驗，與訪問日本豐田汽車生產線學到的資訊結合在一起，應用在波音777計畫上。

當時，購買新的噴射機對航空業來說，是一種非勝即敗的賭注。全世界的航空公司捨棄了波音公司有點年紀的747機型，轉而購買空中巴士。波音的市場占有率愈來愈低，他們亟需要新機型，不過整個行業處於嚴重的衰退中。波音777因此應運而生。這是一架航空史上最複雜、達到航空技術極限的飛機，計畫經費高達五十億美元。波音冒著極大的風險，不過它別無選擇。波音公司在此計畫賭上公司未來，並要求穆拉利擔負起這項重任。

團隊合作，讓企業更團結、運作更透明

穆拉利肩負一個一萬多人的團隊以及延伸至四大洲的供應鏈。這間企業其實和福特汽車一樣，深受組織內鬥所苦，這也是777計畫落後原訂時程的主要原因。為杜絕後患，穆拉利與他的老闆——菲利浦．康迪特（Philip Condit）制定一項讓企業更團結、運作更透明的政策——「團隊合作」（Working Together）。這項政策要求不同部門或職責的最高領導人每星期開一次

會，了解計畫最新進展、討論問題，並找出讓大家更緊密合作的方式。

「剛開始我們並不習慣這種合作方式。你知道的，像我們這種工程師可能是自己悶著頭找出解決方案，我們不會將技術性問題攤在桌上，要大家腦力激盪。」雷諾．奧斯卓斯基（Ronald Ostroski）表示。他是在穆拉利升任總經理之後，被拔擢為首席工程師的人。「所以，我們是最先反抗的。」

為了克服這項問題，穆拉利請記錄團隊將整個過程攝影。他知道每個人在鏡頭前多少會克制自己的脾氣[1]。這種方式果然奏效。

造價一億美元的飛機，穆拉利大概得賣出兩百架新飛機才能讓波音免於破產倒閉。在聯合航空一九九五年購買第一架777後的一年，訂單已經累積到三百張。波音公司在計畫結束後第四年接到第五百筆訂單。777已經成為波音公司有史以來最成功，也是最賺錢的機型。當然，穆拉利更是一戰成名。

當波音公司一九九七年併購麥道公司時，穆拉利再次臨危受命，負責整併兩家公司的空間與防禦部門。航空產業有人並不看好這項計畫可以成事，尤其是穆拉利根本沒有任何軍事背景。但是他真的做到了。然後，他被要求再次拯救波音公司。

儘管穆拉利的777計畫十分成功，這家公司在一九九八年發現自己陷入嚴重的困境。由於過於看好雙走道的新機型可獲得成功，商用飛機部門啟動了野心勃勃的產量倍增計畫，但情況不如預期，波音公司的供應鏈瓦解，工廠也完全停工，波音成立五十年以來，公布首次虧損。該集團總裁朗．伍達德被解雇，穆拉利則接替他。穆拉利開始在商用客機部門進行徹底的改革。「別守著祕密」是他上任後的最新要求。穆拉利要高階主管蒐集與公司營運有關的每項資訊，整合成簡單易讀的表格或圖型，並在每星期四的解決方案會議中提出。基於這些訊息，穆拉利與其團隊很快地草擬出波音重建計畫。他們簡化集團營運的每個層面，裁減幾千名員工，並將一些不需要在組織內完成的工作外包。一年後，商用飛機部門轉虧為盈，甚至創下產量新高。

二〇〇一年，恐怖組織劫持四架波音飛機，衝撞紐約世貿大樓與五角大廈前幾個月，穆拉利被任命為商用飛機部門的執行長。九一一恐怖攻擊是壓垮波音的最後一根稻草。事件發生後的幾個月內，波音的訂單不是被取消就是延後。空中巴士超越波音，成為世界上最大的商用飛機製造商。穆拉利裁掉波音約一半的人力，將更多工作外包，簡化產品行政流程，取消沒有意義的計畫，並將節省下來的經費投資最先進的商用機型——波音787。

被稱為「夢幻客機」（Dreamliner）的787代表的是航空史上革命性的轉變，它讓飛航旅行變得更簡單、更便宜，最重要的是它減少許多對環境的傷害。在相同的載客率下，787比767節省至少百分之二十的耗油率，降低廢氣排放與企業營運成本。此外，787的設計更是打破長久以來主宰民用航空傳輸的樞紐輻射線模式（hub-and-spoke[2]），鼓勵航空公司發展點對點的航線，解決旅客困擾，讓旅行更便利。航空公司都十分讚賞這項計畫，而滿載的訂單也讓波

① 當時的攝影過程變成美國公共電視網的紀錄片，片名為《21世紀的噴射機：波音777的建造過程》（*21st Century Jet: The Building of the 777*）

② 譯註：航空公司以大城市為樞紐機場，向外延伸航線。

音公司從谷底反彈。穆拉利被拔擢為整個集團的執行長只是時間的問題。

當時波音集團的執行長是菲利浦．康迪特。二〇〇三年底，在一次與美國空軍合約有關的爭議事件後，康迪特被迫下台；不到兩年，接任康迪特職位的哈利．史東賽佛（Harry Stonecipher）也因與波音女性主管的「關係」而被炒魷魚。這兩項醜聞與穆拉利一點兒關係也沒有，大家認為只要風暴平息，他絕對是波音公司下一任執行長。波音最大的客戶——美國國防部不想在報紙頭條再看到這家公司的任何消息，因此要求波音從公司外部尋找人選，與過去做個了斷，穆拉利因此從候選人名單上被刪除。後來波音公司找了當時3M的董事長兼執行長，也是奇異飛機引擎部門的前任總裁吉姆．麥克納尼（Jim McNerney）。而穆拉利，這位年近六十的領導奇才就這樣被忽略了。

穆拉利不會讓任何打擊影響他，就像當年他聽到色盲的檢查結果一樣，完全不以為意。然而，很多人為他感到憤恨不平，其中一個就是國際航空機械師與航空工人協會（International Association of Machinists and Aerospace Workers）主席湯姆．布芬巴爾格（Tom Buffenbarger）。他曾經發動反對穆拉利的罷工，認為他在九一一後的裁員簡直就是屠夫的行為，但是，他認為穆拉利是最有資格成為波音執行長的人，並稱此決策是一種「犯罪行為」。

＊　＊　＊

福特挖角

由於他的領導天賦，穆拉利接過無數通獵人頭公司打來的電話，由於他只對飛機有興趣，因此都草草打發。但這通電話不同。它不是來自於獵人頭公司，而是福特汽車，而且是董事會成員約翰・桑頓（John Thornton）親自致電[3]。桑頓告訴他，比爾・福特想和他討論經營公司的方式。**比爾・福特，這位亨利・福特的曾孫想要和我對話**，他掛上電話時想著。**多麼榮幸啊！**

穆拉利的房子正在改建，他和家人當時住在一間小公寓。他把小小的寢室當成辦公室，他坐在那兒，眼睛看著天花板，對於剛才的電話與機會震驚不已。福特汽車，這家美國最具代表性的製造廠，他以前想都不敢想。福特將汽車變成普羅大眾的交通工具，創造移動式組裝產線，並讓藍領階級工人脫離貧窮。穆拉利想起年輕時期福特的小卡車幾乎是堪薩斯牧場的代表景色之一。就如同波音公司，福特是擁有許多著名產品的傳奇企業，前者擁有B-17與747機型，而後者則是野馬與雷鳥系列。如果沒有比爾・波音（Bill Boeing）或亨利・福特，美國就無法稱之為美國了。過了一段時間，穆拉利從白日夢中驚醒，他站起來，打開門。他的太太與兒子站在外面。

「福特汽車，」穆拉利發出聲音，「他們想要我經營這家公司。」

穆拉利家族很快起身行動。他兒子馬上在Google輸入「福特」兩個字，其他的孩子雖然遠在他鄉，但也負起搜尋資訊的責任。他們將所有與福特汽車或福特家族的資料傳給父親。穆拉利花

③ 高盛前任總裁桑頓是第一個在福特內部建議將穆拉利納為候選人的人。

了幾天時間儘可能了解這家汽車製造廠。他將最新的財務報告、產品照片列印出來，並認真閱讀最近幾篇文章。他看完後，原本的熱情似乎被澆熄了一點。福特以前或許是極其風光的大企業，但現在的處境卻十分艱難。想讓這家老字號企業復甦真的很難；但從另一方面來看，如果他能做到，絕對能名留青史，成為一名真正的執行長。

但我怎麼能離開波音？穆拉利自問。

波音就像是他的孩子。穆拉利和它經歷過許多次的興衰盛敗，也克服許多史無前例的挑戰。波音即將以劃時代的機型和空中巴士一決雌雄，只是在未見勝負之前，他怎麼能一走了之？就在穆拉利還在衡量利弊得失時，比爾．福特親自致電，邀請他到迪爾伯恩聽聽他的想法。

* * *

二〇〇六年七月二十九日星期六，福特派一架私人飛機前往西雅圖接穆拉利。在前往密西根途中，他凝視著厚厚一疊資料，這些從接到電話就開始蒐集的資料讓他產生一連串的問題，他希望能在待會兒獲得解答。穆拉利開始在這些年度報告背面列出一個又一個問題。

飛機降落在威洛魯恩（Willow Run Airport）機場，這是在二次世界大戰期間，福特為了轟炸機生意建造的機場。當穆拉利走出機外，接觸到底特律夏天潮溼的空氣時，他看到在福特Expedition汽車旁有位司機在等他。那位司機接過行李，打開後門，但穆拉利要求坐前座。當這輛大型休旅車馳騁在安亞伯林間，穆拉利發現自己漸漸開始興奮。他試著緩和心中那股熱情。

我只是來蒐集資訊，穆拉利提醒自己，**我不會做任何決定**。

他們抵達比爾・福特的住家入口已經接近中午。穆拉利對這片廣大的莊園發出讚嘆，他突然體認自己腳下站的是真正有錢人的領土範圍。但當Expedition停在前門時，他很驚訝地看到莊園領主穿著短褲、polo衫自前門出現，他太太麗莎陪同在側。第二個讓穆拉利訝異的是，比爾一見到他竟然熱情地擁抱他。他帶領穆拉利稍微參觀一下莊園，就進入室內。兩個男人在寬敞的客廳沙發上坐下，開始聊起足球。他們都認識西雅圖海鷹隊執行長陶德・雷維克（Tod Leiweke）。很快地，他們言歸正傳，回到這次見面的目的。

釐清福特的陳年問題

比爾先大致敘述福特的歷史，從亨利・福特如何創立，亨利・福特二世的專斷獨行，賈克・納瑟的殘害，最後以他自己想拯救福特卻遭遇挫折終結。他也談到主要競爭廠商日本豐田汽車，並譴責日本政府與車廠操控日圓，以此方式增加日本汽車出口。此外，他也提到二〇〇七年即將與聯合汽車工會談判，他強調這關係著福特汽車的存亡，並列出希望工會讓步的要點，包括減薪、更具競爭力的工作規範、終結拖垮企業的工作銀行計畫（讓待業工人持續領取薪資與紅利直到工作找到，這期間可能會長達好幾年）。如果福特汽車無法取得工會的讓步，他們或許得將大部分的工廠外移到墨西哥。

穆拉利似乎被吸引住了。很明顯地，這家老字號的汽車製造商面臨許多挑戰。在接手處理爛攤子前，必須先讓比爾回答他心中的疑惑。

如果我要接手，我必須知道每個細節。他想。因此，穆拉利開始對比爾提出質詢。

「為什麼福特有這麼多品牌？」

「經銷商網絡的優勢為何？」

「為什麼每個地區的組織都不一樣？」

「為什麼不讓全球各地的資產趨近平衡？」

比爾對穆拉利猛烈的砲火有點吃驚，但他還是一一回答這些問題。他解釋，這一屋子的品牌是納瑟時期的「遺物」，他承認福特的經銷商太多，並告訴穆拉利他想推動全球化產品的開發。

「除非我們改善以下問題，否則再多努力都是枉然的。」比爾表示。「我們的成本過高、產品上市的步調過慢，福特落後其他廠商太多、太多了。」

「為什麼不早點改善呢？」穆拉利繼續提問。

比爾解釋，他很想這麼做，因為主管階層的心態，讓他一次又一次被打回票。這些人視比爾的改革為洪水猛獸，對他們的地位是一大威脅。如果穆拉利接下工作，他也必須想辦法克服內部的反對聲浪。

「你是扮演讓所有事情回到正軌的催化劑，」比爾告訴他。「如果你辦不到——我是說如果我們辦不到——我們將會變成葬送過去的劊子手。」

福特的企業文化困擾著穆拉利，他持續詢問更多細節。比爾拿起一張紙，用黑筆在紙上畫出福特的組織架構，指出每個部門的領導者以及報告層級。穆拉利對大部分部門不需對比爾報告，只對幕僚長漢普負責的狀況感到十分訝異。

他簡直被架空了，穆拉利一邊研究這張紙，一邊想著。他甚至對比爾與漢普的姻親關係感到驚訝。

比爾繼續大膽地說出福特的現狀。這家汽車製造廠的問題很大，在內憂外患下，幾乎快要四分五裂。董事會考慮出售福特或與其他車廠合併，要財務長勒克萊爾評估這些作法的可能性。

「現在的福特真的是如履薄冰，」比爾說。「我非常需要你的協助。」

穆拉利來這裡之前多少對福特的問題有些了解，但不知道竟如此嚴重。比爾．福特已經無法應付，但他選擇坦承面對。穆拉利非常佩服比爾的自覺與誠實，同時也不禁擔憂福特的未來。這可能是拯救福特的最後一次機會了。

當然，比爾對穆拉利也有一些問題。他稍微問一下穆拉利的背景，在波音的經驗，以及如何處理波音的危機。他要求穆拉利描述自己的管理風格。穆拉利解釋，他會要求團隊成員每星期四早上參加快速的早會，每個人必須迅速簡報管轄區域最新的狀態或改變。他採用核心、重點式管理，也會將這套方法應用在福特汽車。

「這對福特將是一種文化衝擊，」比爾擔心地說。

這是什麼意思？穆拉利心想。

隨著夕陽西下，穆拉利發現自己對福特汽車與比爾．福特愈來愈著迷，他大概知道如何克服這些困難。最後比爾指出，他們雖然面臨極大的挑戰，但至少還有一些優勢，不至於是扶不起的阿斗。

「我們有十分優秀的人才，」他告訴穆拉利。「只是需要領導者的帶領與啟發。」

共識

經過一下午的討論，這兩個男人發現和對方愈來愈有默契。在晚餐前，穆拉利甚至發現自己提到福特時，是用「我們」，而不是「你們」。他很想修正，但好像很難讓自己跳出來。他最後的問題是比爾．福特有勇氣接受一切改變，讓福特汽車進行全面性、徹底的組織重整嗎？

「你能百分之百堅持立場嗎？」他問。

「絕對可以，」比爾保證。「整個福特家族都可以。」

比爾也問了穆拉利一個類似的問題。

「你能告訴吉姆嗎？」比爾提問。他指的是波音的執行長吉姆．麥克納尼。「吉姆會怎麼做？」

穆拉利沒有回答。

那天晚上，比爾和麗莎帶穆拉利到安亞伯的伊芙餐廳，那是一家當地老饕最愛去的新潮法式美國餐廳。穆拉利對那裡的美食，以及自己受到的貴賓招待印象十分深刻。除此之外，他更驚訝地發現，比爾雖然有一車隊的司機，但他卻自己開車前往餐廳。而當他們走進餐廳時，幾乎所有人都認出福特夫婦，大多數的人甚至暫停用餐表達敬意。穆拉利注意到這對夫妻在社區內是如何地受尊敬。

對比爾來說，用餐的過程有些難挨，他整晚都在擔心是否有人認出穆拉利，並猜測兩人為何一起吃飯。但下一刻他也變得更堅信這個人可以拯救他的公司。而他顯然是天生具領袖魅力、福特要找的鼓舞人心的領導者；他經歷過波音最黑暗時期，並微笑引領公司走出。他雖非出生於汽車產業，但他對製造業的認識絕對足夠，並能理解福特複雜的處境。最重要的是，他認同比爾對福特未來的規畫。麗莎．福特對穆拉利也稱讚有加。當這位貴賓離開位置幾分鐘時，麗莎靠近丈夫低聲地說，「他的性格超乎我想像的美好。」

「我知道，」比爾說，可以看出他對穆拉利的喜愛。

穆拉利的疑問也愈來愈少，在對話中，他不再避諱使用「我們」。當他們送他回飯店時，穆拉利忍不住去注意街上究竟有多少福特出產的汽車。

抵達飯店時，兩個男人相互握手。比爾詢問穆拉利是否願意持續與他們討論。

「我願意，」穆拉利說。

比爾建議讓穆拉利與幾位董事會成員見面，他也同意。比爾告訴穆拉利，公司人力資源部副總裁喬伊．雷蒙會安排接下來的所有事宜，但他還是提供私人手機號碼給穆拉利。

「如果你需要幫忙，請打電話給我，」比爾表示。

沙盤推演

那天發生的一切讓穆拉利無法平靜。他坐在書桌前，拿出一張白紙，在記憶猶新時寫下抵達密西根之後發生的所有事情。他先記錄溫度——華氏九十五度，這裡絕對不是西雅圖。他開始寫對福特家族的印象（比爾、麗莎……很乖的小孩……兩隻狗……一位家教），他們的住所（高雅的房子……兩層樓……木製家具……大門……樹林），以及生活方式（底特律獅子……自行開車……與小孩一起運動）。

接著，他開始回憶與福特汽車相關的內容。

「股價六美元，」穆拉利寫下。「絕佳的機會。」

他草草記下對話中與福特目前挑戰有關的字眼：「聯合汽車工會……產品發展……全球生產……墨西哥……孤立的產業……財務長自己的計畫……必須保留現金……必須接受事實。」

在比爾．福特名字旁邊，穆拉利寫下四個字：「魄力不夠。」

快速瀏覽這些筆記時，他開始回想這幾年波音公司面對的挑戰與福特有何類似之處。汽車產業有其獨特之處，但基本上和航空業沒什麼兩樣。他也有與工會交涉的經驗，知道如何讓產品發展與生產力全球化。他最大的優勢是帶領波音度過好幾次的危機，十分熟悉這些情況，知道自己應該能掌控，說不定會處理得更好。他確定能領導福特汽車，就像他帶領波音一樣，如果真的有機會的話。現在，他只有兩個問題，其中一個大概連比爾．福特也無法回答。

還有足夠的現金讓福特汽車轉危為安嗎？他自問。**我還來得及做出改變嗎？還是為時已晚？**

他又拿起筆。

「想要進入下一步驟，」他寫道。

穆拉利心中已經有一些想法。

「我們必須改變，成長並安然度過危機……我們的競爭力不夠，」他繼續寫。「我們必須採取行動……記錄生產過程……轉虧為盈……擁抱未來。」

在睡覺前，他已經寫滿一整張紙。在最下面，他又多加一行字：「我們必須依據事實行事，絕對能回到主流市場。」

坐在回程飛機上，穆拉利持續他的「冥想」，在紙上大致寫下拯救福特的計畫。他先列出目標。在筆記本上，他寫著：「製造性能最好的車子」、「具營利性的成長」。接著再寫下後來他稱之為「四P」的想法：「績效」（performance）、「產品」（product）、「程序」（process）以及「人力」（people）。在最下面，他註記：「領導者最重要」。

他繼續寫下觀察到的企業環境。他注意到福特閒置的產能太多，無法降低成本，對抗競爭者。他也知道「汽車產業文化」將是他必須克服的問題。

在另外一頁，穆拉利列出往後每週會議上要追蹤的項目，包括收入、支出、研發成本、營運成本、盈餘以及可運用的現金。

最後他寫道，「哇，好有趣啊！」

* * *

穆拉利一回到西雅圖就打電話給約翰．桑頓。

「為什麼你們想用我？」他詢問這位福特董事會成員。

「我們需要有遠見的人，」桑頓告訴穆拉利，「但我們也需要能讓這一切實現的人」。

在他們談話的同時，穆拉利在筆記本上寫下：「令人激賞的遠見」、「堅定的執行力」。

這些是福特所需要的，也是桑頓在穆拉利身上看到的特質。

桑頓邀請穆拉利前往董事會成員厄文．霍卡迪在奧斯本（Aspen）的家。桑頓將前往奧斯本參加某個協會的聚會，而穆拉利將到這個旅遊勝地度假，沒有人懷疑他們要碰面，絕對是個能進行深入對話的隱密地點。

八月六日，穆拉利在午餐時對桑頓與霍卡迪提出一個又一個十分直接的問題，如同他和比爾．福特見面一樣。當然，這兩位董事會成員也不是省油的燈，以一堆問題回擊。

他們很想知道穆拉利如何以更好的方式整合福特各地的公司。穆拉利拿出一張波音公司的組織圖，放在桌上。他將波音的商用飛機部門劃分為地區事業單位與功能性部門。穆拉利告訴他們，在福特也會這麼做。

兩位董事會成員仔細看著那張圖，頻頻點頭。

桑頓與霍卡迪對穆拉利的所有疑惑在那頓午餐會報上完全消失。飯局快結束時，他們已經開始討論銷售模式。

「艾倫，如果董事會聘雇你，而你也願意接受，你要先了解福特內部沒有不可動搖的人或事，」霍卡迪說。「如果比爾的朋友在不適當的職位，或覺得他們不適任，你絕對有解雇他們的權力，比爾也會支持你。」

穆拉利搖頭。

「這不是問題，因為我不會解雇任何人，」他回答。

這個回答似乎嚇到霍卡迪與桑頓。他們以為現在該是大刀闊斧裁減組織高階主管的時候了，正因為比爾魄力不足，才促使他們向外尋找執行長。

「你怎麼會這麼說？」霍卡迪問。

穆拉利大致敘述他每星期的會議，**這套系統會嚴格檢視每個人每週的報告，會讓一些無法確實完成工作的人無所遁形。**

「或許福特內部會有很多人無法適應這套模式，自動提出辭呈，」穆拉利表示。「根本不需要我解雇他們。」

霍卡迪完全被打動，並提供穆拉利另一個誘因。

「如果你認為必須坐上董事長的位置才能執行這些計畫，比爾也願意考慮退讓。」他說。

穆拉利再次搖搖頭。

「除非比爾繼續擔任董事長，否則我不會接受這個工作機會，」他說。這個回答又再次讓兩位董事會成員感到訝異。「比爾是福特家族的人。我相信他對員工，或經銷商一定有某種程度的影響力。他的背景與生活方式一定有我不及之處；此外如果我擔任執行長，一定會忙得不可開交，我需要他在那個位置協助我。」

穆拉利離開奧斯本時信心滿滿，他上任後絕對能獲得董事會的支持。霍卡迪與桑頓希望雷蒙能搞定這項協議。

*　　*　　*

爭取穆拉利

雷蒙前往西雅圖時，其實沒多大把握。這位目光銳利的人力資源部副總裁可是做足功課，他認為穆拉利如果無法全心投入似乎就沒意義，但要讓這位領導天才離開波音實在不容易。穆拉利致力於當地社區發展，他和太太已經是西雅圖的一份子。他們正在莫瑟島（Mercer Island）建造心目中的夢幻小屋，再加上穆拉利也沒有表明他願意搬到密西根。

這簡直是不可能的任務，他想。

雷蒙下定決心無論如何都要把穆拉利帶回迪爾伯恩，只是他必須先確認這個人是否值得。他知道比爾・福特與另外兩位董事會成員已經被說服，但身為人資部副總，他覺得自己有義務要與這個男人談一談，就像他與其他候選人會面一樣。

兩人第一次見面是在雷蒙的下塌處——四季飯店的房間。雷蒙一眼就喜歡上穆拉利。就像其他人一樣，他無法抗拒穆拉利的領袖魅力。他決定測試一下穆拉利。雷蒙故意以轟炸機式的提問，看看是否會激怒他。福特總部就像是鯊魚水族箱，他最不願意看到的就是執行長在第一次員工大會崩潰，引發魚群追逐戰。令人驚訝的是，不管他丟出的是曲球、指關節球或滑球，穆拉利始終保持冷靜，成功擊出全壘打。他們後來開始討論管理方式。雷蒙說，他不確定這種方法是否能適用於福特。穆拉利很有信心地表示絕對可以。

幾個小時之後，他們決定暫作休息，到市區散步。雷蒙認為這絕對是穆拉利深思熟慮後的一步棋，要讓雷蒙知道他在西雅圖如何受歡迎。如果真是如此，穆拉利這一步真是走對了。每走幾步，就會有人認出他。令雷蒙印象深刻的不是穆拉利與當地名人的關係，而是和他打招呼的除了商家外，更包括維修工人、學生以及波音的員工，不管是誰，穆拉利都報以同樣親切的態度。雷蒙深知以穆拉利的身分地位要做到這樣並不容易，但其實這種情形在福特十分常見，即便是如亨利．福特二世這麼有錢的人也能和最基層的工人自在相處。現在，雷蒙擔心的反而是不確定穆拉利是否會前往底特律。

當他們散步時，他心理浮現幾個想法。

我大概沒辦法讓這個男人離開西雅圖，他是這裡的標竿、偶像。即使他接受福特的工作，也不大可能賣掉這裡的房子，因為一旦他離開福特，終究還是會回到西雅圖。我得在迪爾伯恩為他和家人準備一棟公寓以及私人飛機。有些股東可能無法接受這個作法，但我想最後一定會達成共識。此外，我也不用擔心他會整天泡在布魯菲爾德鄉村俱樂部（Bloomfield Hills Country Club）或到底特律市區用餐，我會讓他住在公司附近，如此一來，絕對能讓他「專心」工作。

雷蒙突然停下來，轉向穆拉利。

「如果我讓你和家人使用福特的私人飛機呢？你覺得如何？」雷蒙問道。

穆拉利覺得這個點子不錯。

但當他回到迪爾伯恩，比爾．福特對雷蒙的提議不大滿意。

「你答應他什麼？」他問。比爾提醒雷蒙，媒體曾挖出美國區總裁馬克．菲爾德斯將福特商務飛機挪為私用的消息。菲爾斯德兩個兒子長年跟著他調派到世界各地，因此當比爾．福特致電要他回迪爾伯恩時，他告訴比爾，不想再讓家人跟著他奔波，希望兩個小孩在上大學前能在美國穩定地停留一段時間。再加上他才在佛羅里達的德拉海灘（Delray Beach）買了一棟房子，比爾因而答應讓他使用公司飛機，每週往來佛羅里達與底特律。只是被媒體發現這件事後，比爾．福特馬上就後悔了。現在，比爾擔心雷蒙會重蹈覆轍，但雷蒙非常堅持。

「我認為我們還有機會，」他很鎮定地告訴比爾。

「如果穆拉利因為這個原因拒絕我們，你會怎麼做？」

「好吧！」比爾說。「就這麼做。」

* * *

事實上，比爾．福特無法抑制自己激動的情緒。雖然他知道還沒正式與穆拉利簽約前最好保持緘默，他還是忍不住與密友分享終於找到能拯救福特的人了。

「這傢伙是扭轉逆勢的專家。他就是這麼拯救波音公司。」比爾告訴公關副總裁查理．霍里蘭（Charlie Holleran）。「這就是我們要的。我從沒讓這間企業好轉過。」

霍里蘭來自於賓州的斯克蘭頓（Scranton），是位身材魁梧、滿頭白髮的愛爾蘭裔美國人。給他一個徽章與一張桌子，他可以是勤務警官；讓他戴上帽子，拿著水龍頭，他就像是消防隊長。他是比爾．福特專屬的危機處理專家，這代表著他比任何人都知道他的老闆需要幫助。聽到比爾終於找到人選，心中的大石頭也跟著放下。

在霍卡迪、桑頓與其他成員分享他們對穆拉利的好感後，要讓董事會同意穆拉利的要求似乎就不費吹灰之力了。雖然他們之前尋找執行長的過程不大順利，但穆拉利的確是董事會眼中的最佳人選。大多數董事會成員不是來自汽車產業，自然也沒有人質疑這位來自業外的人選。事實上，甚至有人認為這是穆拉利的最大優勢。畢竟，讓福特汽車走到今天這個地步的都是汽車產業的人。

* * *

在穆拉利同意談條件之前，他致電給比爾・福特提出最後一個問題。他對於董事會成員想解散公司有所疑慮。穆拉利想先說明清楚，他到迪爾伯恩只有一個理由。

「我不是來解散公司的，我來的目的是要帶領它展翅飛翔。」他告訴比爾・福特。「我想再次確認你的想法，因為我要的是有未來的企業，不只是為福特，也是為了美國。」

比爾告訴穆拉利這也是他想要的。

「我可以百分之百跟你確定。」他承諾穆拉利。

穆拉利再次詢問比爾，他是否真的了解進行改革會發生什麼事。穆拉利正在擬定計畫，這代表未來將有一場「腥風血雨」。如同之前達成的共識，他們會整合福特全球的營運，將世界各地的資產做最好的運用，達成最佳經濟規模。然而，穆拉利也計畫出售一些國外品牌，淘汰Mercury與Lincoln車款，減少經銷商的數目，關閉更多工廠，把製造流程移到墨西哥。他怕接下來與聯合汽車工會的協商會讓兩造撕破臉，特別是他不會同意任何沒有競爭力的合約內容。由於工會常發起罷工，穆拉利想降低福特對國內工廠的倚賴程度，因此他催促比爾最好有外移的心理準備。最後，他希望福特能向銀行借錢，愈多愈好。由上到下的重整一定得花不少錢，此外，福特也必須提高在新產品上的投資費用。

「你們花了三十年走到今天這一步，」穆拉利說，「因此必須花費更多精神才能恢復往日的榮景。」

「讓我們開始工作吧！」比爾說。「第四季可能不大好過。」

* * *

八月十八日星期五，雷蒙帶著聘雇書飛往西雅圖。他輾轉得知，穆拉利和老闆麥克納尼不合，重要的是，穆拉利相信自己就是拯救福特的最佳人選，因此雷蒙胸有成竹。

這次雷蒙住在費爾蒙特奧林匹克飯店（Fairmont Olympic Hotel），他和穆拉利約在飯店內的海鮮餐廳。雕工精細的橡木鑲板和錫製天花板讓餐廳顯得更為舒適，是商討洽公的好地方。雷蒙很有自信，他知道這次帶來的提議絕對能獲得穆拉利的首肯。他慢慢地將信封從口袋中拿出來，遞到穆拉利面前。當穆拉利打開信封時，露出十分滿意的表情，立即接受福特的提議——至少當時是如此，但他希望正式簽署前，先和財務顧問討論過。雷蒙露出微笑。實際上，在他的口袋裡還有另外兩個信封，拿給穆拉利的提議是次佳，並非最好。

「沒問題，但請注意，」雷蒙想慫恿穆拉利提辭呈之前先考慮他們的提議。「波音可能會提供非常有利的條件來挽留你。他們絕對會提高薪水，麥克納尼甚至可能提議和你共同經營波音公司，且不需要董事會同意。只是艾倫，除非他們白紙黑字寫出來，否則你千萬不能心軟。」

穆拉利向雷蒙保證，他已經下定決心。

在前往機場途中，雷蒙致電給比爾。

「他是我們的人了。」

* * *

事實證明，雷蒙最初的擔心是有原因的。對穆拉利而言，離開波音說起來簡單，真正要做卻難上加難。波音總部已經搬到芝加哥，但商用客機部門還是在西雅圖。穆拉利希望在麥克納尼下次造訪時，親自遞交辭職信。然而當這位航空工程師一進到老闆的辦公室，就發現自己每走一步，對於要離開這家飛機製造廠的猶豫就多了一些。

我愛波音公司。**我愛飛機**。他心中想著。**我還有工作沒完成**。

雖然波音787還未實際飛行，但穆拉利這架夢幻機型已經宣示飛航新時代的來臨。即使787計畫結束，他還得發展另一種機型取代老舊的737，波音機隊才算完成重整。如同雷蒙預料的，麥克納尼是穆拉利下決策的最大障礙。當穆拉利告訴他可能會接受福特邀請，擔任執行長一職時，這位波音公司執行長猛搖頭。

「艾倫，你真的瘋了，」他說。「福特是一家位於沒落小鎮的末日企業，汽車產業已經走到盡頭了。」

當時，穆拉利知道福特的災難絕對比迪爾伯恩外的任一家企業還要嚴重。他說服自己絕對有能力突破困境。只是就如同麥克納尼說的，真的有人救得起福特嗎？

或許真的太晚了，他想著。

穆拉利知道，如果他無法收拾福特的爛攤子，拯救波音的功績將會被一筆抹殺。

麥克納尼問穆拉利在波音工作開不開心。他能體會穆拉利沒被選為執行長的沮喪，但遊戲還沒結束，或許有其他方式能讓穆拉利扮演更重要的角色，經營整間企業。他願意考慮不同的管理架構。當然，這都只能由董事會決定。他們過幾天會有個會議，誰知道可能發生什麼事？

* * *

八月二十五日星期五剛過七點，比爾．福特的電話鈴聲響起。當他看到螢幕顯示艾倫．穆拉利時，他露出笑容。他已經迫不急待地想迎接他的執行長。他按下通話鍵。

「嗨，艾倫！」比爾以洪亮的聲音說道。「有什麼事嗎？」

「比爾，對於你們的邀請，我感到萬分榮幸，」穆拉利的聲音微微顫抖。

比爾聽到穆拉利抱歉的聲音，心馬上沉了一半。

「和你們一起工作絕對會很棒，」穆拉利繼續說。「只是我還是決定留在波音。」

他等著比爾的回應，但電話那頭一片沉寂。在漫長的幾分鐘後，比爾．福特冷靜地問道，「有沒有我可以補救的方法呢？還是你有哪裡不滿意？」

「沒有。我很喜歡你們提供的機會。我喜歡和你們一起工作。我喜愛關於福特的一切。」穆拉利說。「我相信我們絕對可以突破福特的困境，只是我還想繼續製造飛機。」

接著，又是一陣尷尬的寂靜。

「好吧，如果你回心轉意，請給我個電話。」比爾溫和地說。「我們真的很希望你來。我真的認為你能開創不同的局面。」

當穆拉利掛上電話後，馬上就後悔了。

＊　＊　＊

比爾．福特在電話裡聽起來或許十分冷靜，但實際上他幾乎快要發狂。他之後稱那一天為人生的黑暗時刻。他的名單沒有候選人了。他試著在這五年間，在福特倒閉之前尋找能拯救這間企業的人。他盯著手機，知道沒有轉圜的餘地。他打電話給雷蒙。

電話響起時，這位人資副總正與家人共進晚餐。他花許多時間在西雅圖，為的只是爭取穆拉利。此時，他還準備與太太、小孩在週末出去度假，慶祝這次的勝利。

「我們失去艾倫了，」比爾說。

雷蒙微笑地聽著。這兩個男人都很會開玩笑，尤其是惹惱對方的玩笑。

可惡，他想。你必須想出一個比穆拉利更好的人選。

「我們有啊！」雷蒙還是一派輕鬆。

「沒有，喬伊。我們沒有了。」比爾強調。「你不能打電話給他。他不想和你講話。」

雷蒙突然明白，他老闆是認真的。

與雷蒙談完後，比爾與董事會召開視訊會議，所有人都十分失望。

「讓我再和他談一次，」桑頓說。

當天晚上，比爾致電給查理．霍里蘭告訴他這個壞消息。霍里蘭當時與助手瓊恩．派伯

（Jon Pepper）在一起。派伯之前是《底特律新聞報》的專欄作家，現在則是負責比爾．福特的新聞稿與對外發言。霍里蘭掛上電話後，將事情一五一十的告訴派伯。稍晚，他們兩個坐在迪爾伯恩附近的酒吧，藉酒消愁。他們知道比爾．福特走投無路了。

「該死，我們現在能做什麼？」霍里蘭嘆氣的說。

* * *

塵埃落定

隔天，約翰．桑頓致電給穆拉利。

「艾倫，你為波音做得夠多了，你應該要覺得驕傲。」他說。「但是一間優秀的美國企業需要你，這攸關整個美國以及美國的競爭力。」

穆拉利坦承他有點後悔先前的決定。桑頓掛上電話後，立即打給比爾．福特。

「還沒到無可挽救的地步，」他說。

比爾立刻致電雷蒙。

「馬上前往西雅圖，」他說。「待在那裡，直到穆拉利點頭，就算你得久住或在那置產也沒關係。如果不能讓他簽約，你也不用回來了。」

雷蒙立即整裝出發，前往機場。

只是他抵達西雅圖時，穆拉利不願見他。如果沒有耐心，雷蒙就不是雷蒙了。他不停打電話到穆拉利家裡，終於說服他在星期天下午見面，就在波音董事會晚餐前。

「我不是來改變你的想法的，」他們一坐下來，雷蒙就這麼說。「我是來幫你預演對話。」

「這是什麼意思？」穆拉利問。

雷蒙告訴穆拉利他知道董事會會議將發生什麼事。

「這絕對是一場最難應付的對話。麥克納尼會說明你的組織架構，以及你如何賣這些飛機，讓你看起來就是波音的英雄。接著，麥克納尼走出會議室，董事會進入決議程序。他給你的薪水或許和我們差不多，也或許更多。他的提議會比我們更好。他會告訴你，他和董事會提議讓你成為組織最高領導人之一——擔任營運長的職位，只是董事會不會贊成。」雷蒙說。「所以，你會說：『謝謝你們給的高薪。』你的待遇變好了，因此繼續待在西雅圖。或者，你可以說：『我覺得不爽，感覺不好。』」

穆拉利質疑事情是否真如雷蒙所預測的。波音公司非常尊重他。雷蒙還是面帶微笑聽著他天真的想法。

「艾倫，讓我們再重想一遍。」他繼續說。「如果你猜對，他們在會議上會討論大幅提昇你的薪資並擔任營運長的職務，那麼你就不需要搬家。如果你猜錯，你的年薪一樣會大幅提昇，並且可以更驕傲，因為你今天就能經營排名前十大的企業，你今天就能當上執行長。波音並不是世界上唯一一家值得你經營、領導的企業。這是兩種極端。我答對就表示他們要你走路；但你答對的話，我會為你準備最好的香檳，和你一同慶祝。我們必須有面對這兩種可能結果的準備。」

穆拉利答應雷蒙，一知道結果就打電話給他。

「我哪裡也不會去，」雷蒙說。「我會留在這裡等你的消息。」

* * *

波音董事會議在星期一與星期二舉行。會議室裡到底發生什麼事其實見人見智，但有一件事是確定的，穆拉利已經再度改變心意。比爾·福特的密使大概能猜出事情發展其實不如穆拉利預期，他看起來十分沮喪。雷蒙從口袋裡拿出另一個信封，想讓他振作一下精神。這是三個信封中最佳的提議。

「既然波音提供更好的薪資配套，我現在拿出來的比他們更好。」雷蒙說。

穆拉利打開信封，研究一下內容。他看起來十分驚訝。

雷蒙最後提供的待遇福利包括基本薪資兩百萬美元，以二〇〇六年剩下的時間來算，穆拉利大約可以領到六十六萬六千六百六十七美元。此外，還包含七百五十萬的簽約金，以及延遞補償約一千一百萬美元，當然還有無償配股與股票選擇權。整個配套措施大約價值兩千八百萬美元。穆拉利前一年在波音公司的補償金還不到一千萬美元。即使不將那些預先支付的一次性薪資算進去，穆拉利在福特的年薪約為波音的兩倍。福特也會支付穆拉利前兩年在密西根的房租，並答應提供私人飛機。最後一項是「金色降落傘條款」，意即如果福特在五年內被賣掉或和其他汽車製造廠合併，他們至少得支付兩千七百五十萬美元給穆拉利[4]。

穆拉利與家人在莫瑟島的夢幻小屋將暫時難以實現了。

「無論如何，你絕對會成為汽車產業中第一個身價五億的領導者。」雷蒙告訴穆拉利。穆拉利露出比以往更深的笑容。他們握手成交，並開了一瓶香檳。其實有很多細節需要詳加討論，最重要的是，穆拉利必須先遞交辭呈，只是麥克納尼已經飛回波音的芝加哥總部。穆拉利決定親自告訴麥克納尼這個消息。

「告訴他，謝謝他，和他握握手，接著轉身離開。」雷蒙建議。

「告訴他，我們會在星期二發新聞稿。如果波音的公關部門想和我們聯絡，絕對沒問題。」記者會是雷蒙防止穆拉利改變心意的計謀之一，他希望讓這件事儘快地塵埃落定。

喝完香檳後，穆拉利站起來，希望雷蒙回密西根的旅程順利。

「你誤會了，我會等你。」雷蒙說。「我不能讓你自己去芝加哥。」

他已經讓穆拉利逃走一次，絕不可能讓這種情形再度發生[5]。

* * *

九月一日當天，穆拉利親自造訪波音總部並要求和吉姆會面，吉姆・麥克納尼對此感到驚訝。他以為離開西雅圖前已經解決所有問題。穆拉利坐下來，告訴吉姆他改變心意，他會去福特汽車接執行長。麥克納尼對於穆拉利的優柔寡斷有點不以為然。雷蒙事前曾警告過穆拉利，並提

④ 金色降落傘條款其實有兩道關卡。它必須在合併中止，且穆拉利失業或實質上延遞補償減少的前提下才會成立。
⑤ 穆拉利先坐波音噴射機前往芝加哥，兩個人再相約在芝加哥機場會合。

醒他，麥克納尼要接下波音職務時也是如此。

「吉姆，我只是做你以前做過的事。」穆拉利一邊說，一邊站起來，和麥克納尼握手，並前往機場。

雷蒙在機場的會議室，手上拿著穆拉利的合約來回踱步。穆拉利走進來，坐在桌前嘆了一口氣。接著，他做了一個決定性動作——在合約上簽名。這一次，他將波音飛機拋在腦後。

「我要打電話給我太太。」他簽完合約後，一邊伸手拿手機，一邊說。

「不行，你得先打電話給比爾。」雷蒙告訴他。雷蒙撥了他老闆的號碼，拿給穆拉利。

「你還希望我去福特嗎？」穆拉利開玩笑地問著比爾。

「當然！當然！」比爾．福特幾乎快要尖叫地回答。

第四章

最大膽的行動

失敗讓我們有機會能以更睿智的方式重新開始。

——亨利・福特

二〇〇六年九月五日星期二，喬伊．雷蒙開著Land Rover，車上坐著被聘來拯救福特汽車的男人以及查理．霍里蘭。他們將車子停在迪爾伯恩的美國一號大道（One American Road）上。他們原先的計畫是直接開進主管車庫，在沒有人注意的情況下掩護穆拉利進入大樓。但當穆拉利看到總部大樓那片藍色玻璃帷幕在夏日豔陽下閃閃發亮時，他要求雷蒙停在車道上，讓他看個清楚。當地人稱這棟大樓為「玻璃屋」。幾十面旗子在空中飄揚，它們代表的是福特在各地的分公司。穆拉利要求雷蒙繞著停車場，慢慢看著這四十二面旗子，從第一面的美國開始，一直到最後的委內瑞拉，不知道的人還會以為來到聯合國總部呢。自一九五六年啟用開始，這棟大樓就象徵著福特的未來，閃閃發光。對於在裡面辛勤工作的員工而言，這裡似乎提醒著他們往日榮景不再；而對穆拉利來說，這棟大樓還存在著某種魔力。他總是看到事情美好的一面，當然對這裡也不例外。

就是這裡，他想。**一間美國，甚至是全球的標竿企業**。

穆拉利曾拯救過波音，如果他也能讓福特起死回生，絕對會成為當代，甚至是歷史上最偉大的企業家。從福特的第一通電話開始，這種想法幾乎每天都在他腦海中上演。這才是他來迪爾**伯恩的**主要原因，與薪水、福利一點兒關係也沒有；另一項原因則是穆拉利謹記著四十四年前甘迺迪總統的呼籲，希望他們這一代能勇於挑戰，做點不一樣的事。他知道如果失敗，以往的成就都將灰飛湮滅。人家記得的是讓福特失敗的穆拉利，而不是拯救過波音公司的穆拉利。然而，當他抬頭看著懸掛「藍色橢圓」（Blue Oval）品牌標誌的總部時，那些疑慮馬上一掃而空。

「好的，」他說，「我準備好了。」

只有總部少數人知道他來了。

＊　＊　＊

比爾．福特從九月一日星期五開始通知福特高層，第一個知道的是財務長唐．勒克萊爾，接著是福特美國區與國際事務部門的負責人。穆拉利整個週末都以電話了解福特內部狀況。比爾知道發布這個消息，最失望的莫過於最具接班潛力的馬克．菲爾德斯。他在一年前也曾經挽救福特的頹勢。菲爾德斯只有四十五歲，還很年輕，將來還有機會在穆拉利卸任後，接執行長的位子。讓一個擅於扭轉逆勢，且非汽車產業的局外人掌控大局對他更是極大的打擊。

「馬克，這個人會訓練你成為一個執行長，」比爾告訴他。「我真的需要你全力協助他。我想他會證明自己是領導這間企業的最佳人選，也會讓你和你的團隊成功的扭轉劣勢。」

老實說，菲爾德斯並不訝異這項決策。他注意到董事會議上的緊張氣氛，隱約知道有大事發生。或許他有些失望，但與比爾把自尊放一旁、對外求助相比，他的損失又算什麼。菲爾德斯上Google網站，輸入「艾倫．穆拉利」這幾個關鍵字，想先了解未來的新老闆是何許人物。

其實汽車國際事務部副總裁馬克．舒茲（Mark Schulz）認為自己也是執行長的候選人之一。當他接到比爾電話，得知穆拉利即將上任時，有種受輕視的感覺。雖然他能理解董事會想找局外人擔任執行長的原因，但還是將此視為是對高階領導階層的侮辱。對此，他的詮釋是福特內部沒有人能接受這項挑戰。現在他知道永遠沒機會證明董事會是錯的。

星期二一早，愈來愈多高階主管收到通知。大部分的人剛開始都十分驚訝，有些人則欣然接受，認為這是遲早的事情。即使比爾不顧自尊的表現違背迪爾伯恩的職場法則，但所有主管對他拯救福特的行為十分敬佩。在汽車產業，「權力」其實是一種終極目標，可是現在竟然有人自願放棄，的確讓人無法想像。

* * *

迪爾伯恩的「大佛」

下午兩點二十分，雷蒙偷偷摸摸地把車停在總部下方的車庫，他的眼睛盯著整排剛洗好上臘的Jaguar與Land Rover（福特主管偏愛的兩種車款），確認沒人在附近。穆拉利注意到停放的車輛中缺少福特與Lincoln的車。

比爾．福特在入口等著他們。當他看到這位新科執行長身穿藍色運動外套，橄欖色休閒褲，藍色扣領襯衫上繫了條黃色領帶時，著實嚇了一跳。這是密西根的迪爾伯恩，不是矽谷。這裡的人還是習慣穿西裝打領帶上班，就像比爾身上這套出色的灰色西裝。穆拉利想建立屬於自己的常態，他的穿衣風格總是讓人一眼就認出他。接下來的日子裡，他或許會調整一下，換成白襯衫、紅領帶、灰色西裝褲，但他絕不會穿西裝，就算他受邀至白宮也不會。

站在比爾旁邊的是凱倫．漢普頓（Karen Hampton），這位年輕的發言人未來是穆拉利面對媒體時的隨行人員。她為穆拉利別上福特的企業標誌——藍色橢圓徽章在領口上，並讓兩人在總部大廳臺階上合照。穆拉利再度被這間歷史悠久的企業震懾，當他環視著停放在大理石地板上的T型車、野馬以及其他經典車款，喉嚨突然一陣哽咽。他微笑看著亨利・福特的畫像。從旁走過的員工都很好奇和比爾站在一起拍照的男人究竟是誰。霍里蘭知道在發布新聞前讓這兩個人出現在大家面前似乎有點冒險，但是他真的需要將兩人的合照放在新聞稿中。其實穆拉利一點兒也不在意，他很想和每個經過的員工握手、自我介紹，並問他們對拯救福特有何想法。

拍完照後，這些人急忙衝進主管電梯，直達十二樓。穆拉利隨著比爾走進他位於南方的辦公室。兩人的辦公室隔著會客室遙遙相對。

「需要我的時候，我就在這裡。」比爾向他保證。

公司的高階主管擠進比爾狹小的會議室，海外經理人則在電話上聽著。下午三點半，比爾與穆拉利走進來，會議室內頓時鴉雀無聲。比爾解釋，他將辭去執行長的職務，由穆拉利接任；當比爾宣布這項消息時，所有的注意力都轉到穆拉利身上，穆拉利儘管十分緊張，還是儘量以微笑回應每個人的注視。他從沒被這麼多人全身打量，真的很想突然大叫一聲「碰」，接著告訴這些表情嚴肅的主管，「嘿，別擔心，情況一定會好轉。」但他還是抑制住這項衝動。

菲爾德斯看著穆拉利的服裝。

他今天要與媒體見面，竟然穿著運動外套，這位短小精悍的主管諷刺地想。**好吧，這的確非常與眾不同**。菲爾德斯對穆拉利的第一印象只有三個字：土包子。當然，在場的人不是只有他有這種感覺。穆拉利的「農場」裝扮著實讓許多人嚇了一跳。

他看起來不像是重量級人物，福特信貸執行長麥克・班尼斯特（Mike Bannister）想著。一早他聽到消息就先上網搜尋穆拉利的背景。他原本期望的是個較為正經、嚴肅的人。當時班尼斯特其實有點厭煩迪爾伯恩的內鬥，考慮提出辭呈。他喜歡穆拉利，但懷疑這個男人是否夠強悍，鎮得住迪爾伯恩這些「大佛」。

對於馬克・舒茲來說，穆拉利就像是政客，他不大喜歡穆拉利表示友好的方式。

「你為什麼離開波音？」他問。

「對我來說，這是協助另一家美國以及全球標竿企業的好機會。」穆拉利回答。

許多人臉上浮現出懷疑的表情。

這絕不是溫馨的歡迎會，在這裡的每個人可都是經過一番廝殺才生存下來。就像古代的朝臣，即使在策謀叛變，在面對新國王時也是面帶微笑。穆拉利是局外人，他的出現代表比爾・福特其實對原來的管理團隊失去信心。大家都心知肚明穆拉利對汽車產業其實一竅不通。

「我們很感激你離開波音公司來協助我們，但你要了解，這是個資本密集的產業，產品開發需要很久的時間。」技術長理查・派瑞瓊斯（Richard Parry-Jones）諷刺地說。「每輛車平均有上千個不同的零件，在製造流程中不能有一點兒差錯。」

「這真的很有趣。」穆拉利微笑地回應。「波音一般的商用客機大概有四百萬個零件，如果其中一個沒裝好，飛機可能會墜毀，所以我已經習慣這種製造流程了。」

全場再度鴉雀無聲。重點是，穆拉利從對話中接收到某些訊息。

他們不相信我做得到，他了解。**我必須讓他們相信我絕對可以。**

福特主管不是他們唯一要說服的人。就在穆拉利與新的領導團隊見面時，霍里蘭正在樓下的公關部門與小組成員商討記者會事宜。

* * *

事先定調報導主軸、做好準備

前一個星期三，霍里蘭請最頂尖的三位主管——凱倫・漢普頓、瓊恩・派伯（Jon Pepper）與《華爾街日報》（*Wall Street Journal*）前任記者奧斯卡・蘇瑞斯（Oscar Suris）到他辦公室，讓他們知道即將發生的事情。接下來一星期，他們都在準備新聞稿，以及要傳給內部員工的備忘錄。

那個週末，霍里蘭與雷蒙前往西雅圖，協助穆拉利準備接下來的記者會。在這之前，他們打了一輪高爾夫。穆拉利與雷蒙都十分熱衷這項運動，只是人資主管更有興趣的是人性。他在球場上的大部分時間都在觀察福特新任的執行長。**他注意到，穆拉利會從錯誤中學習，如果擊出的球不大漂亮，他會調整擊球方式**。他也看到穆拉利對待飲料餐車的服務人員十分親切，不會刻意疏遠或表現冷淡。如果有人因打得太差而沮喪，穆拉利會拍拍對方的背說，「哇，你的小白球飛得真遠。」

我**們真的很幸運**，雷蒙想著。**這次挖到寶了**。

打完十八洞後，他們坐下來討論記者會的相關細節。穆拉利告訴霍里蘭，他有一套面對媒體的計畫。

「我們已經擬好計畫了，」霍里蘭一邊說，一邊把一捆厚厚的紙推到他面前。穆拉利打開計畫書。

「我的天啊！」穆拉利翻著計畫書，忍不住讚歎。計畫書不僅列出他可能被問到的問題，更詳細地說明記者會的場內布置，例如他們規定攝影記者只能待在某個地方，以便掌控他們拍照的角度[1]。

「你和比爾必須同時出現在每張照片中，我們不要媒體把這個新聞寫成宮中政變。」他解釋。

「真的需要如此嗎？」穆拉利問。

「這裡不是西雅圖，更不是底特律。這裡是世界中心。在福特汽車，即使你打個嗝也是新聞。」霍里蘭說明。

「我們這麼做的原因是《華爾街日報》、《紐約時報》，以及你講得出來的通訊社在這個日暮途窮的城市都還有駐點。這是未來經濟發展的關鍵，而你，就是舞台上的主角。」

霍里蘭的團隊為了記者會布置花了幾天的時間。他們擬了比爾．福特要發送給內部員工的備忘錄，內容說明比爾對於組織高層缺乏正直的精神感到惋惜，因此希望能徹底改變經營組織的方式。接著，公關部門將消息發給媒體。他們希望將比爾．福特塑造成為了杜絕組織弊病，不惜對

①這是福特公關策略部經理喬許．戈特哈米爾（Josh Gottheimer）的傑作，這是他在擔任比爾．柯林頓（Bill Clinton）的特助時，學到的小技巧。

外尋求協助的領導者。從這個角度來看，聘雇新的執行長就是一種「該做的事」，而不是「被迫要做的事」。

公關部門知道記者在星期二一定會採訪相關人事，引述他們的話。那個週末，他們讓比爾打電話給安亞伯美國汽車研究中心（the Center for Automotive Research）主席，同時也是美國汽車產業權威大衛．柯爾（David Cole）。霍里蘭知道媒體聽到消息後，大部分記者一定第一個想到柯爾。事前和柯爾打聲招呼，可確保他能講一些漂亮的場面話。

「我們將任用新的執行長，」比爾告訴柯爾。「我真的很欣賞這個從波音公司來的傢伙，艾倫．穆拉利的經驗十分豐富。你一定也會喜歡他。」

與底特律多數人不同，柯爾也是波音公司的股東，他非常了解穆拉利，也知道他如何努力讓這間公司的飛機持續在藍天翱翔。柯爾深知航空業的複雜程度與汽車產業不相上下。穆拉利在記者會前幾分鐘也親自致電給柯爾，發揮他的領袖魅力。當記者稍後打電話採訪柯爾時，他對這位新科執行長當然只有褒沒有貶。

霍里蘭與派伯甚至想讓美國最具影響力的財經媒體遵照他們的意思。《華爾街日報》最頂尖的記者莫妮卡．蘭利（Monica Langley）已經和某些董事會成員談過，甚至著手撰寫福特汽車更換執行長的新聞。他們深怕這篇文章只著重在比爾的領導無方，因此他們打電話給蘭利，提供獨家新聞，但前提是報導內容最好圍繞著艾倫．穆拉利打轉，至於比爾．福特的部分，最多就是讚揚他願意退居幕後的勇氣。做這件事之前，他們需要比爾的首肯，只是當時比爾不願意讓這件事提前在媒體面前曝光。

「比爾，這是完整呈現這次事件的最佳方式，」霍里蘭告訴他的老闆。「華爾街日報的報導多少會影響其他媒體對這件事的態度。」

比爾最後還是答應了。星期二早上八點，蘭利接到派伯的電話。他告訴蘭利，福特汽車即將會發表一項重大聲明，如果她能同意將新聞壓到記者會之後，他們就讓她先知道消息內容。蘭利剛開始回絕。派伯試著以她會領先同業數小時的作業時間說服她。蘭利最後還是不敵這項誘人的利益交換。如同柯爾的操作方式，星期二下午，蘭利也接到穆拉利的電話。

＊　＊　＊

股市交易結束，福特馬上發出新聞稿；而在四點過後，福特汽車在世界各地的員工也收到比爾．福特的電子郵件。在兩邊內容中，比爾都提到公司當前面臨的挑戰，以及他退居幕後的原因。

「我知道我們很幸運，有優秀的經理人為我們掌管世界各地的公司，只是我們需要一個更傑出的領導者，這個人必須有帶領大型企業走出僵局的豐富經驗。」他在對員工的內部備忘錄寫道。「九一一恐怖攻擊後，艾倫．穆拉利帶領波音公司面對隨之而來的各項挑戰，他能體會這種毫無退路的感覺，絕對能以周延的計畫與絕佳的執行力帶領我們殺出重圍。他十分清楚如何應付過長的產品週期、石油價格波動，也知道如何在過渡期做出最正確的決策。」

比爾強調，他對公司的承諾絕對不會改變。

「我向你們保證，我哪裡也不去。」比爾提到。「身為董事長，我還是會積極參與公司的管理。我會每天來上班，不會休息，除非公司已經走向光明燦爛的未來。」

這封信發出來後，迪爾伯恩與各地的福特辦公室全陷入一片寂靜，各地員工紛紛聚在一起低聲討論。

在此同時，大批文字、攝影記者急忙趕到福特總部參加五點的記者會。在媒體中心，比爾與穆拉利站在藍色橢圓標誌下回答問題時，只見記者不停按下快門，閃光燈。多數記者只想知道誰將是這棟玻璃屋的負責人。

「我們是合作夥伴。」比爾說。「艾倫是執行長，我擔任董事長。未來我們將共同面對福特的各項挑戰。」

穆拉利也被問到，他在航空業的經驗真的能轉移到汽車產業嗎？

「兩種產業的本質其實是一樣的，」穆拉利堅決認為，並說明兩家企業都是美國製造廠的代表。「有些人認為美國在這種複雜儀器上的設計與製造失去競爭力，但我個人不這麼認為。」他已經在波音公司證明這項論點，他承諾未來在福特也一樣。

接著有人問他開什麼車。

「凌志（Lexus），」他毫不猶豫地說出答案。「它是世界上性能最好的車款。」

「那輛車現在大概被刮得亂七八糟，」比爾以刮車巧妙地轉移話題。

比爾．福特總是有辦法在記者會上讓大家哈哈大笑，當然這場也不例外。在那個多數主管都十分嚴肅的小鎮上，比爾的個人風格顯得與眾不同。有位記者注意到福特大部分主管退休年齡是六十五歲，而穆拉利當時已經六十一歲時，比爾又再次機智地化解尷尬。

「你不覺得他看起來不像六十一歲？」比爾說。「這個地方會讓他改變。」

＊　＊　＊

隔天早上，比爾與穆拉利在總部舉行一場互動式座談會，並利用廣播設備同步向各地分公司播送。當比爾站上舞台，在觀眾席的所有員工起立，用熱烈的掌聲歡迎他；當然對穆拉利也是一樣，只是聽起來稍微遜色一點。

兩個人都再次重申前一天記者會上的話。比爾表示福特需要一個領導者，而這個人必須「身經百戰，並且有贏得最後勝利的證明。」穆拉利則說自己十分榮幸能領導這間歷史悠久的企業。接著他們開放現場提問。

首先由一位女性員工發問，她很關心穆拉利是否會在福特推動如波音公司的大規模裁員，這也是許多員工心中最憂慮的事情。他們擔心比爾名義上請來一位執行長，實則是要他當劊子手。穆拉利再三保證，之前在波音會這麼做是因為二〇〇一年的恐怖攻擊所造成的重大衝擊，當時航空業被迫砍掉近百分之五十的產能。

「在非常時期要有非常作為，組織才得以生存。」穆拉利解釋。他沒說的是，福特也必須採取相同的行動。

另一位員工則問到計畫的具體行動。計畫的實際內容還在討論，穆拉利說，但他認為福特最近的重整動作是個好的開始。

「依據實際需求調整產能是當務之急，」他並補充在持續投資新產品時，改善品質與生產力是另一項要務。「我正在了解以往有哪些不當做法讓福特走到今天這個地步。」

穆拉利也被問到是否會導入自己的團隊。

「我的團隊就在這裡，」他微笑地回答。

坐在前排的高階主管也以微笑回報，雖然沒幾個人相信穆拉利的說法。從過去的經驗來看，許多主管很快地就得開始找工作，但這些經驗對穆拉利只是一些有警示意味的故事而已。這是一個全新的局面，就如同穆拉利回答主管琳達．鄧巴（Linda Dunbar）的問題：在穆拉利管理下，琳達的策略規劃團隊是否扮演更重要的角色？

穆拉利搖搖頭。

「你絕對不希望組織策略只是少部分人私底下的想法，」他對著前排主管一邊點頭，一邊說。**「這是我們的首要目標。組織策略不應該只是某個部門的工作，而是由領導團隊共同決定組織未來的走向。」**

如同穆拉利解釋的，鄧巴的部門幾個月後遭到解散。

一位在英國Jaguar-Land Rover的員工打電話進來詢問穆拉利將如何處理福特在歐洲的品牌，因為他注意到波音只有一個品牌。穆拉利表示，他期待關於福特品牌群的討論。這個回應並沒有完全使這位英國員工放心。

在迪爾伯恩的一位工程師轉而詢問比爾，福特家族是否真的要完全放手。

「如果艾倫在福特感到綁手綁腳，我可能吸引到這樣的人才嗎？」他回答。「艾倫是執行長。他有權力做出他覺得應該或想要的改變，我會全力支持他。」

比爾清楚表明，他之所以不找內部人員擔任執行長就是想終結組織原有的陋習。

「這裡的每個人似乎很難達成共識，組織也無法同心協力，這一切都讓我十分挫折。」他說。「這是我們過去最大的絆腳石，我想是改變的時候了。」

* * *

福特的所有主管想盡各種辦法要了解這位新任執行長。

菲爾德斯打給每個認識或至少聽過穆拉利的朋友。大家講的幾乎都一樣：他是個傑出的領導者，強調團隊合作、執行力、統計數據以及承諾。其中一個朋友傳給菲爾德斯一段影片，內容是穆拉利團隊在對波音７７７進行風速的壓力測試。測試成功後，穆拉利高興地擁抱所有團隊成員，甚至親吻他們。這一幕讓出生在紐澤西，後來身處在陽剛汽車文化的硬漢無法置信。

我猜對了，菲爾德斯想著，他將徹底改變福特。

其他主管也對穆拉利做了一些功課。描述穆拉利管理風格的電子郵件不斷地從波音主管的信箱傳出來。有些主管發現穆拉利曾為一本《同心協力》（*Working Together*）的書寫過序，馬上訂了好幾本。更多的主管重新撰寫履歷，等著斷頭台的處決。沒有人願意承認自己就是問題的一部分，他們只是害怕自己會被其他人牽連，受到連帶處分。

如同穆拉利預測的，沒多久福特就出現第一波的「自我淘汰」。

安．史帝文斯（Anne Stevens）愈來愈討厭和菲爾德斯對峙的感覺，在消息未曝光前，她已經準備離開福特。穆拉利當選的新聞只是壓垮她的最後一根稻草。這位在汽車產業位高權重的女強人下定決心有一天絕對要坐上執行長的位置。她已經五十六歲，在福特的排名落後菲爾德斯，她深知自己的願望絕不可能在福特實現。福特在九月十四日發出新聞稿，宣布史帝文斯退休[2]。

外界都想搞清楚福特新任執行長的新聞究竟是怎麼回事。霍里蘭的媒體計畫奏效了。對於福特聘雇穆拉利的動作幾乎都是正面報導，但還是有小部分例外。

「福特與底特律其他車廠長久以來總是容不下外來者，就像人體天生的防禦機制，自然而然地驅逐外界物體一樣。」丹尼爾·霍斯（Daniel Howes）在隔天早上《底特律新聞報》的專欄寫道。「即使某些人信誓旦旦的說『絕不』重蹈覆轍，但事情的發展終究還是一如往昔，該發生的還是會發生，直到所有阻礙都被剷除。」

比爾看完後，馬上打電話取消訂閱。等到他再次閱讀《底特律新聞報》或和霍斯講話已經是好幾個月後的事情。

福特的工人也無法接受這種評論。隔天在生產線上談論的全都是穆拉利在波音解雇哪個機械工程師的話題。

最後證明，他們的工作還是有可能不保。

* * *

比爾·福特宣布讓出執行長不到兩星期的時間，媒體記者再度被傳喚到玻璃屋。這次的消息是殘酷的。但為了呼應穆拉利透明、誠實的特質，這次的記者會與往常不同。雖然菲爾德斯站上舞台時仍不免俗地拿自己的烏魚頭開了玩笑，但他以往那種趾高氣昂的樣子已不復見。他提出的「前進之路」（Way Forward）計畫對福特無法產生任何效益。由於卡車市場崩盤再加上原物料成本不斷上漲，讓「前進之路」停滯不前。這項計畫原本預定要讓福特在二〇〇八年之前轉虧為盈，現在他承認無法達成這個目標了。唯有執行更大規模的裁員，才有可能在二〇〇九年再度獲利。

「我們還是會執行『前進之路』計畫，只是時間表改變，大幅的改變。」菲爾德斯似乎學到教訓地說。「市場變化的速度高於我們預期。我以為能快速回到過去的市占率，但之前的看法顯然過於樂觀。事實上，福特北美地區長久以來的經營方式已經無法適應現代潮流。我們必須改變商業模式，包括增加轎車與跨界車款的貢獻，繼續讓貨卡車保持領先地位，開發新車款，快速減少成本等。」

菲爾德斯當天宣布他的「加速前進之路」計畫，包括再關閉兩座工廠，讓工廠總數在二〇一二年只剩下十六座[3]。此外，福特在二〇〇五年援助偉世通公司收回的工廠也將在二〇〇八年底出售或關閉。北美地區總共約裁減三分之一的工作機會，也就是繼先前裁減三萬個員工後，再減少一萬四千個工作。福特答應美國聯合汽車工會提供工會成員自願離職或優退的方式。菲爾德斯表示，公司在接下來兩年將持續減少約兩萬五千至三萬個人力。福特也將無限期停止發放股利。

「這些過程對於團隊、對於忠心員工來說的確很痛苦。」比爾．福特表示。「然而，消費者

---

② 史帝文斯離開福特後，很快實現願望，成為木匠科技公司（Carpenter Technology Corporation）的執行長。三年後，她再次離開那家公司，再相隔一年，她出現在《華爾街日報》（*Wall Street Journal*）的封面上，描述一群窮途潦倒的執行長正在找工作的故事。

③ 這兩座工廠分別是福特俄亥厄州的莫米沖壓廠（Maumee Stamping Plant）以及位於加拿大安大略省的艾塞克斯引擎廠（Essex Engine Plant）。除此之外，新計畫也加速先前宣布的關閉時程。

的需求時時在變，這代表我們必須加快腳步，果斷地修正我們的商品組合。馬克・菲爾德斯對加速計畫時程的努力值得讚賞，這讓福特快速的轉型為產品導向的企業。而艾倫・穆拉利以往帶領大型企業轉危為安的經驗將給予我們執行的方法。」

* * *

從根本解決問題

記者會之前，穆拉利已經和菲爾德斯檢視過計畫。當菲爾德斯向他的新老闆大致敘述完計畫內容後，他想知道穆拉利的看法。

「艾倫，我們明天將和董事會報告這些。一旦他們答應，我們將在星期五宣布這項決策。」他說。「你是新的執行長，如果你希望我們暫緩行動，不要宣布，請儘管說，我會照辦。」

「不需要，」穆拉利說。「你們繼續執行。**我們可以一邊做，一邊修正。**」

如穆拉利所言，他真的做了一些改變。**穆拉利指出菲爾德斯的計畫都著重於刪減成本，對於如何改善根本問題著墨甚少，其中之一是，福特根本沒有生產大家想要的車款。**他知道這家公司不能再花錢了，但他更了解這只是問題的一部分。他們必須讓顧客對這塊藍色橢圓形標誌再次產生信心。**他告訴勒克萊爾與菲爾德斯會提出一項徹底簡化福特全球產品線的計畫。與其讓錢被不同品牌的產品稀釋，穆拉利想專注在福特某幾項重要車款，讓產品具有世界級的專業品質。**他解釋在波音公司也曾進行一項類似的計畫，因此在福特絕對行得通，前提是公司得有砸大錢的心理準備。穆拉利表示，福特會進行更多買斷或切割某些品牌的動作，他要確認公司保險箱還有足夠的現金，未來才有可能展示令人耳目一新的轎車與房車。

「我們有足夠的錢進行重整以及加速發展新產品嗎？」他問。

勒克萊爾告訴他，財務團隊已經著手一項新計畫，確保福特有足夠的現金。穆拉利回他，把目標再訂高一點。

* * *

九月為期兩天的會議是穆拉利首次與董事會成員正式面對面的機會。在比爾介紹完穆拉利後，所有成員紛紛上前，敘述福特如何榮幸有他的加入，並說出他們對穆拉利的期待。接著，他們問他目前對福特的想法。

穆拉利回答前稍微想了一下。**這是和董事會討論簡化福特的絕佳機會，也是他帶領福特走過低潮的策略。他知道必須小心應對，因為這群人也是管理福特國外品牌以及決定是否出售雜七雜八產品的主導者，所以他抓住這個難得的機會。**

「我們有眾多品牌，也有許多不同的企業標誌。在美國，大家都知道我們是生產大卡車、休旅車，還有野馬的公司。我們的產品線十分複雜，」他告訴董事會成員。「**我認為應該簡化福特，加強並專注在福特這個品牌。**」

穆拉利很想更深入地談下去，但怕欲速則不達，不過他發現大家都點頭微笑地看著他，有些成員甚至公開贊成他的想法。他們想知道穆拉利對福特的計畫究竟為何。

「這是一個好的開始，」他說。「我們握有產品的關鍵要素，重點是如何深入發展。」

穆拉利告訴董事會，拯救公司可能需要更大規模的裁員，以及全面、徹底地重整，才能有效利用福特的全球資源。他必須**建構一套領導系統，確保每個人都有負責的範圍以及為同樣的目標團結合作**。但如果公司不加速新產品的發展，那麼這一切都將沒有意義。他希望列出所有細節後，董事會能全力支持這些行動。董事會答應他的要求，並要穆拉利放手去做。他們先通過菲爾德斯的計畫，但要穆拉利年底前必須準備一套更積極的計畫。

他們現在已經百分之百支持我了，他離開會議室想著。現在，我只需要福特家族的支持。

* * *

亨利．福特的後裔在九月十八日紛紛抵達迪爾伯恩，想親眼瞧瞧這位新的執行長。他們與穆拉利約在格林菲爾德莊園（Greenfield Village）會面。亨利．福特為了紀念汽車產業的歷史，讓這個小鎮的時間停留在十九世紀，後來更轉型為主題樂園。

穆拉利對這次會面十分興奮，他在出發前印出福特家族的族譜，方便辨識成員臉孔。他更提出要所有人簽名的請求，但由於穆拉利對福特過往歷史的熱誠，他們也不好拒絕。福特家族有興趣的是穆拉利對福特未來的想法。他們要穆拉利解釋如何帶領波音轉虧為盈，以及福特是否也有相同的契機。

「我經歷過，我想福特也可以。」穆拉利向他們保證。「但我們必須面對現實，發展出更有未來的成長計畫。」

穆拉利表示他仍在進行計畫的細節，但他已經得出結論，**那就是福特需要簡化產品線與供應商。公司需要專注在顧客真正想要的產品，而非工程師或統計專家想要的。此外，福特必須發展出真正的遠景，而不是只是為了反擊對手而反擊。**

當他要離開時，福特家族的人一個接著一個和他握手，並告訴穆拉利，有他的領導是福特的榮幸。

＊　＊　＊

在他返回西雅圖打包東西之前，穆拉利獨自坐在福特總部頂樓的辦公室看著窗外。在他視線的右邊是福特家族在底特律市中心建造，外觀十分具未來性的建築物，現在是通用汽車總部；在他視線正前方隱約出現的是克萊斯勒位於奧本山（Auburn Hills）赤銅色的雄偉建築物。

「我已經得到我想要的了，」他微笑地告訴一名訪客。

主導那些車廠的負責人正在嘲笑穆拉利的犧牲，以他們底特律傳統的思維來看，外來者絕對無法理解汽車產業的複雜性。在消息曝光的前幾個星期，許多人都認為比爾・福特雇用一個航空業來的小子是個天大的笑話。還有人取笑福特未來可能要推出空中飛車或裝上尾翼之類的。「他根本不知道底特律的行事風格。」這是許多福特競爭對手，甚至是福特內部的想法。穆拉利當然知道。

他們說得沒錯。我不知道在底特律是怎麼做事的，他想。但我知道這些方法根本不管用。

第五章

改革的開端

我們不會為了改變而改變。然而，一旦知道新方法優於舊方式時，我們會毫不猶豫的改變。

——亨利·福特

隔了一個星期，艾倫．穆拉利回到迪爾伯恩。他看了一眼滿滿的行程，搖搖頭。

「這樣不行，」他說。

經過包裝的事實

這是福特每個月一次的「開會週」，所有高階主管得開著一個又一個的會議，每個人必須提出與經營有關的議題，包括財務、銷售狀況、新產品進度等。穆拉利想過要取消所有會議，但隨即打消念頭，他得參加過全部會議才能知道福特的毛病究竟出在哪裡。

開會期間，穆拉利會提出尖銳的問題，只要求對方回答「是」或「不是」。他無法忍受模稜兩可的答案，更對那些冗長的解釋感到不耐煩。他要的只是透明與誠實，但在這間公司幾乎找不到這些特質。沒多久他就了解，**在福特，所謂的「事實」是經過層層的包裝。**

穆拉利發現，不同單位會根據不同對象提供不同的數字。舉例來說，要預測新產品需求時，他們會提供誇張的數字給供應商以降低原物料成本，但卻會提供保守的數字給分析師，讓福特較容易達到預期銷量，美化帳面數字。在內部同樣的事情也不斷發生，例如主管會向財務部門提供誇張的預期銷量，取得計畫同意權。

穆拉利十月一日才正式坐上執行長的位置，但他實在無法認同這些作法。既然福特主管這麼喜歡開會，他請助理再多安排一個會議。穆拉利要他們全部出席，說明他的做事原則。

「福特開的會太多了，」他告訴他們。「你們怎麼有時間思考客戶的需求呢？」

沒有人回應。從現在開始，穆拉利繼續說，**我們只有一個組織層級的會議，也就是「營運計畫檢視」（business plan review），簡稱「BPR」**。這個會議每星期在同一個時間，同一個地點舉行，每位主管都必須參加。**每個人都要提出簡單扼要的報告，更新自己的進度，會議上不開放討論或辯論。至於需要領導團隊更深入探討的議題將在BPR會議結束後，立即在「細節檢視」（special attention review，簡稱SAR）會議討論。這麼做是要讓主要會議能專注在大方向的討論**。穆拉利強調，在SAR會議上不會有任何政治考量或人身攻擊，只有針對組織營運項目的討論。那是過往的福特，他說。**嶄新的福特只看數字。**

「數據會說話，」他微笑地說[1]。

穆拉利在波音公司發展過這套經營模式，只是航空業將此流程應用在產品管理上，而在這裡，穆拉利用來管理整個組織團隊。**每個事業單位或部門必須將所有數據簡化為圖表，並以簡報方式呈現**。穆拉利的內心深處還是一個工程師。他將經營波音商用飛機部門遇到的問題看成是工程師要修正的錯誤程式。BPR會議就是他用來解決問題所發展的「演算法」。他相信相同的原則可以運用在複雜的跨國企業。福特將是這項假設的最佳證明。他傳給每位主管波音的簡報當範例，直到他們了解整個程序並能建立自己的範本。穆拉利要他們在空白處填入確實的數據，準備在下個星期四報告。他並告訴主管，行動的時間到了。

「我們是決策者，」穆拉利說。**「我們必須下決定，而非推卸責任。」**

* * *

員工都知道問題出在哪裡，問題是領導者願意傾聽嗎？

他沒有責罵這些新主管，穆拉利和他們握手、記住面孔，改變所有流程，隨即就像龍捲風一樣離開玻璃屋。**他會在走廊上擋住員工，詢問他們有沒有任何能改善公司流程的想法。中午，他出現在員工餐廳，而不是到豪華的主管餐廳用餐。**他總是拿著塑膠餐盤排隊，與會計師聊天，或者他會悄悄地靠近坐滿銷售分析師的桌子，詢問是否可以一起坐。對穆拉利來說，一扇開啟的門就像一張邀請函，他會探頭進去，看看發生什麼事。開會的人注意到門外的這顆頭時，會議常常突然中斷。

「你們在談什麼？」他會一邊靠近桌子，一邊問，有時還會和他們握握手、拍拍肩膀。穆拉利會留在裡面聽幾分鐘後馬上離開，前往下一個地方，留下一屋子瞠目結舌的員工。

其實有很多員工知道自己的部門缺乏效能，也知道公司策略的缺陷，更知道如何改善產品流程，只是管理階層似乎對他們的話不感興趣。現在，終於有人願意聆聽他們的想法。電子郵件如雪片般飛進穆拉利的信箱，他會仔細地一一回覆。筆記本上更是寫滿各式各樣的註記。如果他覺得某一封電子郵件很重要，甚至會親自打電話給員工。穆拉利的作為很快成為員工在茶水間談論的話題。

一名福特工程師詹姆士・摩根（James Morgan）決定放手一搏，抱著一大疊工程圖出現在穆

① 穆拉利注重事實與數據的精神讓人聯想到二次世界大戰後，以數據為導向的「神童」（Whiz Kids）管理團隊。這個從美國陸軍航空隊出身，經驗豐富的團隊運用與德、日對戰時的統計方式於汽車製造與管理上。

拉利的辦公室。與穆拉利一樣，摩根也是豐田汽車產品發展系統的信徒，甚至寫過類似的書。他想讓這位新的執行長看看福特還有多少改進空間。他在桌上攤開十幾張不同的架構圖。當摩根一張一張解釋時，穆拉利靠近這些圖，仔細地研究這些不同的架構。穆拉利或許不是來自汽車產業，但他知道怎麼看工程圖。每張圖都在告訴他這間公司缺乏工程學的紀律。他問摩根是否有簡化的方式，摩根給他肯定的回答，因此穆拉利讓摩根負責這塊領域，並要他定時向他報告。

與其整天煩惱福特的無能，還不如將精力放在諸如此類的發現。

「我將此視為一種機會，」他說。「如果福特是個非常精實的組織，這麼做可能會嚇壞所有人；然而它非常複雜，有許多需要統一與簡化的地方。」

當穆拉利首次造訪位於總部幾分鐘路程的產品研發中心時，他感到十分沮喪。北美產品研發部門主管德瑞克．庫薩克（Derrick Kuzak）在那裡等著展示公司的全系列產品。庫薩克與團隊成員將北美地區販售的車款停在福特私人的圓頂展示場。在穆拉利造訪前，他們還為這些車上蠟，讓車子在陽光下閃閃發亮。當穆拉利走進展示中心首先注意到的是大部分都是大型車，根本沒有小型車，更不用說迷你車款。他同時也注意到展示中少了一樣東西。

「怎麼沒有Taurus？」穆拉利詢問。

產品研發部門的人面面相覷。

「它被我們淘汰了，」庫薩克說。

「淘汰？」穆拉利不敢置信地再問一次。「它不是美國史上最暢銷的車款嗎？」

「曾經是，」庫薩克說。「但我們沒有持續投資。這種車款不再受到消費者青睞，唯一對它有興趣的是租車公司。Taurus的製造工廠也將在這個月關閉。」

「它真的是很棒的品牌啊！」穆拉利說。「為什麼不再製造了呢？」

庫薩克告訴他，行銷人員認為Taurus這塊招牌已經沒有話題，他們以另一種車款Fusion取代，同樣十分暢銷。

或許是這樣，穆拉利想著。**你花了幾百萬創造一種車款，卻很快地放棄它。在我的管理下，絕不容許這種事情發生。**

穆拉利開始每天晚上回家開一種福特的車，並在隔天早上熱切地分享他的心得。Fusion的確讓他印象深刻。當穆拉利只是消費者時，不太注意福特的車子，因此他很驚訝福特竟然有這麼好開的車。然而其他車款，如福特500（Ford Five Hundred）讓他了解還有許多改善的空間。開完福特所有的車後，穆拉利要求車隊經理提供競爭者的車款讓他開，才能進行比較。他的第一個選擇是豐田汽車的Camry。在換成Lexus之前，他曾開過一陣子Camry，他想知道這幾年間，日本車廠如何改善同一款車。**他很訝異地發現，福特研發中心竟然沒有任何競爭者的車子。公司之前曾購買一輛Camry作為評估並讓工程師拆解研究，當時沒有任何主管要求試開。穆拉利要車隊經理大肆採購，要高階主管每天開福斯或本田的車回家，而不是他們的Jaguar或Land Rover。**

穆拉利的每個作為在這個講究權力與特權的產業來看，都顯得格格不入。在底特律，主管不會與員工一起用餐，更不會在意員工的想法。當然，他們也不會開日本車回家。事實上，他們根本很少自己開車，這是司機的事情。

穆拉利的這些動作只是開端。

真正的改革從二〇〇六年九月二十八日星期四開始。

早上八點，福特高階主管聚集在總部十一樓的雷鳥會議室進行第一次的BPR會議。在亨利．福特與T型車黑白照片下，這群領導者圍繞在一個大桌子旁，就像亞瑟王裡的騎士，而穆拉利就是亞瑟王。他很驚訝地發現，許多主管後面尾隨著助手或部屬，手上抱著厚厚一疊活頁夾，內容包含新執行長可能對他們老闆提出各式問題的解答。穆拉利認為應該先清楚說明主管才是負責簡報的人。

「我很歡迎你們帶人來參加會議，」當他們魚貫進入會議室時，他說。「但這些人不准回答任何問題或發出聲音。」

主管之間相互交換了緊張的眼神。他們已經習慣由部屬回答艱深的問題或解釋細節。**穆拉利提醒這些主管，他們才是負責人，應該知道管轄範圍的大小事。**

「如果你不知道答案，沒關係，因為我們下星期會再聚在一起，」他微笑地說。「我知道到時候你絕對知道答案。」

當主管紛紛坐在自己的黑色皮椅時，穆拉利要求他們專心看著牆上的管理原則。總共十項，條列如下：

．以人為本
．一視同仁
．有遠見
．明確的績效目標

・一個計畫
・事實與數據
・擁有追根究柢的態度
・尊重、聆聽、互相協助與鼓勵
・抗壓力……信任流程
・擁有樂趣……享受這趟旅程以及與他人相處的樂趣

就像先前的簡報範例，這些原則也來自於波音公司，不是為福特量身訂做的。念完這些要點後，穆拉利還說明某些原則，**強調會議沒有旁敲側擊，沒有嘲笑，更沒有黑莓機。這些原則規章具體說明每個人在開會的義務。在福特，開會是種官場文化，也是各部門角力的場所，更是主管逃避現實的地方，大家總是旁敲側擊公司真正的營運狀況。從現在開始，穆拉利要求不准有祕密。BPR與SAR會議將為公司最黑暗的角落帶來一線曙光，照亮各個面向。**

嘲笑其他人向來是福特的消遣娛樂，是一個福特主管幾十年以來精通的技能。**他們之所以能到達那個位置並非他們最聰明、能力最好，而是「分贓」的結果。**在福特這樣的公司，弱者只有被排擠的份，唯有強者才得以生存。現在穆拉利告訴他們，所有人將在同一個團隊，他希望大家能相互合作。

至於不准帶黑莓機對某些主管是一種衝擊，尤其是高階主管。他們手不離機，會議大部分時間總是盯著它，不是在收E-mail，就是確認比賽分數或玩遊戲。這對台上的演講者非常不尊重，穆拉利說。「**BPR會議的目的是要讓大家只專注在公司的營運計畫上，**」穆拉利很認真地說這句話[2]。

穆拉利訂的規章將投射在西邊牆壁的大螢幕上。穆拉利坐在螢幕正對面，環顧桌子四周。參加會議的人包括財務長唐．勒克萊爾、福特信貸執行長麥可．班尼斯特、福特美國區總裁馬克．菲爾德斯、國際事務部總裁馬克．舒茲。此外，人力資源和勞工事務主管喬伊．雷蒙、公關部副總裁查理．霍里蘭、企業事務部與政府事務主管齊亞德．歐扎克利、行銷主管漢斯歐羅夫．奧爾森以及福特的法律顧問大衛．林區皆出現在會議上。至於其他「配角」只能向後退靠著牆壁。[3]

每位主管前都有一個麥克風。未來，那些遠在歐洲或亞洲的主管也必須透過視訊系統參加會議。攝影機會對準大螢幕上的圖表或是正在說話的主管。各地主管說話時，每個人桌子中間的圓形小螢幕會顯現對方的臉孔。雷鳥會議室內的百頁窗也被關上，以免刺眼的陽光照進來。

「好吧，賈姬，第一張投影片請開始。」穆拉利說。賈姬帶著兩名助理負責會議投影片的操作。所有議程馬上出現在大螢幕上。穆拉利開始說明。他一邊走，一邊講完會議流程。

「下一張，」穆拉利說。

接下來是一連串概述會議目的，以及說明公司詳細計畫的投影片。第一張的標題是「我們創造價值的藍圖」。在這張投影片中間印有藍色橢圓標誌，上面寫著「遠景」。他為與會人員定義「遠景」為「同心協力成為汽車產業的領導者」。穆拉利指出，所謂的領導者就是在消費者、經銷商、供應商、員工與投資者心目中的第一名。他說，要衡量福特在各階層心目中的份量其實有許多方式，但可以想像的是，現在的調查結果應該都是敬陪末座。他告訴主管，他們要一起改變這種情形。投影片上的藍色橢圓標誌被另外三個橢圓圍住，上面分別寫著「企業環境與機會」、

「策略」、「計畫」。穆拉利在橢圓之間以箭頭連結，表示三種要素環環相扣，缺一不可。第一個顯示的是「外界環境」，影響公司的策略；「策略」則是計畫的根本，由幾項可測量的目標組成。而「計畫」將會反過來協助福特如何因應企業環境帶來的挑戰與機會。

監測這些流程的機制就是BPR會議，穆拉利解釋。所有團隊成員將在每星期檢視企業環境，檢討計畫進度，並在SAR會議中討論出如何調整。

「這是我唯一知道的方法，」他說。「我需要每個人的參與。我們必須提出計畫，更要知道現在處於計畫的哪一步驟。」

團隊還有許多要磨合的地方，某些主管似乎還無法接受每星期的會議，在穆拉利還沒講完就開始竊竊私語。

總得有人出來做點事

穆拉利報告結束後，他要勒克萊爾大致說明福特的財務狀況。勒克萊爾表示，福特那年的損失絕對超過一百二十億美元，二〇〇七年也不樂觀。這似乎在穆拉利的預料之中，因為比爾．福

② 他們花了幾星期的時間才適應黑莓機規則。接下來的幾次BPR會議，有些主管仍舊不理會這項規定，不關掉手機。當他們收到訊息時，電子訊號會干擾視訊系統，此時穆拉利會看著參加會議的人，試圖找出違規者。

③ 參加會議的人數隨著穆拉利組織調整而逐漸增加。旁聽的人也適用穆拉利訂下的會議規則。BPR會議過程將在第二十章有更多的敘述。

特曾警告過他福特的狀況。之後，穆拉利引用一段死之華搖滾樂團（Grateful Dead）成員傑瑞．賈西亞（Jerry Garcia）講的話：**「總得有些人出來做點事，很不幸地，『我們』就是那些人。」**

在這裡，「我們」指的其實只有穆拉利一個人。

這間企業幾乎停止運作約莫三十年的時間，他一邊研究福特的資料，一邊想著。**公司這些人做過一次又一次的研究發現福特必須改變，但他們還是原地踏步，什麼也沒做。從來沒有人站起來說，「這是我們的責任。」**

與會主管結結巴巴地完成投影片報告。儘管穆拉利再三警告，還是有某些主管不以為意。他告訴大家，希望下次的BPR會議所有人都能準備簡單、明確的報告。如同他在其他會議上說的，他最基本的兩項要求就是「誠實」與「負責」。他真的十分親切，臉上總是掛著笑容，也不與人爭辯。他選擇傾聽，並讓員工自動退場。在這幾次會議上穆拉利聽到的根本只是一堆廢話。但是，他有一套內建的廢話偵測系統，並知道如何在適當時機表現出來。他了解，一旦在同事面前陷入窘境，這些人下次要說謊前必定會先三思。

接下來輪到馬克．舒茲，這位國際事務部的總裁詢問是否可讓財務主管代為報告。

「不行，」穆拉利告訴他。「我希望每個事業單位的領導者自己報告。」

舒茲皺了一下眉頭，因為他毫無準備，大家只能眼睜睜地看他盡力將這次報告搞砸。穆拉利聽了幾分鐘之後，覺得夠了。

「好了，」他說。

舒茲繼續講。

「很好，」穆拉利說。「可以停了。」

舒茲還是繼續講。

舒茲沒接收到穆拉利的暗示。其他主管看到穆拉利的表情愈來愈憤怒，但舒茲根本沒發覺。

「好了，」穆拉利說。

「好了！」穆拉利嚴厲地大聲說。

舒茲總算停止，看了看周圍。其他主管紛紛低下頭，假裝在看自己的報告。

穆拉利的部屬立即了解這位新主管會用一些暗號提醒他們處於「危險」的狀態。「好了」就是其中一個。第一次的「好了」代表：「謝謝你，這部分已經夠了，請講其他部分。」第二次的「好了」是指：「你講的內容很無趣，我不想聽了。」第三次的「好了」則是：「如果你不馬上閉嘴，我會炒你魷魚！」，「停止」的意思和「好了」差不多。至於「真的嗎？」也有三種不同程度的意思。當穆拉利第一次說「真的嗎？」真的是指：「如果是這樣，那真的很有趣。」第二次為：「我覺得你講的都是廢話。」而第三次，沒有人願意聽到的第三次則是：「你要不要收回剛才的論點，否則你的工作可能不保。」

接下來幾週，主管間的談話幾乎圍繞在如何破解這些密碼、暗號。

＊　＊　＊

舒茲走出BPR會議室，對穆拉利的命令很感冒。

對他來說，穆拉利的方法一點也不特別，說穿了，只不過是以不同方式檢視相同的資料。他絕對能想出至少十個，不管好的或壞的方式。如果硬要講一個不同點，他認為穆拉利的方法過於簡化。舒茲也擔心準備每星期的BPR會議將耗去他大部分時間。在他們第一次面對面會議時，舒茲告訴穆拉利他多數時間不在迪爾伯恩，擔心每星期四的會議會阻礙他在亞洲的重要工作。他已花費很多時間在中國，企圖讓中國政府支持他們在上海蓋一座工廠。他坦白地說，每星期的會議絕對會干預他的工作。

「好吧，你不必參加會議。」穆拉利微笑地說。「如果你拒絕成為團隊的一員，我也不能勉強你，這不代表你就是個壞員工。」

接下來的BPR會議，舒茲請病假，由代理人參加。他聲稱腳受傷，需要動手術，但其他主管認為舒茲只是害怕在穆拉利面前再次出糗。許多人漸漸認為，自己過於低估這位總是面帶微笑的堪薩斯州人。在穆拉利溫暖的笑容下，其實帶著任何人都無法阻擋的堅持，他們也漸漸感受到新主管的另一面。穆拉利要求的負責與透明化在福特是看不到的。BPR的會議章程也讓他們覺得自己是素行不良的小孩。**以往，高階主管只會吹噓自己的成功，而不檢視失敗原因，只要儘快的將錯誤毀屍滅跡就好了。**他們習慣依照自己的方式管理，但穆拉利堅持每個事業體必須使用相同的方式與原則，這讓他們無法適應，視為是對個人權威的一種挑戰。

並非只有舒茲認為BPR會議非常浪費時間。菲爾德斯也想逃離這每星期一次的會議。

自從菲爾德斯從歐洲被調回來後，他總是很謹慎地安排行程，其實他認為大部分的會議根本毫無意義。儘管穆拉利再三保證BPR會議絕對是治療癌症的方法，但他覺得這充其量只是癌症的另一種症狀。菲爾德斯和穆拉利首次的一對一面談抱著厚厚一疊資料，告訴穆拉利他的時間如何被分割。他請穆拉利看看他每天的排程幾乎被會議占滿。菲爾德斯認為他應該花時間待在戰場上，而非會議室。

「聽著，艾倫，我必須將時間花在事業單位上，這是最重要的，我不能分心。」菲爾德斯告訴他。「我真的不想再開那麼多會了。」

穆拉利在桌子另一頭看著他。「請相信這個過程，這個會議。」他告訴菲爾德斯。

我還有選擇的餘地嗎？菲爾德斯心想。但是他選擇不與穆拉利爭辯，而是報告「加速前進之路」計畫的最新進展。

有些老傢伙等著穆拉利垮台，表面上支持這項重整計畫，實則虛應故事，拖延時間，認為穆拉利一定會屈服於福特長久以來的惡習。這些人以前只要負責組織大方向的規劃，根本不用管所屬單位的細節，因此對穆拉利的要求覺得反感。**只是穆拉利與以往領導者不同，他以身作則，對各單位瑣碎的細節瞭若指掌，遠比負責的高階主管還要清楚。**

* * *

大家看到穆拉利時總是活力充沛。即使比爾．福特已經在這棟建築物裡釋放一些「自然的力量」，總部十二樓的氛圍還是被穆拉利感染得元氣十足，連董事長也不例外。

以前的慣例是任何想和比爾．福特講話的主管都必須先詢問過祕書，等祕書確認沒問題後才可進入，穆拉利可沒這種耐心。有天早上，比爾正喝著咖啡，苦惱底特律獅子隊的未來時，他的新任執行長穿過走廊，打開外面辦公室的玻璃門，對祕書招了招手，在祕書還來不及有任何動作前，他就像風一樣快速進入比爾的小辦公室。剛開始，比爾有點緊張，但之後也習慣了。穆拉利每天早上都帶著滿滿的想法、創意走進辦公室，因為比爾是唯一能和他討論的人。

「你知道最棒的是什麼嗎？」在說出他最新的結論前，他會先這麼問。

事實上，這讓比爾處於一種窘境。大部分執行長宣布自己失敗後，根本不會留在這家公司。但福特汽車是比爾的公司，他在經營層面還是扮演著十分重要的角色，只是他不干預穆拉利的任何作為。當穆拉利發布新命令時，不少主管會躡手躡腳地走進比爾辦公室，抱怨新任執行長對自己轄下事務的干預。不等他們抱怨完，比爾會打斷對話。

「如果你有任何問題，請直接找艾倫，」他對每個人這麼說。「我支持他的所有決策。」

* * *

致力創造有潛力的事業體

十月二十三日，福特宣布第三季，也是穆拉利上任以來的第一次財務報告。福特在七、八、九月，這三個月的淨虧損達五十八億美元，是十四年來最差的一季[4]。

「我先聲明，這種結果讓人無法接受，」穆拉利那天早上藉由視訊系統對著記者和分析師這麼說。

「我知道我們的生意如何，也知道為什麼會這樣。我們將從這裡開始，致力創造有潛力的事業體。我已經檢視過福特的效能，清楚了解能讓我們達成目標的機會在哪裡。」

這番談話就如同穆拉利對部屬的要求：誠實、透明。他以身作則，每天很早就進辦公室，一週工作七天。由於家人還在西雅圖，所以他的時間非常自由，經常利用晚上研究福特各地的營運報告。

剛開始，穆拉利與兩位主管——唐．勒克萊爾與麥克．班尼斯特比賽誰最早到達辦公室。第一個到公司對財務部門的人來說是種榮譽象徵，這也是讓大家了解誰才是真正管理者的方法，以往的執行長從沒否定過他們的這種樂趣。即使他們比前一天還早起床，開車速度也比較快，但穆拉利絕對能早他們一步。班尼斯特後來放棄，他發現即使清晨五點半就抵達公司，還是晚於穆拉利。

你們還是可以堅持下去，班尼斯特想。畢竟，福特提供給穆拉利的豪華公寓離總部只有幾分鐘的路程。這棟公寓就在傑克．尼可勞斯（Jack Nicklaus）設計的高爾夫球場內，也是密西根高爾夫巡迴賽的舉辦地點，距離福特玻璃屋只有一英哩的路程。

雖然勒克萊爾住在另一個郡，但他不想放棄。若想在早上五點半到達迪爾伯恩，他最晚必須在四點半起床。但勒克萊爾就是這樣的人——事實上，穆拉利沒有損失。

雖然他已經在福特工作近三十年，但就某種程度來說，他和穆拉利一樣都是局外人。大部分的福特主管喜歡高談闊論，喜歡昂貴的訂製西裝，勒克萊爾卻不然。他是那種安靜的中西部人，可以脫掉鞋子獨自一人整天待在辦公室。福特主管總是喜歡用過度的自信包裝自己，但勒克萊爾

④ 福特後來重新計算，虧損數字改為五十二億美元。不管數字為何，都是自一九九二年第一季（六十九億美元）以來最嚴重的虧損。

則會看到事情的另一面，不時地提醒大家。多數人根本不理會他悲慘的預測，樂觀地以為福特一定會排除萬難，重新出發。反觀勒克萊爾，他會不斷地反覆檢視數字直到最後一刻。

勒克萊爾的悲觀以及嚴肅的個性讓他在福特幾乎沒什麼朋友。若說其他主管不重視他，那麼勒克萊爾可以說一點也不在意這些人的看法。他知道自己是會議室裡最聰明的人，他也會表現出來。在安亞伯首次開會時比爾曾警告過穆拉利，勒克萊爾會繼續進行自己的計畫，不大會考慮公司其他人的想法。

穆拉利十分欣賞勒克萊爾的誠實以及對福特汽車的了解。他就像福特專用的百科全書，不僅對財務狀況瞭若指掌，對以前的產品計畫、工程決策，甚至是負責人也能如數家珍。當穆拉利首次走進BPR會議時，他的廢話偵測器就響個不停；但面對勒克萊爾，偵測器十分安靜。他是穆拉利第一個覺得能坦承相對的人。穆拉利在某個星期天請他的財務長到辦公室進行一對一會談。他們花了五、六個小時審視公司的財務狀況。穆拉利那天聽到的每一件事都更加證實他的猜測，同時也啟發一些初步想法。那天最後，穆拉利為勒克萊爾說明公司策略的幾項要點。他告訴勒克萊爾，BPR會議是達成這些目標的要素。

「我們必須讓每個人參加會議，」他說。「只有五、六個人絕對無法成功。我們需要每個人的參與。」

穆拉利已經和董事會成員分享過這些想法，只是福特主管幾乎都還在琢磨新老闆的真實想法。勒克萊爾不同，他似乎被穆拉利提出的公司遠景感動。

「我們從來沒有一個執行長知道該怎麼做，」勒克萊爾告訴他。他承諾支持穆拉利，同時也警告他，其他主管將會群起反對。

「他們無法理解，」勒克萊爾說。「他們不夠格坐上現在的位置。」

「我會多加觀察，」穆拉利保證。

穆拉利開始近距離觀察每位主管，不管在會議上或是隨後的討論。接下來幾星期，甚至幾個月，這兩個男人每天花幾個小時待在穆拉利辦公室，重看每個報告，討論每項議題，並對每項專案進行壓力測試。然而，穆拉利還是有點擔心勒克萊爾過於負面的想法，他其實不相信有人能拯救福特。隨著財務狀況日益惡化，他的悲觀與日遽增。最重要的是，穆拉利認為這位終日埋首於工作的財務長很明顯地無法與領導團隊一起工作。

唐的確比任何人都了解福特，穆拉利一邊聽著勒克萊爾的報告，一邊想。**但他不懂得團隊合作，未來也不大可能。他很聰明，但他無法和我並肩作戰，加強每個人的向心力。**

正因如此，穆拉利知道勒克萊爾在福特的日子所剩無幾。他決定在勒克萊爾離開前，儘可能挖出這位財務長的所有知識。

很快地，穆拉利開始評估福特內部還未受到賞識的人才。當他發現某個人很了解福特的狀況，也不害怕和穆拉利討論，他就會要那個人到他辦公室，花幾個小時專心聆聽對方解釋福特營運的缺點，以及可能的解決方案。

另一位贏得穆拉利信任的是福特資深銷售分析師喬治．皮帕斯（George Pipas），他當時已經準備退休。看到福特三十年來在美國汽車市占率不斷下滑，以及組織花大部分時間只是在止血的狀況下，他已經在希爾頓黑德島（Hilton Head）買了一間房子，決定將福特悲慘的命運與密西根凜冽寒風拋諸腦後。穆拉利打給遠在南卡羅萊納的皮帕斯，要求他儘快回來迪爾伯恩。

「我真的想了解福特的歷史，」他們見面時，穆拉利告訴皮帕斯。「從產品的觀點來看，我們要怎麼做才能成為永續經營的企業？」

兩個人關在穆拉利辦公室，每天早出晚歸，甚至在裡面打理三餐。皮帕斯毫不隱瞞，為穆拉利解釋組織的每個面向，以及每種車款。他說明競爭者的概況，分析每家汽車製造廠的優勢與劣勢。他也解釋那些外國對手如何運用策略成為美國前三大車廠，他更以圖表顯示福特的衰敗。他們討論季節性需求，組織過於偏好貨卡車與休旅車的狀況，在關鍵產品如Taurus無法持續性投資，以及讓人眼花撩亂的品牌配置。最後，穆拉利請皮帕斯重新考慮退休一事。穆拉利告訴皮帕斯，他只要每個月到迪爾伯恩向穆拉利簡報銷售狀況，其他時間都可以待在南卡羅萊納州。既然福特出現一個願意傾聽的領導者，皮帕斯說他很樂意留下來。

穆拉利也十分倚重喬伊．雷蒙與查理．霍里蘭，只是他了解，這些人的忠誠只限於福特家族，而非福特汽車。

霍里蘭為穆拉利解釋媒體的部分，提醒他哪些刊物對福特較為重要，並說明原因。媒體對穆拉利上任的報導絕大部分都是正面，但霍里蘭提出警告，蜜月期很快就會結束。他要穆拉利堅定信念，開始準備隨之而來的尖銳問題。

在穆拉利未前往迪爾伯恩前，雷蒙曾經提供兩份主管評估表給穆拉利參考，一份是客觀評量，而另一份則是他嚴厲的個人觀感。但雷蒙建議，人事改革的腳步不能過快。

「你不能馬上就讓團隊改朝換代。」他謹慎地說。「你還不知道如何製造汽車。」

穆拉利同意，但堅持一個人一定得離開：史蒂夫・漢普。穆拉利根本不需要，也不想要一個幕僚長。他認為這個不必要的職位只是隔絕執行長與其團隊。另一個原因是，他不想要董事長的親戚在他團隊中。

「你必須很謹慎地應對，」雷蒙警告穆拉利。「他不是自己要求，而是某些福特家族成員要他進來的。當初他和比爾都十分掙扎，最後才多了這一個位置。」

「我的團隊就是得直接向我報告，」穆拉利回答。「在我抵達之前，你必須要向比爾報告此事。」

雷蒙還是不斷警告穆拉利，認為要漢普離開會導致福特家族的反感。他要穆拉利給漢普一個機會。只是穆拉利真的無法容忍漢普的負面想法。漢普與勒克萊爾一樣，對福特未來十分悲觀，並在組織內部到處宣揚。比爾・福特對這位親戚也耐心盡失。穆拉利上任後幾個星期，兩個人毫無保留地討論這件事。會議結束後，比爾要雷蒙到他辦公室。

「漢普必須離開公司，」比爾說，他提醒雷蒙這件事非常棘手。比爾之前沒有任何動作，主要是怕和福特其他成員的嫌隙愈來愈深，畢竟漢普與他的太太還是有強大的後盾，絕對有從中作梗的能力。

「發揮你的魔力，」比爾告訴雷蒙，「但計畫絕對得非常縝密。」

雷蒙擬了一份有史以來最婉轉的離職協議，包含可觀的補償金。十月十二日，這家汽車製造廠宣布，漢普即將離開福特，幕僚長一職從此裁撤。漢普的離開的確在福特家族掀起一陣漣漪，但比爾與埃茲爾使盡全力防止它擴散——至少維持一段時間的平靜。

穆拉利必須防止更多有能力的主管隨著漢普離開。

第一次的BPR會議對福特信貸總裁麥可．班尼斯特產生極大壓力。他原本就對公司的營運不大熟悉，更不用說其他汽車產業。他從同事丟出來的技術文件更加確認福特已經是斷垣殘壁，雖然他知道穆拉利的方法能激發士氣，但還是想退休，也不確定自己是否想看這位對大家釋出善意的執行長能撐多久。

這位來自於田納西州，戴眼鏡，講話慢條斯理的金融家從一九七三年就在福特信貸任職。這家借貸公司在一九五九年創立，主要功能是支援汽車銷售，提供消費者與經銷商財務協助。自九〇年代開始，艾力克斯．托特曼與賈克．納瑟開始聘雇外界的財務專家，他們想將福特信貸當成獨立運作的私人銀行，只想增加獲利。當時班尼斯特人在歐洲，迪爾伯恩的改變對他來說是種極大的侮辱。後來，卡爾．雷查德加入董事會協助比爾．福特，要班尼斯特負責福特信貸的國際事務部，並教他一些經過統整的方法。當北美信貸業務加速失控後，查雷德要求班尼斯特在二〇〇三年回來接管福特信貸。在他管理下，沒多久這間公司就回到正軌，後來更成為福特集團唯一有穩定收益的事業單位。

班尼斯特很想相信穆拉利，但他還沒見過哪個人起身對抗福特文化，最後還能全身而退。他喜歡這位新的執行長，並在穆拉利的首次會議後，也舉行福特信貸自己的BPR會議。他們的會議與穆拉利的模式完全相同，這種方式也衝擊福特信貸的員工，然而，他們很快地看到其中的價值。經過幾星期或幾個月後，愈來愈多主管開始在自己的事業單位內召開BPR會議。有些只是表面上做做樣子，為了給新領導者留下好印象；有些，如班尼斯特是看到以資料為導向的價值而實施。穆拉利當然能判斷其中的差異，他把班尼斯特視為是第一個重要的轉變，只是班尼斯特想退休的風聲輾轉傳到他耳裡。穆拉利決定來個私人拜訪。

穆拉利無預警地出現在聯合勸募活動上。所有員工正在享受美食，大部分福特信貸的主管被關在仿造的監獄裡，子公司的首席顧問則穿著海盜服、戴著眼罩在辦公室閒晃。班尼斯特看起來有點尷尬，但穆拉利只是大笑，稱讚他能帶領員工為社區盡一份心力。接著他問班尼斯特是否能私下聊聊。

「現在公司的狀況怎麼樣？」班尼斯特關上門走進辦公室時，穆拉利問道。

「我們儘量分攤手上的工作，所有事情都在我們的掌控之內。」班尼斯特回答。

穆拉利點點頭。

「我知道你的作為，我也知道你想做什麼。我的問題是，你會留在這裡嗎？」

這麼直接的問話讓班尼斯特有點措手不及，但他喜歡穆拉利的直接，這是從未出現在迪爾伯恩發現的特質。他看著穆拉利的雙眼，試著解讀他能做出多少承諾。他喜歡穆拉利傳達的訊息。

「如果你決定留下來，帶領公司邁向成功，那我也會留下來。」班尼斯特說。

「就這麼決定。」穆拉利一邊說，一邊露出笑容。

＊　＊　＊

幾天後當穆拉利走進雷鳥會議室，他發現班尼斯特坐在裡面。第一次ＢＰＲ會議只開到下午三點，雖然還有許多事情要討論，但穆拉利怕新團隊無法承受。有了第一次經驗後，第二次

ＢＰＲ會議持續整天。

ＢＰＲ會議強迫主管負起責任、分工合作、確實執行目標

穆拉利給主管一星期的時間消化會議的基本概念，更正他們的數據。這次，穆拉利介紹的是色彩編碼系統。**任何與前一星期不同或更新的部分要以藍色標示。所有數據以直線圖表示，內容必須包含從現在往前推五年的實際結果。一旦取得新的資訊，投影片就得持續更新。**穆拉利解釋，ＢＰＲ系統是一種雙軌運行的過程。

「我們要先檢視一下計畫進度，」他說。「但同時，我們也要一起想出能持續改善組織的絕佳計畫。」

計畫目標以藍色長條圖顯示，各階段的預測則以紅色的菱形代表，如此一來，將可以清楚看到各數據，如巴西地區銷售量、歐洲市場成本、北美地區盈餘的預測是否與計畫相符或甚至超前。相同地，**每個專案的進行狀態將以不同顏色的色塊表示，如綠色代表如期進行或進度超前，黃色代表有潛在問題即將發生，至於紅色則是進度落後或根本沒在執行。這些狀態如果有任何變動，色塊就會以對角線區分成兩個顏色，上面代表之前的進度，下面為現在的狀況。**

利用這些顏色的目的是要讓大家清楚了解上星期與這星期間是否有任何改變，或出現潛在問題。穆拉利鼓勵主管誠實地運用顏色代碼。

「這種方法最棒的點在於我們每個星期都必須聚在一起，」他說。「**我只是要你們知道各部**

門究竟在做什麼，因為我下星期會問你們。我知道到時候一定會有些進展。」

穆拉利將BPR會議視為一種強迫主管負起責任，分工合作，並確實執行目標的絕佳舞台。如果雷鳥會議室內還有主管懷疑穆拉利只是想改變福特的企業文化，那麼這些流程絕對會消除他的疑慮。如果穆拉利的策略看起來很殘酷，這也是必要手段。在正確診斷出折磨這家汽車製造廠多時的疾病名稱後，他決定用手術根除病源。**雖然對高階主管非常嚴厲，但同時也鼓勵每個人，讓他們知道他不會因為組織的缺陷而責怪他們**。

「你有一個問題，」他會帶著一貫的笑容說著，「但問題不是你。」

穆拉利也盡力讓每位主管都認為自己是團隊的一份子，一個有潛力的團隊。在某天會議結束後，穆拉利站起來走到螢幕旁。投影片正顯示組織的財務線圖，曲線原本往下走，在最後才有一小段幾乎看不出來的小幅回升。看起來不大樂觀，穆拉利坦承，但他告訴團隊，他在波音看過更糟的線型。

「各位，」他直接指在最後，「讓我們儘快到達底部，因為接下來你會知道從這裡往上爬會有多大的樂趣。」

* * *

到了十月底，穆拉利已經解釋完BPR流程，會議進行得較為順暢，通常只要幾個小時就能結束。然而，穆拉利覺得力不從心。他已經解釋過BPR流程以及顏色代碼的用途，他也不斷強調這個環境十分安全，但放眼所及，每個圖表還是都顯示綠色。穆拉利終於受夠了。十月二十六日，他中斷會議。

沒有問題就是最大的問題

「今年我們將損失幾十億美元，」他一邊看著主管一邊說。「難道公司內每個單位都沒有問題嗎？」

沒有人回答。

即使穆拉利再三承諾不會秋後算帳，大家還是不相信他。過去，高層主管會議是各家角力的戰場，主管進入會議室的目的就是要找出其他人的缺點。他們會事先檢查自己的簡報，就像戰場上將領會先調查敵我戰力的虛實一樣。他們相信這一切只是穆拉利設下的圈套，沒有人會笨到跳進這個陷阱。

從玻璃屋開始傳出馬克．菲爾德斯在福特即將「壽終正寢」的謠言後，他開始覺得一切都無所謂了。大家認為他是最有可能威脅新執行長的人選，想當然爾，絕對是穆拉利的眼中釘。就每個人的記憶所及，這就是迪爾伯恩的行事風格。

當菲爾德斯準備下次BPR會議的簡報資料時，那些想法一直縈繞他的心頭，揮之不去。當他整理北美地區的計畫圖表時，頓了一下。一如往常，投影片上顯示的全是綠色的安全狀態。他看著代表福特Edge車款的線型。Edge即將在幾星期內上市，位於安大略奧克維爾的工廠已經準備就緒，開始生產。然而，他知道有個問題。

前幾天，菲爾德斯接到品管主管班尼・福勒（Bennie Fowler）的電話。他的團隊已經驗收Edge，確認可以出貨到經銷商。在他們談話的同時，第一批車子已經在運往加拿大途中。現在福勒卻通知菲爾德斯，測試人員發現車子的懸吊系統嘎嘎作響。技師已經檢查那個部分，但無法找出引起噪音的原因。

「我們不知道問題在哪，」福勒告訴菲爾德斯。「所以得先暫緩上市，直到找出原因。」

Edge是福特最新的代表作，第一輛真正的跨界車款，也是市場目前最熱賣的種類。菲爾德斯知道，延緩上市或許會讓新執行長震怒，然而，運送有嚴重問題的車輛給經銷商也會出現相同的結果。**當時已經是年底了，福特主管為了達成年度銷售目標，無不卯足全力盡可能走捷徑，美化數字。這就是以往的福特。**穆拉利已經說得很清楚了，他不希望市面上出現有問題的福特車款。

「好吧，我們延緩上市，」菲爾德斯告訴福勒。「我不喜歡這麼做，但我寧願注重安全，而不是事後收拾殘局。[5]」

這是個困難的決定，但最困難的還不僅止於此。延緩上市是一回事，要在每星期四的會議上講出來又是另外一回事。在穆拉利面前報告這個問題，無疑是把魚餌丟進鯊魚池，那些同事絕對會抓住機會，將他咬得體無完膚。此外，他猜想這件事或許在其他人發現之前就能解決，屆時車子還是可以如期運送。只是這是他無法控制的。

⑤ 菲爾德斯的決策讓人聯想到一九八〇年福特也是因為某些問題延後「Escort」車款上市。如果忽視那些問題，無異是違反福特「品質第一」的企業理念。

那個星期三稍晚，菲爾德斯和製造部門主管韓瑞麒（Joe Hinrichs）將簡報資料從頭到尾檢視一次時，韓瑞麒看到某張投影片嚇了一大跳。他指著Edge車款旁的紅色箱型圖。

「你確定要這麼寫？」韓瑞麒問。

「你看到的是紅色嗎？」

「是的。」

「好的，就是要讓大家看到這個。」菲爾德斯說。

＊　＊　＊

隔天輪到他報告時，菲爾德斯想他還有一半機率能安然無事，但如果他不想做，這絕對是個絕佳的機會。

總要有人測試這男人講的是不是真話，他一邊看著穆拉利，一邊推測他的心情。如果我出局，也算是一種壯烈犧牲。

坦承自己的錯誤，才能解決問題

菲爾德斯開始報告美國地區的業務，投影片顯示該地區的財務狀況。緊張時刻來臨，螢幕上換成產品計畫的投影片。菲爾德斯試圖冷靜帶過。

「接下來是Edge的上市計畫，你可以從這裡看到，進度稍微落後。」他指著螢幕說。「因為某個問題，我們決定延緩上市。」

全場一片寂靜。每個人都轉頭看著菲爾德斯。當然，坐在他旁邊的穆拉利也不例外。

這個人死到臨頭了，一名主管想著。

不知道誰會接美國區總裁的位置，另一人猜測。

突然，某個人開始拍手。這個人是穆拉利。

「馬克，太好了。」穆拉利說。「誰能協助馬克克服這個問題？」

班尼·福勒舉手。他說他會馬上派幾名品管專家前往奧克維爾。菲爾德斯的採購副總裁湯尼·布朗（Tony Brown）說，他能聯絡相關的供應商，要求他們檢查所有零件[6]。

現在，我們總算有所進展，穆拉利想。

然而，再隔一星期的ＢＰＲ會議上仍然只有菲爾德斯願意承認自己的問題。其他人的投影片還是一片綠。實際上，那天許多主管看到菲爾德斯時有點訝異。他們以為菲爾德斯會在神不知鬼不覺的情況下立即被處以極刑，但會議結束後，菲爾德斯仍然是北美區的負責人。此時，他們得出一個共同結論：穆拉利真的會遵守諾言。他要求大家要誠實，這絕不是開玩笑。當然，更不是陷阱。

一星期後，每個人的投影片上幾乎是滿江紅，黃色部分也不在少數。

當穆拉利看著這些豐富的色彩時，有點哭笑不得。

⑥果不期然，問題很快地解決了。福特「Edge」在十二月初開始運送到經銷商手上。

現在我終於知道福特的虧損為什麼這麼嚴重！他想。**但是他們開始相信我，相信這個流程。我們終於能坦承相對。現在是修正問題的時候了。**

之後穆拉利將此視為福特真正開始改革的時刻。以前他相信自己有能力拯救福特。在這次會議後，他知道他絕對做得到。他需要的只有計畫。

第六章

計畫

進步並非光靠做些驚人之舉。每一步都要事前規劃。計畫要成功必須仰賴事前的深思熟慮。

——亨利·福特

和比爾．福特首次會面後，艾倫．穆拉利在返回西雅圖的班機上，開始進行拯救福特汽車的計畫。從那時起，他陸續修改計畫內容，但主要架構仍然不變：福特汽車需要大幅裁撤營運部門，滿足客戶對產品的真正需求、導正不正常的企業文化，並跟美國聯合汽車工會重新協商勞動條約，才能縮小與國外競爭者的差異。儘管如此，穆拉利仍持續進行他稱之為「更好的計畫」，以確保福特汽車日後能長久成功，並維持榮景，計畫內容包括全球化的產品研發，開發客戶真正想要的新一代汽車與卡車。最後，他必須知道落實計畫要付出多少代價。

成功者規劃前會先蒐集資訊、掌握局勢

穆拉利知道計畫拍板定案前，他該知道的事情還很多。他全心投入籌備這計畫，就跟大學生準備期末考那樣拚命。在公司內，穆拉利準備全力學習公司內部每件事情。除此之外，他試圖透過關係向外請益，儘可能學習有關汽車製造與這個產業的一切。

「我必須做出重大決定，」他這樣想。「但我得先了解人們怎樣看待福特汽車。」

所以，穆拉利開始打電話，向汽車研究中心（Center of Automotive Research, CAR）的產業專家大衛．柯爾（David Cole）請益，也跟高盛投資銀行（Goldman Sachs)）的福特財務顧問諮詢。他甚至向在底特律地區採訪將近五十年的《財星》資深專欄作家傑瑞．福林特（Jerry Flint）請教。穆拉利花了好一段時間，才讓這個脾氣不怎麼好的專欄作家相信他的來電不是惡作劇。穆拉利委託勤業眾信（Deloitte）、布斯．艾倫．米爾頓（Booz Allen Hamilton）、共同基礎

（Common Ground Consulting）這幾家企管顧問公司提供分析報告。他研讀來自企管顧問公司的報告、報章剪報，甚至連相關的報紙漫畫也不放過。除了勤做筆記並整理存檔外，他也整理企管顧問公司提供的報告，並蒐集剪報。光整理共同基礎企管顧問公司提供的分析報告，就可裝滿一個五吋厚的資料夾。穆拉利逐篇閱讀所有資料，包括過去的財務報告、白皮書，連前人省略未讀的內部研究報告他也不放過。

看完《消費者報導》（*Consumer Reports*）描述福特汽車產品有多差的報導後，穆拉利找了北美福特汽車工程研發部的負責人保羅．馬斯卡瑞那斯（Paul Mascarenas），跟北美福特汽車的產品規劃負責人道格．索波（Doug Szopo）一起飛到康乃迪克州《消費者報導》的測試場。在路上，穆拉利告訴這兩位主管不可以走漏任何風聲。

「我們是去聽他們怎麼說，」穆拉利跟這兩位主管說。「我們不是去理論為什麼人家給我們這麼差的評價。」

兩位主管點頭同意。但當《消費者報導》測試部主管提到福特的新車款「Edge」時，他們實在很難保持沉默。

「這真是令人失望，」《消費者報導》首席測試編輯大衛．錢平恩（David Champion）跟穆拉利這麼說。「汽車內裝的配合性，跟外觀、車型都不佳、動力方向盤不夠力、五門車的車尾門設計很差，門很難往上打開。」

穆拉利很感謝錢平恩誠實的回饋。就在搭專機返回底特律的同時，穆拉利、馬斯卡瑞那斯跟索波三人早已討論好要怎樣處理這些問題。

雖然錢平恩提出許多要改進的細節，但穆拉利先前跟別人交流意見時，早就有人反應相同問題，只是福特汽車睜一隻眼、閉一隻眼，讓這些問題繼續存在。福特在歐洲生產的車款廣受好評，但在美國本土銷售的車種卻貧乏無味、缺乏競爭力。消費者認為福特生產的車種不可靠，又耗油。福特的供應商也不愛跟他們合作，因為經銷商認為福特汽車老是提供誇張不實的產品評估，尤其是Mercury這個品牌。股市投資人每次看到福特汽車的股價就打退堂鼓。至於福特員工則對接踵而至的裁員感到十分痛苦，這意味著他們要扛更多工作跟責任，而且誰也不知道自己是不是下一波裁員的對象，他們對未來感到憂心忡忡。

但穆拉利知道人們希望福特汽車能夠成功，他們仍有不少指標性的品牌，擁有不少死忠客戶。這些忠實客戶仍對福特的汽車產品印象良好。福特汽車的失敗算不了什麼，人們真正擔心的是美國本身的失敗。數十年來，福特汽車打造廣受好評的T型車、經典美式跑車野馬，以及一日五元薪資的優渥待遇，一路辛苦建立的信譽可能毀於一夕之間。穆拉利相信，只要給消費者再度相信福特汽車的理由，他們會原諒並遺忘先前所有的錯誤。

* * *

穆拉利也研究業內競爭。在穆拉利抵達密西根州迪爾伯恩總部後，穆拉利接到來自通用汽車跟克萊斯勒執行長的祝賀，儘管他沒見過這兩人。當他從福特汽車總部望向現在為通用總部的文藝復興中心（Renaissance Center），看著這幾棟充滿未來感，主宰底特律天際的圓柱建築時[1]，穆拉利覺得現在是拜訪全美最大汽車製造商的時機。十月十三日，他抵達文藝復興中心，準備跟通用汽車執行長瑞克．華格納（Rick Wagoner）會面。

與通用汽車執行長會晤，一探對手底細

跟許多底特律的執行長一樣，華格納從通用汽車財務部門基層做起，一路升到執行長。他的身材高大看起來很有威嚴。在維吉尼亞州里士滿（Richmond）唸中學時，他擔任籃球隊隊長，進杜克大學後，仍繼續打籃球。從哈佛商學院取得MBA商學碩士學位後，華格納在一九七七年進入通用汽車公司。到了底特律後，華格納進入通用汽車的體系，一路升官，職位扶搖直上。一九九二年，華格納被拔擢為財務長，當時他才三十九歲。四十八歲時，他已升任為通用汽車的執行長。華格納是個絕佳的管理者。在他任內，通用汽車推出許多新款大型運動休旅車，當時美國經濟蓬勃，在那波繁榮景氣中，通用汽車受益匪淺。當時，有些人考量通用汽車沒辦法克服過往的缺點，對通用汽車在高層人事安插局內人感到質疑。

「局外人絕對沒辦法搞清楚這裡的事情。」華格納在二〇〇〇年堅持地表示。往後六年，華格納有了令人印象深刻的成就。當比爾．福特還在努力說服內部團隊研發全球化產品，並領導公司的借貸部門（General Motors Acceptance Corporation, GMAC）跨入房貸業務，以便及時趕上美國房產榮景時，華格納已開始研發全球化的產品。雖然他知道通用汽車有些狀況，但公司還是賺

錢的，而且他願意慢慢推動這項研發計畫。

「實際上，華格納的策略是把賭注押在『低油價會持續』這件事上。」新聞記者保羅・英格沙（Paul Ingrassia）如此描述。「碰巧，在二〇〇四年六月《國家地理雜誌》就做了一則封面報導，標題是〈低油價的結束〉。」一位高階主管曾拿這篇報導給華格納看，暗示通用汽車太過倚賴卡車與大型運動休旅車業務。華格納反駁這種說法，並指出這錯誤觀點會讓通用汽車成為全底特律最晚砸大錢研發卡車的車商，也會錯過這波卡車需求潮，他不會再犯這種錯誤。

從那時起，現實並沒有使華格納的信心動搖。儘管華格納心裡有點瞧不起穆拉利，但他還是很殷勤地接待客人，歡迎穆拉利投入底特律汽車業。

「我們是很強的競爭對手，但有很多事情有共通點。」華格納這麼告訴穆拉利。他解釋這兩家公司以前是如何跟政府在燃料經濟規範、廢氣排放規定與安全等特定議題合作。「希望我們在未來可以繼續合作。」

穆拉利向華格納保證一切都會令他滿意。畢竟在汽車製造業這行，他仍有許多事情要學。華格納沾沾自喜地笑著，他很樂意訓練這位菜鳥執行長。穆拉利連續問了許多問題，像是汽車業的景氣循環、汽車勞資談判後的產品策略，與美國國家環境保護局努力提高公司燃料經濟的平均數等。他像個在陌生環境中奮力求生的人。穆拉利的精心策劃，讓華格納完全上鉤，傾囊相授。華格納十分

① 文藝復興中心是七〇年代由亨利・福特二世（Henry Ford II）建造，是福特想挽救經濟衰退失敗的作品之一。自福特汽車搬出後，通用汽車在一九九六年以超低折扣買下這幾棟大樓。

樂意扮演穆拉利的導師。他展現對這個產業的知識與想法，並且回答穆拉利不敢問的問題。或許穆拉利的招牌笑容出名是件好事，因為他聽著華格納談話的同時，忍不住地一直露出微笑。

他想，太好了，這些人自己也沒頭緒，不知道該怎麼做。他們跟福特汽車是半斤八兩。

當他離開時，穆拉利對華格納說，以後若有更多問題，希望能打電話向他請益。原本這只是客套話，沒想到華格納卻當成穆拉利在示弱。華格納後來公開表示，穆拉利剛進入汽車業時很多都不懂，曾找過他幫忙。實際上是，穆拉利演得非常好，以致於華格納根本沒有注意到自己被耍了。

穆拉利不需要研究主要競爭對手豐田汽車，因為他已經研究日本汽車好幾年了。

「豐田汽車生產人們想要的產品。與任何汽車製造商相比，他們可以用更少的資源，在更短的時間內生產汽車。他們是神奇的機器。」穆拉利在早期的訪談跟我說。「豐田汽車使用的系統能持續改善品質，他的產品線可以放入不同組合生產人們想要的產品，並用最少的資源，在最短的時間內做出產品，這絕對是我們想要走的方向。現在的福特完全與豐田汽車背道而馳。」

* * *

同一時間，穆拉利發現在福特原本體系內，還是有值得保留的事情。

邊執行計畫邊修正

他一接受福特汽車執行長的職位後，就立刻同意菲爾德斯的「加速前進之路2」（Way Forward

II plan）計畫，這是在領導團隊想出更好的策略前暫時的替代方案。而在他更了解福特汽車與面臨的問題後，他有個更好的機會去研究這個計畫。他知道菲爾德斯的新計畫是健全的。假如這步棋下對了，北美的福特汽車未來兩年的產量將減少百分之二十六，在二〇〇八年底前，可將最大的汽車組裝產能降至年產量三千六百萬輛。這仍然遠超過福特預估的銷售量，不過，已經比現在少很多。進一步地說，這數據假設每間工廠都排兩班。若按原先預料，有那麼多的員工願意接受併購，實際產量會更接近三百萬輛——這等於是菲爾德斯計畫的銷量。關廠裁員預估能減少五十億美金，這大概是福特汽車一年的營運費用。同時，菲爾德斯的計畫保證會加速引進新的車種與跨界休旅車。到二〇〇八年年底前，百分之七十的福特、Mucury跟Lincoln車種會更新或升級。

「這是個好的開始。」穆拉利這樣想。

但是他很謹慎。菲爾德斯跟他的團隊曾因太晚切入市場而錯失機會。穆拉利想要確認這次不會重蹈覆轍。他指揮北美福特汽車集團刪減經費、加速工廠利用、穩定市場占有率。穆拉利相信BPR會議會讓公司所有員工彼此坦誠以對，也能讓他得到第一手消息。

穆拉利告訴菲爾德斯：「去執行計畫，告訴我結果。」

穆拉利對於新的設計方式，跟公司一年多前就開始推動的工程感到印象深刻。福特汽車仍針對不同區域開發不同車款，但至少開始使用相同系統設計所有車款，可節省許多開發費用跟時間。這套系統原來是日本分公司的馬自達先使用，後來成為Volvo、福特北美區與歐洲區量產製造的最大優點。

馬自達使用的系統，跟豐田汽車類似。這是一套公認為世上最好的系統。在美系汽車公司，汽車設計是藝術，但汽車的製程卻是科學。設計師穿著黑色T恤、義大利鞋、帶著要價不菲的大型手錶，有時這些錶比他們設計的某些車款還貴。工程師則喜歡穿著卡其色上衣或是單色T恤，並在口袋裡放個口袋保護套，還在皮帶上掛個手機皮套。兩類人差異極大，就算是碰面也不大會聊天。馬自達強迫這兩種人必須在同一間工作室並肩作戰。**在馬自達的系統中，他們在繪製草圖的大設計桌，替不同部門的人保留座位，生產、採購甚至是銷售部門都會有自己的位子。這樣做的目的是為了避免變更設計時，因為沒有互通訊息、相互合作而導致設計錯誤，浪費時間與金錢。當這些部門各自為政時，經常出錯。**設計師若不懂熱力學，可能會設計出很漂亮而不實用的通氣孔，沒辦法讓足夠的空氣進入引擎。工程師若不懂人體工學，就可能設計出性能完美、卻沒辦法裝進車裡的排氣系統。**把來自不同領域的人擺在同一個設計過程中，讓馬自達汽車大幅減少出錯的情況。**

顯而易見地，這套系統跟福特現有的Taurus設計團隊的設計生產系統相同。在八〇年代，這套系統令穆拉利印象深刻，迫使他思考為什麼福特汽車的設計團隊要向日本取經，從頭學習整套生產系統。不過，他很高興福特團隊這樣做。之後，他們參照日本人的作法，將日系汽車那套運作方式，與Volvo汽車視覺設計系統、福特歐洲區先進的工業製程以及北美區領先的電腦輔助設計與工程系統融合在一起。這套美、日汽車的混血系統，使得福特在生產第一輛汽車原型前，得以模擬新車可能會遇到的各種狀況——從車輛的行駛性能，到生產汽車時，生產線上必須處理的每一個步驟。這套混血系統稱之為全球產品研發系統（Global Product Development System, GPDS）。這套系統大幅減少工程研發的花費與時間，幫助福特在生產新車時，降低成本、縮短時間，更快進入市場。

二〇〇五年秋天，菲爾德斯接手北美事業群時，正好遇上福特汽車開始採用GPDS。導入這套系統後，菲爾德斯在最後一刻下令修改福特新車種Fusion的設計，而真正第一輛採用GPDS系統的新車是Flex跨界車款[2]。二〇〇六年九月，穆拉利就任執行長時，Flex仍是進行中的案子。新系統的優點顯而易見，就是可減少一半變更設計的次數[3]。這正是穆拉利在尋找的效率。這套系統整合不同部門、提高效率的運作方式，完全符合穆拉利的管理哲學。此外，這套系統採用許多波音公司也使用的電子設計工具。波音公司在穆拉利任內研發波音777型客機時，也用過類似的方法設計飛機。

穆拉利對於福特汽車跟微軟私下合作感到興奮，這兩家公司打算攜手合作，讓福特再次成為汽車業技術領導者。這項計畫讓駕駛人可聲控汽車，而穆拉利認為，這類創新可說服消費者多留意上面掛有藍色橢圓標誌的汽車。

當穆拉利仔細研究這些進展時，他想起了一句古老的佛教諺語：**「弟子準備好時，老師自會出現。」**光靠這些辦法，絕對不足以拯救這種因太多派系而吞噬組織的公司，但只要穆拉利按照計畫，這一切終究會被改變。

* * *

② 福特Edge與Lincoln MKX跨界車款是GPDS系統的實驗計畫，不過，實行GPDS系統時，這兩款車種已開始生產。

③ 運用GPDS之前，每項汽車零件工程變更的數量平均約為十到十四次，要看不同車款零件的狀況而定。

穆拉利也從福特汽車過去的榮耀歲月找尋靈感。當他深入了解這間公司輝煌的過往時，終於找到福特總是能東山再起的關鍵——運用亨利．福特當時的成功法則。亨利．福特一手創立的公司改變世界，並創造好幾代的繁榮。這絕非僅靠一人、一個想法或是一輛車的結果，這是由許多人腦力激盪出許多好的點子所創造的成果，這些人攜手打造許多偉大的汽車跟貨車。往後幾十年，福特汽車迷失方向，但穆拉利相信他能重新找回福特正確的道路。

領導人應常自問，你要將公司帶往何處？

穆拉利總是會利用會議間的空檔在檔案室裡挖掘資料，他堅信自己就快找到方向，猶如礦工挖礦時認為自己快挖到黃金那樣。穆拉利發現亨利．福特保留一份在一九二五年一月二十四日《星期六晚報》（*Saturday Evening Post*）上刊登的廣告，他覺得挖到寶了。這則廣告運用美國插畫大師諾曼．洛克威爾（Norman Rockwell）跟麥克斯威爾．巴里斯（Maxwell Parrish）懷舊式的插畫風格，廣告描繪了一對迎著風、站在山頂上的年輕夫婦，兩人的後方則是他們信賴的福特T型車。他們的孩子在腳邊玩耍。那對夫婦樂觀地眺望遠方隨風搖曳的農作物，農地被滿是汽車的道路一分為二。這條馬路一直延伸到遠方，在道路的盡頭隱約出現新的River Rouge廠區的輪廓。標題寫著：「打通全人類的公路（Opening the Highways to All Mankind）。」在標題下方，亨利．福特勾勒出他對這家公司的願景。

「一家企業要讓所提供的服務有用，就必須有廣闊的眼界跟偉大的目標，包括降低生產汽車

的高成本，並穩定各項生產變數。要達成這目標自然要有個大型計畫。」「福特汽車不會因為阻礙而打退堂鼓。為了把每件難事做到最好，我們會不辭艱辛找尋最好的辦法，勇於嘗試尚未碰過的難題，克服困難。」[4]

這正是穆拉利在找尋的，一盞引領福特汽車的明燈，一面可讓他在有所懷疑時，能鑑古推今的明鏡。在那情景下，他想改造的每件事情歷歷在目。於是，他趕緊拿了紙筆，照往常那樣，隨手記下他想到的事情：

- ✓ **聚集所有股東，一起關注這令人注目的願景：打通全人類的公路**
- ✓ **與福特汽車董事會主席比爾·福特共同打造一個緊密的合作關係**
- ✓ **尊重福特汽車所承襲的傳統**
- ✓ **參與福特團隊**
- ✓ **尊重並主動對所有利害關係人伸出援手**
- ✓ **導入可靠的規章並尊重每個計畫的執行過程**
- ✓ **納入每個人**
- ✓ **安全性**
- ✓ **每週、每個月、每一季**

④ 如欲參考完整的重製廣告內容，請詳見內頁的照片。

✓ 持續地改進
✓ 有紀律地執行計畫——矩陣式組織（the matrix organization）
✓ 一起工作
✓ 偉大的產品……強盛的企業……更好的世界
✓ 全世界最佳設計的車
✓ 積極重建
✓ 加速新產品的研發
✓ 取得資金並改善資產負債表
✓ 改變企業文化
✓ 分享福特的故事
✓ 宣傳我們的計畫
✓ 打造更好的企業
✓ 鞏固與誠信
✓ 專注焦點
✓ 消除所有非核心價值的品牌
✓ 使所有小型、中型、大型車輛系列、工具設備與卡車產品都能齊全
✓ 產業領導者
✓ 讓品牌更現代化

✓ **減少經銷商**

✓ **減少庫存**

穆拉利寫完後，他抓了另外一張紙又繼續勾勒他個人的目標。

艾倫的傳統

- **明確、有說服力的願景**
- **從風暴中倖存——商品、石油、信貸、二氧化碳、安全、美國聯合汽車工會**
- **研發一個能賺錢的成長計畫、全球產品與產品策略**
- **一群技術極為熟練且幹勁十足的團隊**
- **可靠的BPR計畫**
- **擁有不屈不撓、實踐「一個福特」精神的領袖與領導團隊**

在這兩張紙上，穆拉利清楚勾勒出拯救福特汽車的計畫架構。不過，在迪爾伯恩，這架構看起來卻像是激進的宣言。福特汽車的新任執行長準備宣布他的想法，實際上，他已開始執行。

致全球福特員工的一封信

這一天，他去拜訪通用汽車的瑞克．華格納。穆拉利把這封電子郵件寄給全球各地的福特汽車員工：

寄件人：艾倫．穆拉利
寄送日期：二〇〇六年十月十三日上午十七時七分
收件人：福特汽車團隊
主　題：第一印象

我已經當了兩個禮拜的執行長。在這段時間，雖然我和一些人有許多互動，但我知道才兩個禮拜的時間，根本不可能讓我和每位員工逐一碰面與談話。所以，我試著寫信跟你們說一些想法與印象。

我花了很多時間跟管理團隊檢視公司各項計畫、提出問題、並評估這些計畫的展望。比爾．福特坦白告訴我公司要面對哪些問題。當我知道這些問題時，其實是很訝異的，因為我們必須對於公司未來的經營方向做出重大決定。就如同你們所知，目前公司經營非常困難，尤其是我們才剛剛縮編北美區某些重點單位。從現在起到明年夏天，有些非常好、又忠心的員工將會陸續離開公司。這對大家來說，都是很嚴格的考驗。

但是，這正是我感到興奮的理由。我在此遇到很多跟公司一起打拼、想幫福特汽車找回立足點、讓公司能成長的同事。他們有許多想法。有的人寫電子郵件，有的人在走廊或是在咖啡店遇到我，直接說出想法。這些同事想讓我知道福特汽車過去的偉大，不過，公司現在的狀況卻是急轉直下，前途十分堪憂。在產品研發上，福特人都知道我們的產品有哪些優點，在經銷網路裡，我們有哪些很棒的資源。他們也知道，我們可以再次聲明：福特汽車是史上最能幫關係利益人賺錢，讓大家過富裕生活的最好例證。所謂的關係利益人包括投資人、客戶、經銷商、供應商、員工、工會合夥人、甚至是這個社區、國家。

不用花太多時間，就可了解福特人在本質上都是贏家。一百多年來，福特汽車對自己感到自豪並當之無愧。我們可很清楚指出，公司有哪些卓越之處。不過，只有某些領域成功是不夠的。不是今天，也不是在這競爭的環境。我們的成功需要擴及全美國。要達到目的，我們需要一個能讓大家達成共識的計畫。這個計畫對全公司都有效。競爭者會企圖分裂或征服我們，這是我們最不想見到的。所以我們必須妥善地訂定計畫，並確保每個人知道怎樣面對競爭。我們必須在關鍵問題上達到共識，並且突破以往的合作方式，齊心協力完成目標。

我已開始跟資深經營團隊檢視每週BPR會議的報告。大家同步審閱相同資料，並公平、尊重地與對方交談，決定要施行計畫。所有人將會參與計畫並支援彼此，期望這計畫能成功。雖然我還沒完全了解所有相關事情，但我知道我只能這樣做。

接著還會有很多細節，但我可以告訴你們：我們的計畫將圍繞著三個重點：

・人（PEOPLE）：一群技術極為熟練且幹勁十足的勞工
・產品（PRODUCT）：詳盡的客戶知識與客戶關心的焦點
・生產力（PRODUCTIVITY）：精實的跨國企業

我們將會從這三個重點，建立商業模式，而這商業模式能明確看清我們所處的競爭環境與自身財務狀況。而且我們也將回應以下問題：什麼是具競爭力的計畫所需的關鍵要素？我們的假設能多準確？怎樣降低原本預估的損失，並增加整體的利潤？

我知道福特人過去幾年的日子不好過。雖然我當時並未跟你們一起共度難關。對我而言，這是在我職業生涯裡最刺激的一段歷程。從過往經驗，我可以告訴你們，從高處摔下來的確叫人洩氣，但打起精神、再度向上爬卻更令人振奮。任何感覺都不會比知道這個偉大企業因為你的貢獻，又向前邁進一步來得好。

大家都愛這個重振旗鼓的故事。讓我們一起合作，創造有史以來最棒的傳奇。

謝謝你們！

這只是穆拉利吸引員工注意力跟獲得人心的開始。接下來，穆拉利要對福特的供應商、經銷商、投資人與消費者喊話。

要達到此目的，他得靠傳播媒體幫忙。

＊　＊　＊

透過傳媒向大眾喊話

十一月十日，穆拉利帶著他的招牌笑容來到《底特律新聞報》，和責任編輯與財經記者晤面，尋求媒體的支持。一進入編輯會議室，他坐在黑色皮椅上，靠著椅背，面對好幾個資深編輯跟汽車版的成員，試圖解釋他要怎樣拯救福特汽車。

拯救福特汽車要從整個企業的組織再造開始。

「我們不是一個整體的福特汽車，我們有北美福特汽車、南美洲福特汽車，以及三個歐洲福特汽車。此外，福特在澳洲、中國與印度等地都有設點——其實福特有很多點散布在全球各地，而這些點都各自運作、各自為政。」他說。「我們得先從整合福特汽車在全球各地的資產開始，把這些變成為一個能和外界競爭的公司、往前邁進。」

穆拉利要把散布在各地的福特汽車整合成一個全球營運中心，然後，讓這個營運中心有能力跟全球最強的公司競爭。他想做的，不只是精簡內部組織而已。

「我們要讓品牌合理化，讓所有產品線合理化。」穆拉利解釋他怎麼看波音公司的優點。波音採用類似的方法，減少飛機機種，從原本的十二種降為四種。只要升級原有的生產平台，並讓不同車款共用更多零件，福特就可生產更多轎車與卡車，並獲取更多利潤。在他上任之前，其實有一些車款已經朝此方向改進，但他要讓更多車款也這樣做，使不同車款零件共用程度更深。

他打電話給聯合汽車工會，想請他們幫忙減輕美國勞工的勞動成本，這樣才有辦法跟國外競爭對手抗衡。

「一輛車的成本要花三千四百美金，真的很沒競爭力。」他說。「我們得面對現實。」

福特汽車需要讓產品更符合汽車或卡車車主的需求。底特律的人過於沉迷於市占率的高低；他指出，有些利潤最好的車廠同時也是最小型的汽車公司。

「我們不要追逐市場占有率」，穆拉利宣示。「我們不要生產不符顧客需求的汽車，車子賣不掉，再降價求售。這只會讓公司營運狀況愈來愈糟。**在這行業，最重要的一點是貼近市場現實面、知道市場要什麼、需求量有多少。**若做不到這點，那就會更糟。」

穆拉利毫不隱瞞地指出，時間是不等人的。

「我們要扭轉福特汽車北美總部的劣勢，希望到二〇〇九年時，公司要轉虧為盈。」他說。

「若不這樣做的話，公司很快就會耗盡所有資金。」

* * *

這種直來直往的講話方式，在底特律簡直是前所未聞。**長期以來，美國的汽車製造商往往輕描淡寫地帶過「檯面下的未爆彈」，使得說謊掩蓋真相變成一種美德。主要的三大車廠也是這樣昧於現實。在底特律，二加二等於五。**但穆拉利並不是來自底特律。比爾．福特決定聘請外人拯救福特汽車是有道理的。

穆拉利了解福特汽車過去為什麼用這種方式培養人才。作為世界第一家生產汽車的主要製造商，亨利．福特創立汽車公司是順應當時狀況，順其自然拓展福特的版圖，而非有計畫的開拓海外市場。福特汽車將車賣到澳洲跟巴西等不同國家，是因為當地對T型車的需求使然。公司在全球各地設立辦公室，是因為要處理汽車訂單，將車輛從密西根州或安大略省出口。這些原因都迫使福特必須在倉儲組裝這部分讓步，讓當地人使用美國製造的零件組裝T型車，變成公司內部若要求調整投資方向，就得被迫放棄全面性的工廠。

一九二八年，亨利．福特在主要市場建立海外子公司，試圖從這一切混亂中整理出一些頭緒。這些海外子公司大部分是獨立自主的單位。這些單位必須設立在有電報，且蒸汽船運送貨物可送達的地方。二次世界大戰後，汽車製造商明白這種架構並不合理，所以試圖建立一個整合的全球中心，但這種作法只有在部分區域行得通。當亨利．福特二世跟他的經營團隊試圖彙整全球營運單位的損益平衡表時，發現很難做到這點，因為當時大多的權力仍掌握在各分支機構。艾力克斯．托特曼（Alex Trotman）的「福特2000」計畫已經試圖減少這些區域性單位。托特曼用汽車中心取代這些區域性單位，授權汽車中心負責小車與卡車等特定的全球性業務。在這過程中，執行者對當地狀況不了解，使得這個由上而下的政策惹惱當地員工。納瑟下令讓汽車中心自行跟供應商協商，取得汽車零件。在他的領導下，福特汽車的營運狀況愈來愈糟。除了大量採購壓低成本外，這計畫反倒使費用增加，更進一步地吃掉福特汽車的利潤。

穆拉利想要尋求一個讓北美總部與其他海外分公司對話的機會，讓彼此能有共識。他清楚知道福特汽車的全球營運單位太過複雜，待在企業總部是無法指揮全球各地單位。不過他也稱讚公司刪減各地子公司執行重複業務的費用，所帶來的規模經濟，這不僅幫福特省下極為可觀的成本，也提升效率[5]。在上任執行長後的首次記者會中，穆拉利被記者問到福特是否考慮併購。

「是的，」他回答。「我們即將合併全球各地的據點。」

⑤ 穆拉利喜歡拿福特順其自然地拓展版圖的方式與豐田汽車做對照。五〇年代前，豐田汽車只專注在日本國內市場，之後才開始將汽車出口到全球各地，向外擴張，將拓展海外市場作為豐田汽車成長策略的一環。跟福特汽車在全球各地設立分支，擴張企業的方式不同，豐田汽車是讓企業本身成長。雖然豐田汽車持續在各地生產並研發各項汽車設備，但日本總部仍掌握豐田汽車的運作。當穆拉利從豐田模式找到靈感時，福特當時實行的是托特曼的「福特2000」計畫，而不是穆拉利自己提出，會讓日本車廠退避三舍的計畫。

盤點組織

身為一名航太工程師，穆拉利很熟悉如何使組織運作順暢、合理，猶如政客很熟悉政府為了拉攏人心，而如何施予政治恩惠。他這輩子的職業生涯，幾乎都在找尋怎樣降低摩擦、改善流體力學。而他現在將同樣的原則運用在福特的產品上。他要求提供列出福特在全球各地生產的汽車與卡車總表。令他驚愕的是，根本沒有這張表。於是穆拉利上網連到福特每個地區的網站，並列印出所有的銷售車款圖片。然後，他請祕書艾美給他剪刀跟膠水。當她帶著剪刀、膠水入內時，發現穆拉利坐在滿是列印照片的會議桌前。他拿起剪刀開始裁剪福特及全球子公司所生產的每輛車照片。然後，他將這些照片依地區分門別類，全部黏貼在紙張上，就像孩子做學校作業似的。完成後，穆拉利開始計算總數。福特汽車跟各地子公司在全球的車款共計九十七種[6]。

實在太多了，當穆拉利研究他做出來的圖表時，不禁這樣想。

他拿起剪刀開始再次裁剪。

穆拉利後來拿他做的圖表給福特的董事會成員看。在十二月開董事會前，穆拉利要了一間會議室，然後將這些放大的照片貼在牆上。當這些董事抵達迪爾伯恩時，穆拉利將他們帶到這間會議室。董事會成員看到穆拉利整理的圖表時，他靜靜地站在一旁。如穆拉利所料，他們看到後，全都不知所措，就跟當時他一整理出來時一樣，眼花撩亂。

穆拉利根本不需要花太多力氣就可說服董事會成員，告訴他們福特需要大幅簡化全球銷售的車款。

穆拉利要精簡內部組織圖。

他的目標很明確，從「只有少數人直接向執行長報告」這點開始改革。他開除史帝夫・漢普，並裁掉幕僚長一職，以撤除官僚組織的一個階級。儘管如此，穆拉利還是得面對福特錯綜複雜的管理組織：部門之間的權責劃分重複，而執行命令時，又必須透過這種複雜、糾結的層層組織。拿歐洲子公司來說，負責歐洲子公司的最高主管要直接向福特北美總部的副總負責，這表示歐洲子公司總裁根本不知道下屬在做什麼，也不知道他為什麼這樣做。另外一方面，歐洲區產品研發的最高主管則是向歐洲子公司的最高主管報告，但歐洲與北美總部的研發主管幾乎不直接相互聯絡。

穆拉利想採用波音的矩陣型組織，代替這個令人混淆的組織架構。波音的矩陣式組織整齊地將公司劃分為「事業單位」與「功能單位」。當他還是年輕的工程部經理時，就知道這種管理方式的優點，因為能讓他知道其他飛機專案的狀況。當他被擢升為波音商用客機部門的總裁時，他將這組織方式推行到整個部門。在波音時，穆拉利的矩陣式組織是用飛機專案區分，而非依照地區劃分。簡單來說，將每個飛機型號當成是一個事業單位。這表示在商用飛行事業部門裡，除了人資總裁外，在波音777、776、747這三個專案裡都有各自的人事主管，他們全都得對人資總裁負責。當穆拉利想辦法將這套管理系統導入福特汽車時，他研究福特以前也有人試圖這樣做，托特曼不幸的「福特2000」計畫就是其中之一。托特曼建立好幾個全球性功能單位，卻未

⑥ 這數字包括福特歐洲分公司銷售的豪華車種跟馬自達汽車。

在每一個事業單位反應這些功能性單位，也沒讓他們直接向執行長負責。這表示在總部有個全球資訊科技的主管，但歐洲區子公司卻沒有。而且，最高主管並沒有直接對總部的執行長負責。同時，事業單位也不用負責產品的盈虧，等於是在減少各區域的責任。在「福特2000」失敗後，改革的鐘擺盪到另一個方向。福特汽車又再度被切成不同區域，僅剩下少數單位，像是人事跟法務回歸總公司管理，但大多數較全面性的職務都被裁掉。生產類則回歸到各區的分公司。穆拉利相信他的系統會提供兩個最好的取向。矩陣式組織會使各事業單位完全負責單位內的事務，也確信每個組織的主要功能——從採購到產品研發——都可全面性管理，使效率提升到最高，也發揮最大的規模經濟效益。穆拉利要創造「一個福特」（One Ford），並妥善運用福特汽車全球的資產。他也要求各事業單位拉高視野、站在高點看待每個區域市場特有的挑戰與機會。他細分福特汽車內部的溝通管道，試圖找出會出現哪些障礙，並要所有公司的主管一起解決福特汽車的問題。

穆拉利拿另外一張紙，在上面畫了一個表。他在表格裡列了四個欄位：亞太區、歐洲區、美國總部跟福特信貸。在這四個欄位上，穆拉利寫了「客戶」，標示這些部分是需要對外接觸的組織。這表格的左下方，他畫了幾列標示功能，從財務、產品研發、人力資源跟資訊科技[7]。這幾個地區的最高主管直接對執行長負責。而財務、產品研發、人力資源跟資訊科技則是向該地區最高主管呈報。每個功能組織都有一個經理安插在事業單位內，他們要對該部門最高主管，與功能組織的最高主管負責。在穆拉利的系統下，福特歐洲通訊部門的最高主管，必須同時對福特歐洲分公司的總裁，與福特汽車北美總部的副總負責。令人注意的是，這系統大幅增加了直接對穆拉利呈報的人數，並刪掉好幾層多餘的官僚組織，其中包括國際事務部總裁馬克．舒茲的職位。

董事會對穆拉利的新組織架構印象深刻。現在，穆拉利必須做的是決定誰是集團或功能組織的領導人。

處理過多的品牌，一個福特計畫成形

剩下來就是品牌的問題了。穆拉利認為公司目前實在有太多車款。福特連掛有「福特汽車」標誌的車種都管不好，更別提還有七個汽車品牌要經營，而每個品牌都有各自的挑戰。這家汽車製造商不僅要處理散布各地、彼此聯繫薄弱的支援系統，本身又一直虛耗所剩不多的現金。福特汽車已經挹注幾十億美元到這些品牌，但大部分卻持續在虧損狀態。當穆拉利對董事會報告時，逐一列出品牌名稱——福特、Murcury、Lincoln、Aston Martin、Jaguar、Land Rover、Volvo跟馬自達。除福特外，他在每個品牌下都畫了一條線。

要賣掉這些品牌，遠比讓產品線合理化，或改造組織、讓企業組織合理化還難。他還不能裁掉Murcury或Lincoln，因為北美太多經銷商都仰賴這兩個品牌車款的銷售。想賣掉歐洲品牌車又是另一個不同的挑戰。

擁有像Aston Martin或Jaguar這類著名的車款是福特汽車與福特家族的驕傲。這些歐洲品牌讓

⑦ 其實這些不是太難，但穆拉利要確保自己沒有遺漏任一個功能單位。他想像自己要開一間新公司，因此要先擬定他要雇用哪些員工。

福特汽車有種尊貴跟精湛工藝的感覺，反觀福特本身則是實用車款的代表。許多福特家族的人，甚至是高階主管都愛開這些高檔的歐洲車。當穆拉利首次抵達迪爾伯恩時，看到一堆高階主管開的車其實有點洩氣。這也是他堅持賣掉這些品牌的另一個理由。事實上，比爾．福特與其他主管非常喜歡這些歐洲品牌，也在上面投入大量資金，他們相信福特需要這種豪華轎車的產品線。他們試著想改變穆拉利的想法。有人向他強調Land Rover是賺錢的單位，而有些人提醒他Jaguar的營運狀況已經漸入佳境。穆拉利還是堅持自己的觀點，並向董事會說明，集中有限資源在掛有藍色橢圓標誌的福特汽車才是正確的方向。那年年底，他終於說服董事會出售Jaguar與Land Rover。雖然比爾．福特力保Volvo，但他還是支持穆拉利的決定，前提是要與另外兩個品牌一起出售。Lincoln是唯一被留下來的高階車款，至於Murcury則是等Lincoln站穩腳步再說。

董事會完全支持穆拉利的想法，包括改善全球的營運架構、與聯合汽車工會談判更好的條件，並進一步經營歐洲與亞洲市場。穆拉利對大家解釋，福特汽車過去太過依賴卡車業務與美國地區的業績，他想要改變這點。他放了一張呈現兩張圓餅圖的投影片給各區經理看。第一個圓餅圖顯示福特在全球各地提供哪些產品，這個餅圖分成三塊，分別為小型車、中型車、大型車。第二張圓餅圖呈現福特汽車全球營收，上面被切為三個一樣大小的區塊，代表亞洲、歐洲跟美洲。

「我們需要提供一系列完整的車款，包括轎車、跨界車與卡車，」穆拉利告訴在場的經理，並解釋這是對抗油價上漲、改變消費者購車喜好的策略。「我們也希望能平均分攤三大洲的風險，如此一來，在某一區發生狀況時，不會威脅到整個福特汽車。」

這是穆拉利整個計畫的精華，簡而言之，就是「一個福特」。當穆拉利看著台下點頭贊同的同事時，明白他已經發現一直在尋找，可簡化他改革計畫的簡單標語。不過，他還有其他的事情得做。十一月十四日，當他擬定對董事會簡報的內容時，決定將所有內容簡化成四點，並將這些跟與會人員分享：

1. 積極改變組織結構，使企業在現有需求與變更車款時，能有利地運作。
2. 加速研發客戶想要並重視的新產品
3. 為計畫籌措資金並改善損益平衡表
4. 發揮團隊精神，有效率地合作共事[8]

這四個重點是穆拉利在每個會議、每場演講與每次面談都謹記在心的重點。菲爾德斯的「加速前進之路」計畫涵蓋企業再造組織，其中絕對包括北美總部。歐洲與其他地方則是需進行小規模裁員。**穆拉利每週四的BPR會議使得經理人更加有志一同地相互合作。**他仍持續找尋正確的人帶領團隊研發新產品，但這可以等。他下一件該做的事情是第三點：他必須找出改革要如何付出代價。

⑧ 這是穆拉利在跟董事會報告時，拍板定案的簡報內容。他在十一月十四日寫的草稿是：
1. 積極地改變組織結構
2. 加速研發人們想要、重視，且具競爭力的新產品
3. 保護公司的資金
4. 需要共同合作與領導力

第七章

孤注一擲

拓展事業的借資是一回事，為了彌補錯誤管理與浪費而去借貸又是另一回事。

——亨利·福特

二〇〇六年十一月，福特汽車財務長唐．勒克萊爾與出納主管安．瑪麗．皮特克（Ann Marie Petach）重新檢視投資項目建議書後，向艾倫．穆拉利簡報。福特汽車希望將這份投資建議書給幾家國內大型投資銀行，週轉一百八十億美元預留準備金，以便安然度過即將逼近的金融風暴。一百八十億美元貸款對這家掙扎求生的國產汽車製造商來說是筆鉅款，即便是在景氣好，信貸寬鬆時，仍是筆不小的數目。不過，勒克萊爾與皮特克的簡報很有說服力，聽完簡報後，穆拉利面帶微笑。

「這真的令人印象深刻。」他對兩人這樣說。「有任何結果請讓我知道。」

勒克萊爾跟皮特克緊張地看了彼此一眼。

「我們需要你去紐約跟投資人作簡報。」勒克萊爾直接對穆拉利這樣說。「你是我們僅有的籌碼。」

幾天後，穆拉利前往紐約。這是他擔任福特執行長以來，第一次前往華爾街面對投資人。

向大型銀行籌措資金

其實在比爾．福特找穆拉利擔任執行長前，福特早就在進行這件事。比爾認為，他們需要鉅額的資金重整福特汽車，因此向銀行借這筆史上金額最高的企業貸款絕對是必要的，穆拉利只是加速這個過程。

身為比爾．福特財政智囊的卡爾．雷查德幾年來備受爭議。他將「現金為王」奉為圭臬，經常把這句話掛在嘴邊，不光是對比爾這樣講，對財務部門、董事會也經常提起這句話。即便是福特汽車的獲利頗豐，足以向華爾街的投資人交代，這個幹練的銀行家仍督促他要思考下一季的營收狀況。

「營收很重要，但最重要的還是現金、現金、現金。我們應該定期檢視手上有多少流動資產[1]，」雷查德對他的下屬這樣說。「如果要進行企業重組，你的流動資產絕對不夠。」

從福特董事會退休前幾個月，雷查德就提醒比爾．福特，目前這種鬆散的企業貸款即將進入尾聲。

「你根本不知道銀行何時會對福特汽車緊縮銀根。」雷查德在二〇〇六年四月退休前就這樣警告過比爾．福特。「你應該趁銀行願意貸款給你的時候多借一點。」

勒克萊爾才是推動福特向銀行借這筆鉅款的真正動力。這位財務長愈來愈擔憂福特的財務問題。跟雷查德一樣，勒克萊爾也很擔心目前信貸市場的狀況，但他更擔心福特借錢的能力。由於卡車與休旅車需求減少，福特的信用評等也跟著下調。雖然馬克．費爾德斯認為福特推出的新車款會刺激銷售數字，但勒克萊爾還是覺得他們過於樂觀。姑且不管債信市場會發生什麼事情，勒克萊爾相信銀行很快會對福特關上借款的大門。那年春天，勒克萊爾不斷催促比爾趕緊授權給部屬，以便向銀行貸款，金額當然愈多愈好，即使銀行要求抵押貸款也無所謂。比爾真的不想這麼做，因為這等於向外界宣告福特走投無路。但勒克萊爾表示，現在的福特不就是這個樣子嗎？他堅持公司需要把握每個機會。比爾回答勒克萊爾，先看銀行的意願再說。

* * *

到了二〇〇六年夏天，勒克萊爾跟皮特克已經不知要如何說服銀行。當比爾與喬伊・雷蒙還在想辦法讓穆拉利跳槽到福特時，公司的財務團隊大致觀察出銀行的意願，看起來似乎對福特不利。若想借到這筆救命錢，福特汽車必須提出擔保品，且這擔保品不能只有老舊工廠，或幾塊可開發的土地就能了事。福特的貸款金額很大，所以銀行要的是福特抵押所有資產，包括福特信貸、Volvo以及美國境內所有資產。另一個選擇是，公司要拿一些特定資產作為貸款擔保品，像是福特汽車在韋恩（Wayne）的車廠。如果福特汽車違約，還不出貸款，銀行團就能無償取得位於韋恩的車廠。

雷查德跟勒克萊爾說對了，銀行已經關上借款的大門。雖然貸款經紀人當時還是敞開大門歡迎收入不穩的失業者申請貸款，但對迪爾伯恩這家汽車製造廠而言，緊縮貸款的時間卻已在好幾個月前悄悄抵達。

這位名字被刻在總部大樓的男人面臨生命中最困難的抉擇。比爾・福特對他找來的人非常有信心，認為他絕對可以拯救福特。不過，他也明白這些重組以及整併一定得付出不小的代價。比爾知道勒克萊爾是對的，福特汽車沒有浪費時間的本錢，改革的腳步必須加速進行。倘若穆拉利不想離開波音公司、跳槽到福特汽車，他們也沒別的辦法了，所以一定要把穆拉利挖過來。他不

①譯註：流動資產是指企業可在一年或者超過一個營業周期以內，可拿來變現或運用的資產。

喜歡拿福特家族繼承的產業當成賭注，但從另一個層面來看，假使沒有充裕的資金，福特家族也保不住福特汽車。他打算把公司當成賭注，放手一搏。

「去做吧！」比爾告訴勒克萊爾。「能跟銀行借多少就借多少。」他們召集福特的財務團隊，準備跟幾家大型投資銀行展開正式談判。整個財務團隊都在找尋、並聯絡可能協助福特借貸的中間人，尤其是與銀行有關係的董事會成員，例如曾擔任匯豐銀行控股公司主席的約翰．龐德騎士（Sir John Bond），和前美國財政部長，同時也是花旗銀行集團的董事——羅伯．魯賓（Robert Rubin）。就在聘雇穆拉利擔任執行長一事登上媒體版面的同時，福特汽車也正與花旗集團、摩根大通和高盛集團等三家華爾街最大的投資銀行進行談判。這幾家銀行後來不僅成為福特汽車的債權人，也成為他們的貸款顧問，讓福特汽車了解未來可能發生的狀況。

福特必須把美國境內一切資產當做擔保品，包括汽車製造廠、辦公大樓和福特汽車的專利。這三家銀行認為，福特汽車的資產目前不太值錢，根本沒辦法估價，因此銀行希望能將福特信貸與Volvo汽車納入擔保品之中。銀行甚至想取得福特汽車的藍色橢圓商標。他們知道，就算福特汽車倒閉、無法還債，這個藍色橢圓商標還是可以賣到好價錢，中國汽車製造商或許會出錢買下商標，掛在他們便宜的轎車上。一旦穆拉利無法扭轉福特汽車的情況，亨利．福特最糟的噩夢就會成真，也就是讓福特汽車落入大型銀行的手中。

福特的財務團隊試著偷偷保留一些能變現的資產，以備日後所需。他們贏得銀行小部分的讓步，Jaguar與Land Rover沒有納入這次的交易契約。銀行也讓福特保留在馬自達的股份，但後來在契約加註部分條文，允許福特汽車日後增加馬自達持股，以爭取在循環貸款[2]（revolving loan）裡有較高的額度。這筆循環貸款是這次借貸項目中最大的一部分。至於Volvo汽車則是必須先經過債權人同意才可以出售，且賣出的一半收益必須先償還銀行債務。

比爾・福特知道，一旦拿公司抵押，這將是福特汽車最後的自救機會。只要公司拖欠貸款，福特汽車就玩完了——這也是他和家族成員最擔心的事情[3]。

福特董事會成員都了解這是最後的機會，也願意放手一搏。艾倫・穆拉利也明白這點。在答應擔任福特汽車執行長前，他要先確認這間公司有足夠的資金執行他的計畫。要說服福特家族的人抵押繼承的財產，幫助公司度過難關是難上加難的事情。福特家族成員個個身價非凡，不需要出售持股換取現金，更不可能急著將這些股份全押在一場「不成功，就成仁」的豪賭上，所以比爾・福特決定要用比較正面的觀點，包裝他的財務主張。他決定在九月董事會介紹穆拉利時，才跟福特家族的人簡述財務計畫。比爾知道他的新任執行長將會給大家好的第一印象，而且他相信穆拉利已經準備好拯救公司的計畫大綱，可以說服家族成員，讓他們知道這絕不是拿家族財產來冒險。等福特家族的人見過穆拉利並聽完簡報後，比爾接著上場。

「你們都看過這項計畫，」他跟他的親戚說道。「如果你們想要我們執行計畫，就得和我們一起投入資金。這是我們唯一的選擇。」

---

② 譯註：在某個約定時間內，借款人能隨時償還貸款或再次借貸，企業常會以此為業務週轉之用。

③ 在最終的貸款契約條文中，福特汽車除了清償銀行的循環貸款（revolver）外，還要讓三家主要債權銀行中的兩家同意將福特汽車的債信評等調升為投資級，才可贖回藍色橢圓商標與其他擔保品。

這種作法其實有點蠻橫，家族沒有人敢反對這項決定。並不是大家對此感到興奮，而是他們不得不這麼做。實際上，有些人持不同意見，並試圖影響幾個月後的交易，以離間福特家族。但就目前來說，比爾得到福特家族的支持，讓他能順利地把穆拉利送往紐約。

＊　＊　＊

財務主管助理尼爾．施洛斯（Neil Schloss）是福特財務小組的成員。他花了好幾個小時跟現有債權人溝通，試圖說服他們借更多現金給福特汽車。他對這些主要投資者都講一樣的話。支持這項新的財務提案會讓這些債權人曝光，但這也能大幅改善他們的狀況，可讓那些借出去、原本可能無法回收的資金流回他們的口袋。施洛斯告訴銀行的人，就算最後賠了夫人又折兵，至少他們能拿回一點錢，總比拿回一堆不值錢的白紙好。

在福特宣布穆拉利為新任執行長之前，銀行的態度有些不情願，但對外公開這項消息後，銀行竟然一百八十度大轉變，因為穆拉利在華爾街可是響叮噹的人物。比爾．福特決定聘請有反敗為勝經驗的圈外人來管理公司，意味著他們是玩真的，並非紙上談兵。就在穆拉利前往紐約的同時，花旗集團、摩根大通跟高盛集團三家公司分別答應要借給福特汽車八億美元。此外，有另外四家銀行也將成立專案小組，處理這項借貸案。更重要的是，這些銀行不但允許福特可以公開交易，還可以直接寫出銀行名稱。這是說服其他銀行同意簽署貸款的主要關鍵，意味著在金融圈裡，仍有一些大銀行願意相信福特汽車。

＊　＊　＊

十一月二十七日星期一，福特汽車宣布，他們將尋求一百八十億資金，用以應付「未來幾週到幾個月間，公司可能出現負現金流量的情況，並籌措組織重整所需的經費，以及預留準備金以長期對抗經濟衰退或其他突發事件。」

明確地說，福特汽車公司將會尋求一個新的五年有擔保循環貸款，這個貸款金額高達八十億美元，取代目前的六十三億無擔保循環貸款，再加上先前約七十億的長期貸款，以及三十億可轉換成福特股票的無擔保票據。除了某些子公司，如福特信貸與Volvo汽車的部分或全部股份外，福特表示，將準備把他們在全美境內所有資產當作擔保品。他們希望能在十二月三十一日前達成協議，籌到約三百八十億美元的流動性資產。

這家有一〇三年歷史的公司首次抵押資產作為擔保，而華爾街將此解讀為福特已經走投無路了。分析師認為福特汽車還會再借更多錢，但實際上，福特要借的錢遠超過分析師所預期。消息一出，福特股票立刻暴跌百分之四，每股收盤價剩八．一六美金。更糟糕的是，標準普爾與穆迪信用評等公司將福特的公司債降為垃圾等級，並指出要是福特違約，這個借貸交易就會讓持有福特汽車無擔保公司債的投資人血本無歸。

「這是福特最後奮力一搏，」退休華爾街分析師約翰．卡瑟沙（John Casesa）在之前會面時跟我說。「如果福特的重整計畫沒有完美地執行，公司就會失去主導權。管理階層拿整個公司的前途當賭注，要這項計畫只能成功，不准失敗。」

但他也說這是福特唯一的選擇了，因為福特汽車公司找不到財力雄厚的合作夥伴。

＊　＊　＊

十一月二十九日，穆拉利帶著滿滿的自信站上紐約時代廣場馬奎斯萬豪酒店（Marriott Marquis）的演講台，他相信自己絕對能和各家銀行達成貸款協議。當他還是波音公司飛行部門總裁時也做過類似的事情，他知道許多銀行家一定對他有所耳聞。

爭取投資人支持

這些人知道我的能耐，他想。**我只需要讓他們相信我能再次做到**。

「今晚很高興能再見到各位，希望跟大家談論一個你們會想參與的機會。」他一開場就這樣說。說完開場白後，穆拉利說出自己對於面對福特挑戰的看法。

「北美區環境日益競爭，消費者的喜好也快速地在改變。油價高漲，使得消費者的需求從我們的強項——卡車，轉移到中小型汽車。供過於求的產能讓我們不得不面對降價的壓力。」他說道。「汽車產業面臨的問題包括美國境內日漸升高的醫療成本、商品成本以及脆弱的供應鏈。」

接著，穆拉利開始敘述福特獨有的問題。

「除了上述問題，福特汽車也面對許多企業經營面的挑戰。福特北美區市占率逐漸下滑，就我的觀點來看，我們最重要的目標應該要穩住總部市場的銷售量。還有，我們的產量大於需求，成本結構根本毫無競爭力。最後一點，福特事業體系沒有妥善整合，導致內部組織非常複雜。」他說。「我們現在要做的，就是面對現實，理出問題的頭緒。」

穆拉利接著概略敘述計畫綱要，這是他第一次對公司以外的人簡報他的計畫。

「促使公司向前行的關鍵在於讓福特像個完整的公司運作。我進入福特後，已經見識到全球各自為政的部門。」他說。「一旦整合福特汽車全球資產與各分公司，我們的優勢絕對會增加。以一個事業體來運作，不僅會加快福特汽車產品研發的成果、增加經濟規模，並可研發更多有效的全球性設計。」

穆拉利最後積極推銷福特，列出各家銀行應該在財務上支持福特的理由。

「透過裁減人事、縮減資本、重建供應鏈，就可降低成本結構。」他說。「當我們重整公司的同時，也繼續研發新產品。讓全球產品研發與生產系統處於平衡狀態，將使福特的研發更快速，更有效率。這代表當我們的內部組織重上軌道後，福特汽車將在市場上更具競爭力，並能創造更多盈餘。」

這一切都需要錢，且需求量比福特資產負債表上的現金還多。

「福特汽車需要這筆現金來執行計畫，我已說明這項計畫將如何重整公司組織、並預留準備金，幫助福特汽車度過可預見的不景氣或其他意外考驗。」穆拉利告訴台下的銀行投資人。「我希望你們也能看到，我在福特看到的機會。」

接下來，由勒克萊爾跟皮特克開始解析福特的財務狀況。簡報完後，這些銀行投資人必須做出決定。有興趣的人可以選擇留下來聽更多細節，包括福特汽車未來五年的財務計畫，但這也表示，他們不能利用這些內線消息公開買賣福特的股票或債券。至於不想投資的人則必須離開會場。

在私人簡報會議裡，穆拉利陪同投資人走到福特再造計畫裡的每個組織，藉此回應他們關切的重點。他公開福特汽車的產品規劃圖，未來將著重在小車跟跨界車的規劃上，並再次講述福特汽車的品質與產量目標。穆拉利表示，他的計畫是關閉工廠、裁減更多員工，出售賠錢的英國品牌。他不斷對投資人保證，福特汽車已經準備就緒，絕對能跨越阻礙，轉虧為盈。

從投資人的提問與回饋來看，穆拉利確信許多在場的投資人對福特汽車的組織改造計畫印象深刻。與投資人進行一系列的私人對談、一對一座談，以及兩場小組會議後[4]，這種感覺更深。穆拉利相信自己搭機返回密西根時，絕對能籌到福特需要的金援，實現他的計畫。這筆款項應該大到能保護福特汽車，讓他們往前邁進時不會受到經濟衰退的衝擊與影響。

果不其然，如同穆拉利樂觀的預測，他們的計畫受到投資人的熱烈支持，並在十二月六日宣布福特汽車現在希望取得超過兩百三十億美元的援助[5]。短期的循環貸款增加到一百一十億美元[6]，而可轉換公司債的規模則增加為四十五億美元。附帶一條規定：若福特汽車的公司債被超額認購，其可轉換公司債將可增加為五十億。事實上，福特汽車也如同條文規定的，果然被投資人超額認購。十二月三十一日交易結束，這家汽車製造商總共借到兩百三十六億美元，遠超過福特的預期。這證明華爾街對福特汽車新任執行長充滿信心。

*　*　*

人無遠慮必有近憂，提前設想最糟的狀態才能應變

回到密西根後，穆拉利等待銀行投資人回應，並繼續處理後續事宜。比爾．福特在一場例行性的產業領導人會議上遇到通用汽車執行長瑞克．華格納與克萊斯勒汽車執行長湯姆．拉索達（Tom Lasorda）。這兩個人對於比爾拿整個福特汽車作為賭注一事無法苟同。

「你瘋了嗎？」華格納這樣問。

比爾．福特聳聳肩。

「眼前還有更大的組織重整計畫等著我們。」比爾．福特說。

「我們已經完成公司重組。」華格納回答。

喔？真的喔？比爾這樣想。

「你絕對會後悔。」華格納很堅持地說。華格納認為，光是鉅額的貸款利息就足以吃掉福特的利潤，更別提投資人是否能接受這件事。

「嗯，對我來講，唯有執行計畫才最具有意義。」比爾．福特回答。「這一切與執行息息相關。如果我們借了一堆錢卻不執行計畫，那下場就會如你所說的，慘不忍睹；但若我們能確實執

④這些小型會議是在附近的華爾道夫飯店（Waldorf-Astoria hotel）舉行。

⑤市場曾一度反覆傳出福特想提高舉債金額。消息一出，福特股票又跌了百分之四點二，股價來到七．三六美元。惠譽信用評等打算把福特汽車的債信評等從B調降為B-。大多數分析師開始觀望福特汽車公司的下一步舉動。

⑥透過所謂的超額認購權（greenshoe option），承銷商可以多銷售五億美元的額度。

行計畫，我想這個方向絕對錯不了。」

聽完比爾．福特的回答，華格納仍然不屑一顧，但拉索達卻陷入沉思。他要求比爾再講清楚一點。

華格納對福特汽車籌措資金的反應有些惺惺作態。同年七月，通用汽車也向銀行貸款四十六億美元，並將通用汽車在北美的資產，包括汽車庫存、工廠與財產當作擔保品。一個月前，通用汽車拿了一部分工廠設備向銀行抵押，借了十五億美元。其實，通用汽車很快就會希望自己能像福特一樣，抵押一切資產借貸更多的現金。

許多汽車產業觀察家事後認為，福特汽車在處理這項貸款交易時，其實只是運氣好，根本也沒什麼財務技巧。畢竟，誰會猜想到全球信用市場會停滯不前，就像壞掉的引擎？比爾．福特對此評論感到生氣。他還記得，與雷查德、勒克萊爾等人開會討論福特的資金缺口時，其實已經隱約察覺銀行在緊縮銀根。穆拉利對於「福特汽車只是幸運」這種暗示也感到失望。他已經很具體地告訴紐約的投資人，福特正在尋求資金，避免在可預期的經濟衰退中受傷。

同一時間，也有分析家承認福特汽車變聰明了。

在福特最初籌募資金時，高盛集團分析師羅伯．貝瑞在給投資人的建議報告裡寫道：「我們認為福特汽車利用對自己有利的債務市場，儘可能借到最多錢，以降低組織重組時產生無法還債的風險。」

福特真的預測到信貸危機嗎？或許吧。但應該不知道危機的傷害程度竟然這麼深。很明顯地，福特知道遊戲規則似乎漸漸改變，儘早握有大量現金才是上上之策。其他汽車製造廠可就沒這種先見之明，因此最後落得只能跟美國人借錢，而非華爾街的大型投資銀行。**福特的借貸交易讓他們不需要美國政府的紓困計畫**。如果比爾・福特沒有成功說服家族成員走這步險棋，或許他們可能全盤皆輸，完全喪失對福特汽車的掌控權。幾個月後，不可能有任何一家企業能像福特汽車貸得到如此鉅額的資金。甚至在一年後，許多獲利的企業也貸不到福特汽車借款金額的一半。

穆拉利現在擁有大量資金，能夠大刀闊斧地完成「革命」。這項決策並非只是讓福特借到重整所需的現金，而是讓每個人，不管是內部員工或消費者看到福特的改革不是半調子，而是說到做到。這次，福特汽車將徹底地擺脫惡習，抱著不成功、便成仁的決心。

第八章

打造夢幻團隊

如果人人齊心向前，成功將水到渠成。

——亨利・福特

馬克·舒茲有點惹毛艾倫·穆拉利了。身為國際事務部主管，舒茲不僅每星期規避BPR會議，且當穆拉利想了解歐亞的銷售狀況時，他也很少提供簡單、明確的答案。

舒茲不認為自己需要這麼做。畢竟，他忘記的汽車產業知識，比穆拉利記得的還多；此外，他更是比爾·福特在公司的密友之一，時常一起釣魚。舒茲想著，下次和比爾單獨去釣鱒魚時，應該可以私底下解決穆拉利的問題。自從穆拉利上任以來，舒茲總是打官腔，推諉卸責。

穆拉利從來沒有對舒茲發飆。他持續邀請舒茲加入團隊，但是舒茲拒絕按照穆拉利的規則走。儘管新老闆對每個主管限制簡報的投影片張數，舒茲準備的投影片卻十分冗長，超過標準兩倍。在某個週四，他出差前往中國，漠視穆拉利的規定，沒打電話進公司參加會議。舒茲回迪爾伯恩後，喬伊·雷蒙把他拉到一旁，警告他不要測試穆拉利的耐心。

雷蒙警告舒茲，「你這樣搞會被炒魷魚，再這樣下去，恐怕比爾也救不了你。」

舒茲頂回去，「再怎麼說，比爾還是公司的董事長。」

雷蒙說：「對，但是穆拉利是比爾請來經營公司的人。如果此人說『我需要一個經營團隊』，但團隊成員不包括你，比爾絕對會尊重他的決定。不要利用你跟比爾的交情為所欲為，不要逼他在你和他之間做出選擇。」

舒茲以為比爾到時一定會站在他那一邊。他們十月底搭乘公司的噴射機單獨到中國出差時，舒茲為自己求情。比爾竟跟他說，這是他和穆拉利的過節，無法插手。這種回應讓舒茲感到十分驚恐，這表示福特汽車唯親是用的時代已然結束。

舒茲回美國幾天後，穆拉利把他叫到辦公室，告訴舒茲將縮減國際事務部總裁的工作權限。

新的福特不需要疊床架屋的組織架構，因此穆拉利要亞洲和歐洲營運部移到他下面，直接對他報告。穆拉利詢問舒茲是否考慮接管海外全球產品企劃部門。很明顯地，這是貶職，舒茲怒氣沖沖地離開穆拉利的辦公室。

舒茲的太太安慰他說：「穆拉利或許有他的考量。」

舒茲是第三代福特人，他的祖父和父親分別在五十七歲、四十七歲時在工作中心臟病發過世。五十三歲的舒茲不想步上他們的後塵，因此儘管此時離開福特是一種屈辱，他還是在十二月宣布退休，婉拒公司為他舉辦歡送會。

舒茲低估了穆拉利和比爾。他沒有看出新任執行長溫文和藹的外表下，其實是一個無情的領導者。他也沒有意識到比爾將福特的未來賭在這位新任執行長身上。他對穆拉利是完全信任、完全授權。

* * *

福特美國區總裁馬克．菲爾德斯對於任命穆拉利為執行長一事的憤怒漸漸煙消雲散，他知道穆拉利是憑真本事登上這個寶座，因此接受比爾這項安排。不過菲爾德斯對穆拉利表明，他才是美洲區主管，不需要其他人插手。穆拉利對菲爾德斯提出的「前進之路」企業組織再造計畫，以及檢討「Edge」車款時，勇於說真話的態度感到印象深刻。不過穆拉利也了解單憑菲爾德斯一人無法成事，這也是自己被雇用經營福特的主因之一。

菲爾德斯除了想要保護自己的地盤外，也卯足全力維護使用噴射機的特權。福特當時無所不用其極地壓榨員工做出更多犧牲，以減少損失，菲爾德斯卻每週搭乘噴射機從佛羅里達到密西根，這種作為已成為福特虛偽的象徵。很多人認為菲爾德斯自大冷酷，尤其他在要求員工在「各方面都做出犧牲」的同時，卻使用公司的噴射機，更加強此負面形象。

在十一月某個溫暖的週六早晨，菲爾德斯出門喝咖啡看報紙。他悠閒的開著Volvo，享受佛羅里達州的陽光時，底特律版的〈60分鐘〉（*60 Minutes*）安排新聞悍將，也是「WXYZ」新聞頻道調查記者史提夫．威爾森（Steve Wilson）從棕櫚樹後面跳出來，拿著麥克風伸到菲爾德斯的嘴邊，要他解釋如何從佛州的德拉海灣通勤到密西根州的迪爾伯恩。

菲爾德斯厭倦地說，「聽好，現在是星期六的早晨，這是我的家庭時間。」

威爾森咆哮著說：「是啊，不過你搭乘灣流噴射機（Gulfstream）從密西根南下佛羅里達，花了多少錢？每週末這樣通勤用掉多少福特的經費？」

威爾森計算，菲爾德斯每週來回通勤花掉公司大約五萬美元，福特在稍後表示他的交通費只有三萬美元。就外界來看，福特為了降低成本大幅裁員，卻獨漏菲爾德斯「這條大魚」。

穆拉利命令菲爾德斯停止使用噴射機。不過這個要求聽起來有點好笑，因為穆拉利自己也是搭乘噴射機往返於西雅圖和迪爾伯恩之間，差別在於穆拉利沒有被記者抓到。菲爾德斯使用噴射機的新聞讓福特成為眾矢之的，影響社會觀感。即使通常不會選擇這種譁眾取寵新聞的《華爾街日報》，也報導了這則新聞。

菲爾德斯試圖保住自己的特權，表示使用噴射機有記載在雇用合約中，除非雙方同意，否則這條合約不得廢除。如果福特要違約，菲爾德斯揚言將辭職。穆拉利不容許菲爾德斯事件重創福特形象，因此他要求雷蒙處理。雷蒙鼓勵穆拉利尋求補償。

他挑戰菲爾德斯說：「如果你有別的補償方式，請提出來。」最後，菲爾德斯與公司達成妥協，以現金補償不使用噴射機的損失，而菲爾德斯則同意搭乘客機[1]。

＊　＊　＊

外部人士認為舒茲的「退休」是福特開始失血的跡象。實際上，穆拉利也堅守諾言。除了淘汰不適任的人以外，也努力尋找為福特帶來最大貢獻的人，並在組織圖上補上最適任的人選。

穆拉利試圖為每個職缺都選出二到三位候選人，有必要的話，他也會從外部延攬人才。不過他要尋覓的人才，是對福特和福特的問題都有深刻的了解。穆拉利仔細觀察每個部門，並找出該單位中最能幹的人。若原來的人選不適任，也能很快以公司內部的人才遞補職缺。穆拉利謹慎行動。他與每個高層主管安排一對一的會議，詢問他們過去和現在對福特的貢獻，並要他們回答在這場改革中，如何發揮最大的價值。穆拉利不只詢問每個人的能力與專長，也了解他們和同事相處是否愉快。穆拉利也需要知道他們有沒有能力承受即將到來的沈重考驗。最重要的是，他們需要在危機中發揮功能。

某些選擇顯而易見，例如麥可．班尼斯特（Michael Bannister）和菲爾德斯。穆拉利決定給福特的歐洲和美洲部門主管機會證明自己。舒茲離去後，亞太和歐洲地區切割成為分離的事業部門，和菲爾德斯的美洲區部門平起平坐。

亞太部門也負責非洲區營運，部門總裁約翰・帕克（John Parker）是個身材矮小，講話輕聲細語的南非人，他在六〇年代加入福特。這位歷練完整的工程師曾任台灣部門的科技長、澳洲的產品開發部門主管、福特印度的總裁，以及馬自達在迪爾伯恩的資深代表。在穆拉利接任執行長前，他被擢升為亞太和非洲地區的營運總裁。他在亞洲有堅實的人脈，這是在亞洲做生意絕不可或缺的。不過穆拉利也擺明福特在亞太地區的表現不是非常出色，尤其在兵家必爭之地的大陸市場。他期待帕克能迅速扭轉局面。

路易斯・布斯是福特歐洲和已併入歐洲區的「第一汽車集團」（Premier Automotive Group）主管。他來自英國利物浦，作風強硬卻不愛出風頭。具有財會背景的布斯，在一九七八年加入福特，擔任該公司歐洲產品發展部門的財務分析師，他以一步一腳印的方式升遷。布斯個子矮小、衣著過時，因此在賈克・納瑟時代非常吃虧，因為外表與時尚勝於一切。他跟隨菲爾德斯幾年後，接任馬自達總裁，身兼歐洲和第一汽車集團的主管。布斯聰明、具幽默感並且關心員工，這讓他成為優秀的領導者，並且被視為福特汽車中藏在深處的璞玉之一。

由於布斯直接對舒茲負責，穆拉利接掌福特數週後，布斯還是沒有機會與穆拉利見面。布斯見到穆拉利時，態度相當謹慎。他能感覺到這個擁有孩子氣笑容和樂觀態度的新任執行長，其實是個深藏不露的狠角色。他認為其他人妄下斷語的行為並不明智，他不想這麼做。布斯很快就了

① 福特在二〇〇七年一月十八日宣布不再使用公司的噴射機通勤，儘管每週的通勤費用仍是一筆龐大的開銷。菲爾德斯當時告訴我，使用商用客機在佛州和密西根州之間通勤，只是讓他的工作更為困難。

解到穆拉利是真心希望帶領福特東山再起，他也願意跟隨這樣的領袖，但布斯痛恨在難相處的舒茲下面工作。布斯知道自己有更豐富的管理經驗，領導力更勝於舒茲，問題在於他和比爾．福特沒有私交，升遷的速度很慢。布斯在歐洲繼續菲爾德斯起頭的組織再造工作，該區的營運蒸蒸日上，且推出的產品是其他事業體艷羨的對象。穆拉利告訴布斯繼續朝著目標努力，並將成功經驗與其他管理團隊分享。

* * *

將事業體安排妥當後，穆拉利將目光轉向功能團隊，他先從財務部門開始。穆拉利決定儘可能地將唐．勒克萊爾留在公司，他的部門已經在全球運作，但其團隊卻被限制在美國以外。隨著區隔公司的高牆倒下，上述狀況正在改變。

雷蒙則繼續擔任人力資源和勞工事務副總裁，至少目前是如此。儘管雷蒙證明自己是有價值的盟友，不過穆拉利已看到他已漸成問題的一部分，視他為問題人物之一。他真正的價值在於，有能力幫比爾做吃力不討好的工作。他在福特內鬥中非常活躍，儘管他不屑對媒體透露其他主管的不利消息，但對敵人也毫不手下留情。他跟勒克萊爾一樣，都不可能成為團隊的領袖，這讓穆拉利感到憂心。不過雷蒙是聯合汽車工會（United Auto Worker）總裁羅恩．蓋特芬格（Ron Gettelfinger）的好友，在二〇〇七年重要契約拍板定案之前，穆拉利都需要這層關係。

查理．霍里蘭是穆拉利的另一個隱憂。他對於霍里蘭處理聘雇問題印象深刻，卻不喜歡這種處事風格。霍里蘭是科班出身的公關經理，擅長危機管理。如果有人將手榴彈丟到房間裡，他絕對能在爆炸前將手榴彈丟出窗外。不過現在的穆拉利不需要這種人，明確來說，他根本不希望組織用到危機管理。以功能面來看，穆拉利希望有人可以想出如何改善福特形象的計畫，並且徹底監督執行，但霍里蘭常以直覺行事，並非面對媒體的最佳人選。穆拉利已經在尋覓合適的接替人選，他的去職只是早晚的事。

大體上，穆拉利對於團隊其他成員感到滿意。

法務部門由總法律顧問大衛．林區領導，這位健壯並因戰爭掛彩的退伍軍人，擁有敏銳的法律思維。他從維吉尼亞州法學院畢業後，曾擔任最高法院首席大法官威廉．瑞克斯特（William Rehnquist）的書記官。在二〇〇一年九月十一日爆發九一一事件前，林區才擔任聯邦航空管理局（Federal Aviation Administration）法務長僅僅數月。恐怖攻擊後的一年間，美國封鎖商用航空交通，他耗費一年探索這塊未知的法律領域。之後小布希總統在出兵伊拉克前後，拔擢林區為總統副助理與白宮法律參謀助理。即使林區在白宮遇到一些棘手的議題，如「強化審訊手段」（enhanced interrogation techniques）這種極具爭議的問題，但他還是熱愛在那裡工作。他也知道不可能永遠待在那，因此一旦有機會跳槽到福特時，他便毅然決然的離開。從二〇〇五年起，林區的上班地點改成玻璃屋。穆拉利喜歡林區的其中一個原因是，他尚未被迪爾伯恩的文化汙染，另一個則是他是優秀的律師。穆拉利在未來的數月，甚至數年都需要仰賴他的法律專業。

福特企業事務部的副總裁齊亞德．歐扎克利（Ziad Ojakli）也是布希政府時代的官員。喜歡幫好友取綽號的布希，幫這位密友取了「Z-man」的綽號，華盛頓其他人則因他過快的步調稱他為「勁量兔」（Energizer Bunny）。這位土耳其裔的遊說者講話很快，深諳政治運作的方式。歐扎克利是布希時代處理法律事務的副助理。在二〇〇一至二〇〇四年之間，他也是布希和參議院聯絡的主要窗口。歐扎克利在布魯克林區的脊灣區長大，在喬治城大學和約翰霍普金斯大學分別取得學士和碩士學位。他以獨特的方式將街頭智慧、精英教育和耐力結合在一起，成為國會山莊的悍將，推動法案的幕後黑手。他和共和黨、民主黨都相處愉快，他在華府的人脈絕對能讓福特在國會占有一席之地。

資訊長尼克．史密瑟（Nick Smither）是個高大的英國人，他話很少，卻能讓福特所有的電腦系統保持運作。他現在直接面對穆拉利。技術長理查．派瑞瓊斯（Richard Parry-Jones）也是，這位來自威爾斯的工程學者是汽車產業最佳的車輛調整技師。原先派瑞瓊斯在九月的第一場會議上，對穆拉利掌握汽車產業的能力感到懷疑，不過穆拉利對他已經前嫌盡釋。

穆拉利的行銷長是漢斯歐羅夫．奧爾森（Hans-Olov Olsson），他也是Volvo汽車的董事長。不過這位現年六十四歲的行銷長卻在十一月三十日宣布退休。他結合福特所有品牌，規劃一系列大規模的行銷活動。不過沒多久他就發現，他跟穆拉利為公司所規劃的新願景完全背道而馳，再加上他想回家鄉瑞典，因此接下Volvo董事長的職位，攬下更多責任，而穆拉利則開始尋覓人選，遞補行銷長這個關鍵職位。行銷是穆拉利再造福特的關鍵之一，因此他對這個職位寄予厚望，只是福特內部似乎沒有人能承擔這項重責大任，在找到理想人選前，他請Lincoln Mercury車款品牌經理麗莎．巴克斯（Lisa Bacus）暫時代理[2]。

福特某些部門主管的管轄範圍其實遍及全球，但他們根本分身乏術，無法實際管理這些部門。穆拉利希望他們都能擁有完全的決策權、完全的人事權，並完全負責。

全球品管副總裁班尼・福勒（Bennie Fowler）就是一個最佳範例。這位來自於喬治亞州的非裔美國人看起來十分嚴肅，就像是退役的足球後衛。福勒的父親擔任陸軍中士，他會把軍中的管理方式應用在家庭生活。在他們還住在奧古斯塔的國宅中，他規定福勒一到傍晚就得乖乖回家，也因此福勒從小就了解秩序和結構的重要。長大後福勒也將同樣的原則用在製造業，沒有達到高標的下屬就會受到處罰。福勒將品質奉為圭臬，他對工作的奉獻程度如同浸信會傳教士。他是那種可以單靠意志力改變飛航路線的人。他曾在通用汽車和克萊斯勒短暫任職。福勒一開始是在福特安大略聖湯馬斯的汽車組裝廠工作，之後他調到英國，擔任Land Rover和Jaguar的營運長，由於他對品質的高標準把福特英國分公司弄得天翻地覆，上司吉姆・帕迪拉（Jim Padilla）要他在二〇〇五年夏季回迪爾伯恩。上面要福勒接下製造工程（manufacturing engineering）部門並加入「前進之路」計畫的組織團隊。在一次董事會後，前任品管主管被貶職，福勒則在二〇〇六年四月升任為全球品管部門副總裁[3]。

福勒犯下的錯誤，是把自己新的職位看得太重要。他開始召開會議，邀請福特全球品質主管參加，並要求每位主管解釋管轄範圍的流程。公司每個部門的品管方式都不同，這讓福勒很不高興，因為他知道福特投資了相當的時間和資源開發所謂最佳的品管系統，只是此系統除了福勒

② 在這過渡期，「行銷長」的職位等於被降級，因為巴克斯從來沒有擔任過福特部門的最高主管。

③ 在這種職位上，福勒必須與當時是北美製造部主管韓瑞麒密切合作。兩個人都得向戴夫・斯祖帕克（Dave Szczupak）直接報告。戴夫在穆拉利上任沒多久隨即離職。

以外，沒有人想用。每個地區都反應這套系統不好用，很快地，他察覺要在全球推行這套系統會有執行上的困難，因此先將火力集中在北美。在穆拉利被雇用前後，他的努力也帶來了實質的進展。然而，在此同時，福勒也確信他將丟掉工作。他知道自己被認為是帕迪拉的人馬，所以福勒認為穆拉利一上任，自己就會被趕走。因此，在十一月在走廊首次與新任執行長照面時，福勒倍感驚訝[4]。

穆拉利笑咪咪地說：「嗨，我是新來的品管人員！」

在接下來十五分鐘，兩人談得相當投機，穆拉利向他保證，絕不會動到他。

穆拉利告訴福勒：「品質與生產力將會是公司優先考量的要素，你就是負責這件事的不二人選。」

接著，穆拉利看看時間，皺起眉頭說：「我要走了，我得去申請房子的修繕貸款。」

幾週後，福勒接到穆拉利的電話。穆拉利要他擔任品質長，直接對穆拉利負責。穆拉利要福勒開始認真思考如何管裡「全球」的品質。

福勒第一次參加BPR會議時受到震撼教育。他發現，不僅要吸收其他部門提出的資訊，還得整合自己轄下的所有資料上台報告。一開始，他沒有其他市場的品質衡量標準，只能報告北美市場的數字。當他開始拿到其他市場的報告之後，福勒發現各地區衡量品質的方式大不相同，呈現資訊的模式也不一樣。福勒花費十八個月，才完全呈現出福特世界各地的品管現狀。當然，其他部門也花了很長的時間才做到這點，這意味著，這間汽車製造廠以前根本是四分五裂。每週五分鐘的簡報對福勒來說也是很大的挑戰。每次簡報前，他會像演員一樣一再排練。儘管福勒非常強悍，不過跟幾個月前還是他老闆的人平起平坐，還是讓他有點膽顫心驚。穆拉利在前幾場BPR會議之後，花了一些時間跟他單獨相處。

「班尼，你現在已經到達這個位階，你現在要做的，只是好好觀察這個團隊，我會給你一些時間，相信你會進入狀況。」

福勒一開始跟其他高階主管一樣，也以為穆拉利提到的誠實、透明只是陷阱，他也等著看誰會這麼天真地掉進去。儘管福勒知道有些圖表的數據不太妙，他還是粉飾太平，直到菲爾德斯毫髮無傷地全身而退後，他才決定起而效法。

* * *

菲爾德斯現在看起來或許沒事，但還是擔心自己的工作有朝一日不保，他即將走路的傳言鬧得滿天飛。除了噴射機事件外，很多外部人士仍然認為比爾·福特雇用穆拉利的決定其實是在質疑菲爾德斯的能力。某位道瓊社記者甚至想開賭盤，讓其他記者下注賭菲爾德斯還能撐多久[5]。菲爾德斯是強悍的澤西男兒，對自己的能力非常有自信，只是謠言滿天飛，他也不禁開始半信半疑。當《底特律新聞報》記者丹尼爾·豪斯（Daniel Howes）打電話給他，問他對這項消息的看法時，菲爾德斯決定要向穆拉利問個明白。他掛上電話，走到穆拉利辦公室，不經祕書通報直接

④ 因為福勒不是最高階的管理人員，因此並未受邀參加穆拉利出席的第一次主管會議。
⑤ 我們很多人覺得這樣做不專業，因此沒有參與。

衝到他辦公桌前。

「這裡的每個人都覺得你好像要叫我走，這是真的嗎？」

穆拉利沮喪地說：「怎麼可能！馬克，你是團隊中非常有價值的成員。」

「所以我們達成共識了嗎？」菲爾德斯問道。「如果你覺得我不適任可以明講，我不會怎麼樣。」

穆拉利說：「好的，不過你不要被謠言所惑。」

菲爾德斯說如果這個城市的首席專欄作家都已經決定撰寫他被砍頭的消息，不受流言影響很難。幾分鐘後，豪斯的手機響了。

「丹尼爾，你好，我是艾倫，我聽說你想要寫馬克的新聞。」

驚訝的專欄作家說：「是的。」

穆拉利說：「嗯嗯，我只是要讓你知道，我覺得他是非常、非常優秀的領導者。我對他有絕對的信心。他做得很好，而且我很信任他。」

穆拉利是真的這樣覺得。他看到菲爾德斯的潛力。穆拉利採用他的組織再造計畫，也對菲爾德斯在雷鳥會議室表現的勇氣印象深刻。不過他希望菲爾德斯不只是嘴巴說說，要有具體行動，菲爾德斯真的照著做。他走路時不再昂首闊步，調整尖銳的語言，並開始以「團隊」、「我們」發言，而非以「我」這樣的本位主義出發。菲爾德斯漸漸不在乎個人榮辱，而專注於解決北美事業部所出的岔子。他開始了解比爾．福特是對的，穆拉利的確可以教導他如何成為一流的執行長。菲爾德斯不但學到穆拉利的一切，更成為他最有價值的部屬。

菲爾德斯不是唯一一個擔心工作不保的高階主管。穆拉利在規劃新的組織藍圖時，這些主管以為穆拉利或多或少會安插一些自己的人馬，深怕自己成為犧牲者。他們擔心接到新任執行長的電話，或怕他進來他們的辦公室。這些高階主管發現穆拉利每次宣布的人事異動沒有他們的名字時，不禁都鬆了一口氣。但是當波音人資主管傑瑞・柯恆（Jerry Calhoun）宣布在十一月退休時，福特內部又開始出現傳言——柯恆將擠掉雷蒙成為新的人事主管。事實上，推薦柯恆的正是雷蒙。他覺得柯恆比他更了解穆拉利，可以幫助大家較快地適應這位新任執行長的管理風格。當其他主管看到雷蒙短時間內不可能離開時，他們終於冷靜下來了。

這也是穆拉利長久以來的願望。**他知道福特高層主管之間會有很多變動，但是他要的是每個人安定下來各司其職，好好地打亮這塊藍色橢圓的招牌，而不是自己的履歷表。**他很有信心地認為，這些不屬於夢幻團隊成員的人，將會自行求去，就像安・史帝文斯和舒茲一樣。**他只需要把對的人找齊，這樣他的團隊就會達到完美。**

* * *

在穆拉利規劃的組織圖中，多數職缺的理想人選已經在福特內部，不過還有一個關鍵職缺尚未找到人，就是全球產品開發部門主管[6]。穆拉利和比爾・福特在第一場密西根州安亞伯（Ann Arbor）市所舉辦的會議時就已經取得共識，要將福特猶如多頭馬車的設計小組整合成單一的全球

⑥ 技術長理查・派瑞瓊斯曾經為全球產品開發部門主管，但只是掛名而已。

團隊，這才是組織再造的成功之鑰。所以穆拉利需要找到這個位子的負責人。他要找到一個擁有絕對的權威和願意全權負責的人，來為福特全球市場打造所有的產品。

其實有個名字常被他們提起，那就是德瑞克．庫薩克（Derrick Kuzak）。如果勒克萊爾屬於安靜的人，那麼舉止溫文的庫薩克只能說比安靜更安靜。這個個子高大，有點駝背的高階主管，留著整齊俐落的鬍子。這位工程人員常躲在房間最後，他很少講話；如果真要講話，也會先沉默一會兒，才緩慢地表達他的意見。雖然如此，但他的想法卻扭轉了福特打造汽車和卡車的基本方式。

庫薩克是土生土長的底特律人，主掌北美市場的產品開發業務。在他被召去迪爾伯恩加入北美的組織再造團隊前，是福特歐洲區車輛開發部門的主管。他曾推出暢銷車款讓歐洲區東山再起，而居功厥偉。他也是福特Focus第二代車款的開發召集人，這款小型車跟美國市場所銷售的同名產品完全不同。

當庫薩克主導的Focus在巴黎汽車展亮相時，引起現場一陣驚嘆，這輛車被譽為全球最佳小型車。這也讓各界稍微了解到，如果福特能夠結合各自割據的全球設計和工程部門，絕對能開發出令人激賞的產品。該車款的開發，結合了福特日本馬自達和瑞典Volvo子公司，上述合作也催生了Mazda 3和Volvo S40，皆獲得很高的評價。庫薩克知道，單打獨鬥絕對無法帶來如此驚人的成效，因為兩家子公司的合作才能產生最大的經濟效益，因此結合全球設計部門的念頭，持續縈繞在庫薩克腦中。理論上，福特已經將上述運作方式用在Ford 2000車款上；然而，各地研發團隊除了電氣系統外，大多仍各自為政[7]。庫薩克領導過該團隊，他知道如果能以全球化的方式設計汽車和卡車，絕對能節省許多時間和金錢。從那時起，他就默默地推行此想法，只不過當時似乎沒人放在心上[8]。

現在情勢截然不同。

穆拉利在星期天打電話到庫薩克家，表示自己聽到了某些想法。他要求庫薩克翌日到他的辦公室就此想法進一步深談。都是工程師出身的兩個人一拍即合。事實上，庫薩克一開始是從航太業起家，當時穆拉利剛好是波音公司的產品開發部門主管，因此，兩人基本上使用的是同一種語言。當庫薩克提到自己在設計Ford 2000的經驗，以及對福特Focus在歐洲市場的想法時，穆拉利聽得津津有味。

庫薩克對穆拉利說：「我覺得公司最重要的資產就是福特這個品牌。我們應該將資源投入在打造全球品牌。」

穆拉利表示自己也有相同的想法，但他最大的擔憂在於，庫薩克和北美產品開發團隊的理想不夠遠大：他們從未想過要成為世界第一，只求能贏過競爭者即可。穆拉利想了解為什麼庫薩克不想打造出最好的產品。

庫薩克冷靜地回答：「本公司從來就沒有設定這樣的願景和使命。」

⑦電機系統研發團隊的運作之所以不同，是因福特了解當時的工程人才不足以維持各自的系統團隊。

⑧從庫薩克被召回迪爾伯恩後，他就默默推行全球化的產品研發模式。當比爾．福特要求他提出對混合車計畫的檢討報告時，庫薩克主張創造全球產品的研發平台，只是這種想法當時不受重視。後來，若沒有穆拉利這樣的大頭在後面支持，庫薩克的計畫可能沒有落實的一天。

穆拉利點點頭。他也想了解為什麼福特汽車在新產品研發方面無法和對手並駕齊驅。

庫薩克表示：「這從來就不是願景的一部分，沒有一任領導者願意投入。」

穆拉利說：「我願意。福特最大的機會，就是全球整合。我們將從產品開始，打造全球一流的產品。這是我們的成功之鑰。」

為了成功，福特必須製造出全世界品質最好、最安全並且最省油的車子。庫薩克儘管表示同意，不過他也告訴穆拉利，不是每個福特人都這麼想。

穆拉利告訴庫薩克：「別擔心，我不只讓你放手做，更會支持你。我會運用公司資源，全力為你撐腰。德瑞克，我會跟你站在同一陣線。」

兩人握手並走出辦公室大門。當他們走到走廊時，穆拉利停下來，拍拍庫薩克的背。

穆拉利微笑表示：「記住，工程人員是創造財富的最大資產。」

庫薩克離開執行長的辦公室，穆拉利對他的鼓舞盤據在他心中，久久無法忘懷。

* * *

事實證明，庫薩克是領導全球產品開發的最佳人選，不只因為他是一流的工程人才，也是福特唯一既無個人野心，也沒有權力慾望的資深主管。他努力不是另有所圖，每個人也都了解。其他部門主管不會把庫薩克視為威脅，也沒有人把他當成是某派系的人馬。這些大頭或許不願放棄自己對產品開發部門的掌控權，但是只要庫薩克開口，這些人也不會把庫薩克的要求視為是一種攻擊。

然而，庫薩克只是全球產品開發的部分方程式。為了落實福特以馬自達為基礎的全球產品開發系統的新部門，庫薩克需要和全球採購主管湯尼．布朗（Tony Brown）合作。

布朗是講話輕聲細語的美國黑人，這位留著瀟灑小鬍子的供應鏈專家，受到福特零組件供應商的喜愛，遠超過他所代表的公司。布朗不僅關心供應商，更站在他們的立場，設身處地為他們著想。他的公事包裝著一張紅心A撲克牌，這張他個人的圖騰，用來提醒他在執行某些困難決策所需要的愛心和勇氣。從二〇〇二年起，布朗就是全球採購部門副總裁。他跟其他有「全球」頭銜的高階主管的不同之處在於，他是真的負責全球業務。不過他的業務遭遇到嚴重的問題。

福特一直被汽車產業領導零組件業者評選為最難搞的汽車大廠之一。在所有製造商中，只有通用汽車沒在榜上。零組件生產商討厭福特動不動就砍價、最後關頭改變設計圖，以及過於高估生產量的作風。供應商很早就發現福特的技倆，因此對福特虛增訂單的行為提高價格。如果福特對方向盤的訂單量，比供應商估計的量還要高出百分之二十以上，他們就會把價格提高百分之二十，也因此讓福特實際的製造成本增加不少。更糟的是，福特的供應商太多，他們也以此當籌碼對供應商砍價。反觀其他一線汽車廠，如豐田汽車就和幾家特定供應商簽訂長期合約，並願意支付品質好的供應商較高的價錢。

在布朗領導下，福特開始嘗試改革，在二〇〇五年推出新的供應鏈管理方式。這套積極的「合作企業架構」（Aligned Business Framework），完全模仿豐田汽車。布朗計畫大幅減少供應鏈的數目，並與名單上的供應商建立更深入和堅實的關係。他的計畫需要一些時間執行，雖然福特在供應商的評比逐漸緩步攀升，但進步的速度仍比不上日本對手。福特多數的供應商都願意等待，部分原因是他們需要訂單，另一部分的原因是他們相信布朗會忠實執行計畫。

儘管布朗在福特負責的業務非常重要，但是在穆拉利空降之前，布朗並不屬於高階管理團隊的一員。但有了穆拉利的支持後，情況改觀了。當布朗初次走進穆拉利辦公室進行一對一會談以前，穆拉利的辦公桌上已經躺著一本由研究機構Planning Perspectives所調查的汽車零件供應商與製造商關係的最新報告。數字會說話，該調查研究顯示供應商將更多的資本支出和研發費用投入在服務日本的客戶。零組件製造商也投入更多資源改善日本客戶的零件品質。

穆拉利用食指敲著報告，表示：「這樣不行。」

布朗同意的確有很大的改善空間，並提出他改善福特與供應鏈的計畫。穆拉利覺得不錯，尤其是仿效豐田汽車的那一塊更是深得他心。他要布朗加快速度。

有了庫薩克職掌全球產品開發部門，並與布朗攜手合作後，穆拉利現在讓公司關鍵部門的主管都直接對他報告。福特的三大地區市場部門和福特信貸成為了平起平坐的事業單位，這四個單位和其他功能部門一樣，每週四都要在ＢＰＲ會議上報告。**過去隔絕比爾·福特聽到壞消息的層層架構，在整併之下已經趨於扁平化**。重要的是，穆拉利現在有了一個讓福特脫胎換骨的團隊，該團隊能夠讓福特從全球的汽車製造單位，搖身變成真正的跨國企業，轉變後的公司將能夠善用全球規模和技術，挑戰汽車產業的龍頭對手。

福特在十二月十四日宣布拔擢庫薩克以及改變組織架構的消息。在福特發出對外新聞稿前，穆拉利寄了一封電子郵件給員工，解釋企業組織調整的重要。

穆拉利表示，「攜手努力讓我們全球的人才和資源發揮最大效用，對福特的成功至為重要。

在這段過渡期，我相信你們會站在我這一邊，力挺領導團隊。福特是絕佳的公司，我們有適任的領袖、絕佳的團隊，只要團結合作，必能眾志成城。」

＊　＊　＊

比爾．福特曾經抱怨福特內部的政治鬥爭比專制政權統治的蘇俄還要嚴重。而穆拉利有如壟罩在蘇俄冬宮的風暴一樣，以迅雷不及掩耳的速度掃掉原有的組織文化。他任命庫薩克為產品開發部門主管，並命令他將福特的工程師從短視近利的員工和沒效率的行政官僚主義中解放出來。至於製造和行銷部門，他已經大刀闊斧地改變，剩下的就是找到合適的新主管。福特組織內部疊床架屋的狀況已經被修正，而穆拉利的改革算是兵不血刃。現在史提夫．漢普和馬克．舒茲都已經自動請辭，那些等著看福特內部腥風血雨的人（包括在追福特新聞的記者）都將大失所望。

隨著二〇〇六年步入尾聲，其他主管也靜靜地加入穆拉利的新團隊。萬事起頭難。**舊的遊戲規則已經改變，而過去憑藉著舊規則平步青雲的人，得要努力適應新規則**。穆拉利這個總是面帶笑容的堪薩斯人，一開始被認為是腦袋不靈光的土包子，但隨著他定期將炸彈投進福特堅不可摧的碉堡，以及持續丟汽油彈到福特某些自以為是的幻想中，漸漸證明自己是能幹且能鼓舞下屬的領袖。他在幾個月內便擬定了一套完整而全面的計畫，拯救福特脫離自取滅亡的困境。等著穆拉利滾蛋的人先離開了，留在團隊的成員儘管還是對新規定不以為然，但基本上這些人已經認同穆拉利的計畫，將齊心合一地朝同樣方向邁進。

穆拉利告訴他的團隊成員：「**我不管你們心中是否百分之百相信我的計畫，我只要你們表現**

出完全相信的樣子。只要你們演得像，就會發現自己置身光明，並且不想再回到過去的黑暗。」

他是對的。儘管只要他離開辦公室，爭吵或互捅的內鬥情況會再度上演，福特的主管開始了解這不再是升官發財的正當手段。在此同時，嚴格執行穆拉利的計畫開始收到了明顯的成效。美國汽車產業日益嚴重的危機，亦幫助穆拉利達成目標。他現在已經將各司其職的團隊打造完成。為了以防萬一，在董事會同意下，他命令雷蒙針對福特的每位重要高階主管擬定留才方案。穆拉利希望可以留住想走的人，因為福特負擔不起失去任何高階管理者的損失。

到了十二月底，以往的割據之戰終於告一段落。

對此馬克·菲爾德斯就指出：「如果我有技術上的問題，布斯會說：『我會從Volvo汽車找人來幫你。』但你不會常常聽到穆拉利用『我』這個字，他比較常用『我們』一詞，因為這是一個團隊。」

福特長久以來由人治當道的扭曲，已經由績效表現的制度所取代。然而，某些人對穆拉利肩負重任的狀況仍私下感到擔憂。穆拉利的努力究竟是一場永久的革命，還是又一次失敗的政變？

第九章

最好的時代與最壞的時代

如果失敗那麼容易，那麼成功絕對是困難。

——亨利．福特

二〇〇七年一月七日，在吉他聲、鎂光燈，以及數百架攝影機喀嚓按下快門聲交錯下，艾倫．穆拉利駕駛新款福特５００（Ford Five Hundred）開上了底特律柯柏中心（Cobo Arena）的舞台上，他背後藍色橢圓形的福特商標閃閃發光。在福特汽車員工的歡呼下，他駛入了會場。來賓除了幫忙衝人氣的員工外，還包括世界各地的汽車線記者。這是穆拉利首度登場的汽車秀，而他過去在航空業的經驗對準備這場處女秀似乎沒有多大幫助。他曾經出席多場航空秀，但這跟北美國際汽車展覽（North American International Auto Show）相比，簡直是小巫見大巫。汽車業者無不卯足全力，希望在這一年一度的全球汽車盛會上獲得各大媒體的關注。

底特律汽車展兩大亮點：Sync概念車與穆拉利

在一九〇七年首場汽車盛會上，亨利．福特宣布了代表福特的T型車，並將這家剛在密西根成立的小公司，轉變為全球規模最大的企業。整整一百年後，福特在展場上的明星產品並不是汽車，而是名為Sync的車用通訊整合系統。這款產品是由福特和微軟共同合作，可以讓駕駛透過ＵＳＢ傳輸線或藍牙，連結手機與ＭＰ３多媒體播放器，並透過語音控制自己的行動裝置，讓駕駛的手不用離開方向盤，就可以打電話、傳簡訊或是選擇自己想聽的歌曲[1]。這是完全創新的產

①Sync後來還增加其他功能，包括車輛檢測（vehicle diagnostics）、路況通報、行進方向旋轉導航（turn-by-turn navigation）等功能，甚至在遭遇車禍時該程式還可以自動打電話通報警方。

品，在當年度底特律汽車展上吸引最多人的目光。

Sync本來無法順利亮相。在該產品計畫推出的一個月前，原型產品根本還未到達迪爾伯恩。不過，當比爾．蓋茲親自督軍後，微軟終於把產品完成。

Sync解決了福特和微軟共同的問題。福特想要一款車用通訊整合系統，以挑戰通用汽車的OnStar系統。據了解，通用這套訂閱服務其實是透過人力，而非電腦。微軟希望跨足車用通訊整合系統市場，讓勢力深入到數百萬美國人每天通勤的這段旅程。二〇〇三年軟體龍頭開始動作，研發語音辨識系統，讓駕駛一邊開車，一邊操控手機和iPod，並積極尋找合作夥伴，期望讓產品上路。微軟在二〇〇五年首度和義大利的飛雅特汽車正式簽約合作[2]。

在美國地區，微軟一開始接觸的其實是通用汽車，原因無他，它是最大的汽車製造廠。只是通用汽車當時已經有OnStar系統，他們對於這套還沒有任何公司用過的系統沒有興趣。微軟接下來的另一個選擇就是福特汽車。兩家企業其實在納瑟時期就有合作經驗，雖然因為某些因素讓合作關係中止，但仍舊保持良好的關係。原因在於彼此都十分讚賞對方的董事長。比爾．福特對蓋茲的創新印象深刻，而蓋茲也欣賞比爾．福特對「科技改善行車經驗的願景」。大概沒有企業領導者能像比爾．福特一樣獲得蓋茲這麼多的讚美。儘管他們十分契合，但是蓋茲並沒有對福特提到微軟的新系統，直到通用拒絕與微軟合作。二〇〇五年四月，微軟的董事長前往迪爾伯恩捐贈了一百萬美元給亨利福特紀念館，比爾．福特當時也在現場。捐贈儀式結束後，蓋茲告訴比爾．福特，他有個能促成兩家企業合作的絕妙點子。那年夏天，福特和微軟開始研發Sync[3]。

剛開始福特想在Explorer車款推出新系統，不過，在馬克．菲爾德斯接手北美區幾個月後聽取該程式的簡報，他拒絕讓Sync亮相。菲爾德斯了解這套系統能讓福特和年輕的消費族群搭上線；然而，福特必須將該系統內建在一款年輕客群會想買的車款。放眼整個北美產品線只有一種車款符合這個條件，那就是Focus。讓Sync與便宜的小型車結合非常酷，但若是安裝到大型休旅車，只會讓原始的研發團隊傷透腦筋。因此，菲爾德斯決定讓Sync在那年秋天與Focus一起亮相，然後再很快擴展到展示櫥窗的其他車款上。

這裡的唯一問題是工程師得投入更多精力才能讓產品如期上市。福特開始的設定是使用與飛雅特相同的硬體，但設計者增加更多的功能和語音控制程式後，處理器變得不太夠力，尤其是福特想要的是能擴充的程式。二〇〇六年五月，福特和微軟決定採用更高階的晶片。第一款原型產品在十二月二十一日抵達迪爾伯恩，雖然產品功能還不完整，不過足以唬弄記者。

* * *

穆拉利的表現似乎也有美中不足的地方。在記者會上半場，這位以往總是侃侃而談的執行長竟然結結巴巴，講話風格也異常誇張。穆拉利痛恨準備演講，不過在這場重要盛會上，他的下屬堅持要他使用題詞機。當某些不看好這項產品的記者哈欠連連時，奇蹟出現了。穆拉利後方螢幕上的景象開始吸引這些人的目光。遠在賭城參加消費性電子展（Consumer Electronics Show）的比

②飛雅特的「Blue&Me」系統不如福特先進，功能也較少。當時兩家公司約定該產品只能在歐洲上市。不過，隨著飛雅特於二〇一一年在美國上市後，這項協議也跟著鬆綁。

③正式的協商是由福特董事羅伯．魯賓、德瑞克．庫薩克、比爾．蓋茲和微軟的車用部門主管馬丁．索爾（Martin Thall）所完成。

爾．蓋茲出現在螢幕上，他就像是個書呆子魔法師，透過交換機對著來自西雅圖的老友穆拉利微笑。由於Sync也在消費性電子展上同步亮相，當場成為這兩大展的最大亮點。福特汽車真的非常幸運。這家底特律汽車廠在那時候其實只有展出一些經過小改造的車款，或是根本無法製造的概念車。Sync就像一場及時雨，來得真是時候[4]。

福特的另一個亮點是穆拉利自己。儘管他在舞台上的表現並不理想，仍是底特律最有趣的執行長。福特的官方記者會結束後，許多記者蜂擁到舞台旁，團團圍住這位大眼睛的執行長。來自五大洲的記者爭先恐後地將錄音機和大型錄音設備伸到這位執行長面前，熱烈的程度幾乎踏破了舞台。

穆拉利受訪時指出：「我在福特有一個絕佳的團隊。我們能夠籌資發展新計畫，足見別人對我們有信心。你們會看到福特每季的營運動能蒸蒸日上。」

當他從記者會上離開，開始走到其他攤位觀察敵情時，仍舊是注目的焦點。雖然穆拉利的公關將記者拖住，但攝影師卻如影隨形地跟著他，無論他走到通用汽車還是克萊斯勒的攤位，攝影記者仍不放過他。這兩家公司的執行長對穆拉利出奇不意地造訪感到驚訝，他們看到穆拉利時表情僵硬。愛惡作劇的穆拉利只是笑一笑，欣賞著他們的不悅。通用的瑞克．華格納、克萊斯勒的湯姆．拉索達（Tom LaSorda）與其他底特律汽車產業的重量級人物痛恨這個產業以外的人取代他們，成為新寵兒。他們認為，自己過去在業內鞠躬盡瘁，卻得不到相同的關注。但這個航空業來的傢伙所提出的小兒科理念，竟然可以吸引汽車展所有的鎂光燈；穆拉利單憑四點計畫和幾張有顏色標示的投影片，就吸走眾人目光。他的笑容就像愛莉絲夢遊仙境中露齒微笑的貓，出現在每份報紙的頭版與雜誌封面。不只敵營對穆拉利咬牙切齒，公司內部的馬克・菲爾德斯也不是滋味。他回到迪爾伯恩之後，一直就是福特在美國的代表人物，但他的新老闆卻取代他成為鎂光燈的焦點。

穆拉利的高媒體曝光率純屬意外。一直以來，波音都是一家大公司，但沒什麼記者會緊追波音的新聞；相反地，福特卻是當地、美國，甚至是國際媒體注目的焦點。許多記者就像獵犬，緊追著福特的新聞，關心福特的衰落和興盛。《底特律自由報》（*Detroit Free Press*）更窮追猛打，找到穆拉利遠在堪薩斯州的高齡母親。穆拉利痛恨媒體侵入他的私生活，也不願意原諒這位記者。他告訴自己的孩子要小心行事，留意自己跟誰說了什麼話，或是在臉書等網站上面的留言。但從另一方面來看，穆拉利也喜歡被注意，他開始閱讀與自己相關的報導。當記者尖銳地點出福特的問題時，穆拉利實在難以招架。

穆拉利在接受《底特律新聞報》訪問時曾警告記者：「不要寫出亂七八糟的報導，否則我會放火燒了你家。」

然後他爆出大笑。不過沒有人能分辨他到底是認真還是在說笑。

* * *

④當時展出的產品包括Inceptor概念車款，這是款大而無當的美式肌肉車（muscle car）；另一款是Airstream概念車，這則是一款裝上輪子的太空探測飛船。這款充滿未來性的產品，主打功能為火山熔岩樣子的LED燈。汽車展結束後，這兩種車款就被塞到倉庫中冷凍起來。第三種是Lincoln MK-R概念車。該產品提供未來Lincoln MKS車款的架構。除了福特500外，福特在車展上也推出新款北美Focus。

資訊透明讓員工知道為何而戰

福特在底特律汽車展結束後幾週公布的財報數字一點都不好笑。該公司在一月二十五日宣布前一年虧損一百二十七億美元[5]，主要的原因是福特關閉許多閒置廠房並資遣員工，認列了一次性費用。不過該公司的營業虧損也擴大至二十八億美元。

穆拉利在早晨的法說會上表示：「我們完全承認現狀，將著手解決問題。目前我們已經擬定一套計畫，正在按部就班地執行。」

幾週後《底特律新聞報》弄到一份福特的內部報告。報告顯示福特並未達到計畫所設定的關鍵目標數字。換言之，福特一月在美國的銷售量不到設定的一．〇六萬輛，也就是百分之一的市占率。更糟的是，從報告看來，在未來數月福特仍預期美國市場的銷售數字遠低於原先目標。福特降低生產成本的目標已於一月達標，但是無法在第一季達成其他的目標數字。這些數字都是要讓北美市場於二〇〇九年轉虧為贏的關鍵指標。最後，這份報告也顯示，根據最新的內部士氣調查，福特員工對穆拉利的革新並不買帳。不到一半的同仁對公司的前景感到樂觀，該比率甚至低於前一年，而福特原先的目標，是希望六成的同仁對前景樂觀。

這份報告認為，菲爾德斯也有某種程度上的風險。穆拉利對誠實和透明的堅持，不只在雷鳥會議室，而是希望能遍及全公司。菲爾德斯認為這是一個讓同仁知道福特進展的好方式。在他們收到報告前，多數的福特人不知道情況有多糟糕。他們只知道福特股價不如以往，辦公室愈來愈多空桌，但實際狀況究竟如何也不大清楚。其實在穆拉利擔任執行長之前，菲爾德斯會透過內部網路宣達福特的營運狀況，現在他計畫將進一步地在每個月對其他同事揭露一些ＢＰＲ會議的資訊。

穆拉利也同意了，他讓福特的每位同事都可以看到這份報告，知道福特東山再起計畫還有哪些不足之處，希望可以激勵員工更努力工作。但不是所有人都同意。例如財務長唐．勒克萊爾就強烈反對。

他看到報告的初稿後警告菲爾德斯：「這麼做會讓資訊外流。」

菲爾德斯知道他說得沒錯，福特的消息真的很容易走漏。董事會同意菲爾德斯「前進之路」計畫的隔天，《底特律新聞報》立刻見報一事，讓菲爾德斯非常火大。他也知道，報社拿到報告的副本或公開每個月的銷售數字或財報只是時間早晚[6]。

菲爾德斯告訴勒克萊爾：「聽好，我們已經下定決心定期與同事溝通，讓他們知道福特的現況，這麼做會給他們動力。」

勒克萊爾堅持反對，但是穆拉利卻舉雙手贊成。因此消息見報時，驚慌失措的勒克萊爾打電話給菲爾德斯說：「我早就告訴過你了。」

菲爾德斯回答：「那又怎樣？權衡之下，讓同仁知道我們現在的狀況，會帶來更大的益處，反正這些資訊最後都會公開，不需要特別保密。」

---

⑤ 在二〇〇六年以前福特最嚴重的虧損數字為一九九二年的七十四億美元。二〇〇六年的數字遠優於產業最糟的水準，那一年通用的虧損達兩百三十四億美元。原因在於一九九二年會計制度改變雙雙拉低了兩家公司的獲利水準。

⑥ 福特在每個月都會為分析師與記者舉行會議，提出福特在美國市場的銷售數字。多數的汽車業者也都會這樣做。

同樣的事在三月再度上演。菲爾德斯寄出報告，沒多久《底特律新聞報》就拿到副本。勒克萊爾非常火大。不過，這次的報告並未揭露實際數字。這些數字被拿掉，原因是在經過一番討論後，他們對是否保留數字有了定見[7]。

大多數福特能夠直接控制的事情，如品質和製造成本等等，大致都囊括在計畫中。不過該公司對於原物料成本居高不下則一籌莫展。銷售就是如此的弔詭。某些穆拉利用來改善基本面的手段，對短期營運有負面影響，明顯地反應在銷售數字上。福特和其他汽車業者多年來給予消費者豐厚的現金回饋，以彌補產品的瑕疵。因此，很多汽車和卡車根本都是賠錢賤賣。這樣的交易也侵蝕了這些產品的轉售價值，因此和進口車相比，福特的產品不大具有吸引力。現金回饋是汽車產業的陋習，福特正試圖打破這種陋規。該公司想控制賣給租車公司的數量；這些賣給赫茲（Hertz）、巴吉（Budget Rent a Car System）等租車公司的車輛，都是以破盤價賣出，福特從這些交易賺不到什麼錢，更不用說建立品牌形象。在美國，汽車和卡車就是交通工具的代名詞，沒有人想開機場停車坪中最常見的車款，看起來就像是排列整齊的罐頭，這也是福特Taurus最後會失敗的主因。穆拉利努力不讓新車款重蹈覆轍。租車公司不但讓品牌變得廉價，也削弱產品轉售的價值，因為這些客戶會不顧情面地將難開的車丟到二手市場上。福特的團隊中有科學家與數學家，他們能計算在何種情況下銷售車輛給租車公司才不會帶來損害。穆拉利要求銷售團隊賣給租車公司的汽車不能超過這個數字。

一月是租車公司的下單旺季，福特的銷售掉了兩成，但這不是福特未達銷售目標的唯一原因。儘管穆拉利有所堅持，某些銷售目標仍過於樂觀。他繼續在每星期四的BPR會議上強調誠實的重要，甚至為此議題召開額外的會議。此外，福特也將某些企業外部的議題也納入討論。

次貸風暴將至

福特的首席經濟專家艾倫・休斯康威（Ellen Hughes-Cromwick）對於經濟前景極度憂心。這位嚴肅並善於分析的紐約州人總是在腦袋中不斷地分解數字，即使在談話中也是如此。他在克拉克大學（Clark University）取得國際開發碩士學位和經濟博士學位後，任教於哈特福的三一大學（Trinity College），並在梅隆銀行（Mellon Bank）任職六年，直到一九九六年起才加入福特。

休斯康威是哈佛產業經濟學家機構（Harvard Industrial Economists Group）的成員，該機構從二〇〇六年年初起，就開始調查不動產抵押貸款證券問題引起的恐慌。在房市惡化，信用緊縮的情況下，福特因評等偏低，因此借貸成本也急遽攀升。在休斯康威與穆拉利九月二十九日的首次會議上，他給穆拉利看一封自己在九月十九日寄給福特財務主管安・瑪麗・皮特克（Ann Marie Petach）的信：

目前幾個市場都經歷了重大轉變，很明顯地，美國房市正處於修正當中。全球有二十幾家中央銀行實行緊縮政策。一般來說，這樣的發展會造成嚴重的財務後果，包括：

⑦ 幾個月後，福特公關部門突然領悟到可以利用這份報告吸引媒體目光，獲得以往可能被忽略的曝光機會。他們知道媒體喜歡這種非由「正當管道」得到的資訊。然而，我們了解這點後，就放棄撰寫與此相關的新聞了。

1. 造成傳染性的貶值

2. 企業崩解（corporate implosion），這次可能連避險基金也無法倖免

3. 公司處於商品週期（commodity cycle）當中

4. 銀行大量暴露的部位恐怕會貶值

休斯康威告訴穆拉利，衰退發生的機率將高達三分之一。而他也很驚訝穆拉利看起來竟一點都不擔心。

穆拉利帶著安慰的笑容說：「我們只要接受現實、共同面對。你只能持續配合生產要求，不要讓庫存過多。」

穆拉利要求休斯康威密切注意經濟情況的發展，並確保在週報上強調此壞消息。

現在休斯康威報告上揭露的數字愈來愈慘。他在二月與美國證券交易委員會（United States Securities and Exchange Commission）進行閉門會議後，寫了一段話給資深主管，警告次貸風暴恐怕會對美國的金融系統帶來實質的威脅。

休斯康威在二月十三日寫道：「次貸市場具有攪亂其他流動性資產的潛力，次貸債券的市價也每況愈下。目前該產業和避險基金都潛伏著系統性風險。」

休斯康威也對聯邦政府官員有意靠金融產業自律的打算感到擔憂。

他在三月四日寫了一段話給勒克萊爾。他根據過去的經濟衰退，和比對主要經濟指標，列出可能出現的危機。他也認為經濟狀況相當「脆弱」，並估計衰退風險高達三成。幾天後，他寄出

了一段話給福特的財務部門。

休斯康威警告：「我對次貸風暴和其他潛在的系統風險感到憂心。」

在每週四的BPR會議上，穆拉利與團隊戰戰兢兢地研究著休斯康威的報告。

* * *

很明顯地，福特想要轉虧為盈必須經歷一場長期抗戰，只是除了穆拉利之外，其他人似乎對福特的前景都憂心忡忡。對美國汽車產業真正的打擊來臨前，穆拉利還是老神在在，十分平靜。

福特的啦啦隊隊長

三月，南西．敏諾（Nancy Miner）走進福特迪爾伯恩的某家經銷商買車。一位充滿朝氣的銷售員走到他前面並伸出手。

「哈囉，我叫做艾倫，今天在此為您服務。」

這位來自紐約的旅客根本不知道自己在跟誰講話，他告訴艾倫．穆拉利想買一輛嶄新的轎車，目前他已經將範圍縮小至福特的Fusion和豐田的Camry。這位銷售員告訴他，自己曾開過Camry，此車款算是好車，但他認為福特才是更好的選擇。幾分鐘後，穆拉利賣出生平的第一輛車。不到一個小時，他又賣掉兩台。另外一位顧客則在等候他的服務。

這不是穆拉利最後一次擔任汽車銷售員，這是他在第一線了解消費者如何看待福特產品的方式，同時還可以大幅提高該公司的口碑。每位與穆拉利交談過的顧客都會成為福特的親善大使。

穆拉利對人就是有這樣的力量。

穆拉利的魅力不只能影響顧客。六月，他邀請福特在美國的經銷商前來總部三天，讓他注視著他們的眼睛，解釋福特當前的轉變。大約有四千名經銷商受邀，為了提供這些人的住宿，該公司占用福特球場（Ford Field），這棟外型流暢現代的室內運動場，是比爾・福特和父親為底特律雄獅隊（Lions）在市中心興建的場地。穆拉利在那裡提出他「一個福特」的願景，並答應將改善與經銷商的關係。然後，他做了一件出乎所有人預料的事。穆拉利要求福特全體員工來到球場，站起來並轉頭對經銷商說：「我們愛你。」

起初，員工含糊地說：「我們愛你。」

穆拉利大喊：「不好。」他知道很多經銷商痛恨與福特打交道。他們覺得這家位於迪爾伯恩的公司根本不管他們死活，也不在乎他們的營運狀況。穆拉利表示他將改變這樣的狀況。為了讓福特壯大，首先得讓經銷商壯大。從現在起，福特和經銷商將是合夥結盟的關係。

穆拉利堅持：「看著他們，由衷地說出來。如果你們能這麼說，一定也能這麼做。」

這次福特員工異口同聲地大喊：「我們愛你！」

幾週後，他對福特的供應商如法炮製。

* * *

一月，穆拉利首度拜訪歐洲位於德國科隆的福特總部。歐洲區執行長路易斯・布斯和總裁約翰・佛萊明（John Fleming）急著對穆拉利展示新產品，報告市場最新的銷售戰情。福特的歐洲和北美的營運表現呈現鮮明的對比。儘管很多產品都是在美國催生，不過福特的新款S-Max卻是在歐洲獲選為年度最佳好車。此外，重新設計的Transit也奪下年度最佳休旅車的榮銜。福特歐洲市場在二〇〇六年的利潤達四・六九億美元，而北美市場則虧損六十一億美元。這也是穆拉利不急著前往歐洲的原因，在總部有更多惱人的事情等著他。

既然穆拉利已經到了歐洲，照慣例要發揮一下自己的魅力。在與一百五十名德國員工的座談會上，穆拉利大大讚美他們的產品和表現。隨後的問答時間中，某位工程師詢問穆拉利是否可以拿到一枚福特商標的別針，就像其他執行長一樣。

穆拉利說：「你應該擁有一枚。事實上，你可以把我的拿去用。」

他下了舞台，走向那位工程師，將別針別在工程師的胸前，就像個獎章一樣。德國員工一年後還在討論這件事。

布斯和佛萊明對穆拉利深入解釋歐洲市場的表現，讓他知道歐洲重整以及重塑產品線的規模。他們也小心不去對照歐洲和北美的天壤之別，因為歐洲幾年前的表現就如同現在的北美。穆拉利對於這兩位高階主管的簡報印象深刻。

他告訴他們：「你們就繼續在這裡按照目前的路線努力，我們來應付公司其他事業體的問題。你們有更好的計畫嗎？」

布斯和佛萊明不太確定穆拉利的意思。穆拉利解釋持續改善的重要性，並要他們不要因目前的成功而沾沾自喜。他們需要提高目標，在市場上拔得頭籌。這是為什麼所有BPR會議圖表的數字必須長達五年的原因。穆拉利表示，在改善的同時必須思考是否有更好的計畫。他鼓勵布斯和佛萊明，也勉勵他們完成後續工作。

＊　＊　＊

穆拉利在十二月首度到福特日本分公司和當地的總裁和執行長會面。這有點算是朝聖之旅，尤其全美第二大汽車業者的執行長前往日本，更是令人驚訝。穆拉利特別拜訪豐田汽車社長暨榮譽董事長豐田章一郎（Shoichiro Toyoda）[8]。穆拉利毫不掩飾對這家日本汽車龍頭的崇敬之意。他相信豐田就像過去的福特一樣，是一家創新靈活的企業，能夠讓人的生活變得更美好。豐田是一家精實、組織健全並且進帳豐厚的企業。他也想要了解豐田是否願意和福特攜手推出新的傳動系統。但是穆拉利也有兩項祕密任務。他想知道豐田是否願意與福特深入合作或組合夥公司。穆拉利得到的答案，是有禮卻堅定的「不要」。

穆拉利拜訪豐田的正式理由是，想了解豐田是否願意讓其供應商銷售更多零件給福特，讓福特能生產混合車[9]。

二月底，穆拉利再度前往亞洲。這次他的目的地是廣島，拜訪對象是福特的盟友——馬自達。他們認為比爾．福特雇用穆拉利的決定有利於福特的發展。他們知道穆拉利在任職波音期間，去了很多趟日本，也相當欣賞日本優越的製造本領。相對地，穆拉利對馬自達深入的了解，讓他們印象深刻。這是一趟真心的拜訪，但是穆拉利也釋出微妙的暗示，指出馬自達不應該把福特的關係視為理所當然。

他說：「福特不能永遠照顧馬自達，我期待馬自達變得更強大，並試著站得更高。」

* * *

穆拉利認真地扮演啦啦隊長的角色。福特的員工士氣低迷，他們需要看到樂觀向上的領導者。但首先，他要先為這幾千名員工指出跳脫低迷的出口位於何處。

福特在二〇〇八年九月宣布馬克．菲爾德斯的「前進之路」計畫，並裁撤一萬名員工後，共有八千名員工都簽了優退方案。二月二十八日，約六千名白領員工打包私人用品，並將識別證還給老闆，垂頭喪氣地開車回家。他們甚至派保全人員緊跟在後[10]。某位匿名員工改編披頭四的〈昨天〉（*Yesterday*），將私下不滿變成一首抱怨的歌曲，透過電子郵件流傳數週之久。

昨天
失業看起來很遙遠
現在看起來就要成真

---

⑧ 豐田家族創辦人豐田佐吉（Sakichi Toyoda）在一九二六年創辦公司時，故意把豐田的拼法略做改變，儘管Toyota跟Toyoda的念法無多大差別，不過Toyota的日語發音聽起來更吉利。

⑨ 福特仍然依賴日本企業供應關鍵零組件，這些零組件業者都是豐田經連會的成員，因此限制了福特每年能採購零件的數量。

⑩ 其他八千人將在當年稍晚離開。另外兩千名員工則申請失業救濟金，自願離職計畫的人沒有預期中的多。

昨天我還有工作
突然
我老闆說我已經沒有用
我隨著保全員走出福特
我的福特生涯嘎然而止
昨天

持續改善福特全球產品開發系統，統一設計語言

同一天，福特董事會宣布將穆拉利的紅利從五百萬增加到六百萬美元，這是他在二〇〇六年前四個月的酬勞。情況變得糟得不能再糟。突然間福特的啦啦隊隊長變成了小氣鬼[11]。聯合汽車工會對於福特在虧損的狀態下，穆拉利還是堅持為某些高級主管加薪表達高度不滿。比爾．福特知道穆拉利的天降大財將會點燃導火線，所以他要求喬伊．雷蒙打電話給工會總裁羅恩．蓋特芬格，在宣布前告訴他這個消息。

雷蒙告訴工會總裁，福特二〇〇六年一百二十七億美元的虧損不能怪穆拉利：「他的表現值得受到肯定，穆拉利不是一般人，而是可以讓福特東山再起的救星。」

蓋特芬格不以為然，他們同意尊重彼此的歧見。他也警告雷蒙，此消息會引發員工的嚴重抗議。蓋特芬格說得沒錯；穆拉利也被媒體修理，其中包括他想讓Taurus車款東山再起的決策。

穆拉利從來沒有忘卻福特放棄曾經暢銷的車款Taurus的決策。在他首度拜訪產品開發中心後就積極地想把該產品重新帶回福特的產品線。福特的行銷人員為他解釋過，其實取而代之的Fusion在北美也十分熱賣，且在《消費者報告》等其他具影響力的出版物中得到極大的讚揚。將Fusion又重新改回Taurus只會讓消費者感到更困惑。

穆拉利說：「好吧，那把福特５００改成Taurus怎麼樣？」

福特500本來應該是福特的旗艦產品，但因為毫無特色，再加上幾乎沒有行銷資源挹注，造成該產品在二〇〇四年上市時表現疲弱，銷售也不見好轉。儘管福特５００的外表很普通，性能其實還不錯。該產品使用Volvo絕對可靠的平台，並且得到五星級的安全評鑑，甚至還有全輪驅動裝置。儘管穆拉利想要在一月的北美國際汽車展上說服記者，他們已經改善福特５００的外型，但某位負責外觀的設計者表示，這是徒勞無功的嘗試。

對穆拉利來說，這樣已經夠好了。不過，當他宣布將重新翻修二〇〇八的福特５００，並在隔月的底特律汽車展上以Taurus之名上市時，引來資深汽車記者的竊笑。看起來，穆拉利是唯一相信Taurus還有生命的人。當然，新的車款也會變得更加昂貴。事實上，福特５００改名為Taurus後，銷售量還是未見起色。在眾人謾罵之時，穆拉利命令團隊悄悄地設計一款殺手級產品，不僅

⑪ 董事會也同意新的紅利條件，讓高階主管就像其他受薪員工一樣，將績效和紅利綁在一起。穆拉利堅持每個人都在同一條船上，因此必須接受同樣的檢視標準。董事會也要求高階主管自己支付打高爾夫的費用。

要求性能一流，還必須破紀錄在短時間內完成。

福特新的全球產品開發部門主管庫薩克，已經就福特全球設計能力取得實質的進展。他的團隊繼續改善福特的全球產品開發系統，將馬自達的方式提升到更上層樓。穆拉利在波音時，就是電腦程式結合產品的擁護者，他上任後更深入整合福特的數位設計功能。在實務上，庫薩克減少在設計階段的開會次數，給予工程師更多時間投入研發。當年年中，這個團隊已經減少六成的設計成本，並且縮短進入市場至少四分之一的時間。這些改善在其他地方都讓人印象深刻，不過在福特卻不為人所知。

在穆拉利下面，福特工程師的地位也大為提升。**其他部門的同事得聽聽工程師的說法，因為穆拉利相信福特東山再起的關鍵是更好的產品。每個人都知道自己最重要的工作是支援福特的全球產品開發部門。**

穆拉利的跨國合作也延伸到設計。在福特雇用他以前，公司同時發展兩種不同的設計語言。在北美地區，彼得．霍布里（Peter Horbury）還是專注在「大膽的美式設計」，但是歐洲設計師馬丁．史密斯（Martin Smith）則在汽車圈以動能設計（kinetic design）贏得廣泛的好評。與霍布里笨重與黃色為基調的設計截然不同，史密斯的風格以曲線和液體形狀為主。因此儘管史密斯設計的車款靜止沒有開動，但看起來還是有在道路上奔馳的感覺。

穆拉利說：「選一個。」

庫薩克和團隊決定選擇史密斯的動能設計主題。儘管需要少部分改良以符合各地的規格，這款外觀將是福特未來全球產品（即全球產品線）的走向。某些產品是針對特定市場量身打造，例如福特的野馬和F-150，儘管和整體產品線的風格不符，仍會保持在地的風情。

統一設計語言讓打造全球產品變得更為容易。但這不是穆拉利堅持這麼做的原因，他的重點在於打造福特的品牌形象。他要福特的汽車不管是在底特律還是德勒斯登、聖保羅還是上海，都能夠一眼被辨識出來。除了外觀之外，穆拉利堅持要讓感覺、旋鈕位置、開關，甚至福特開關門的聲音都保持一致的風格。庫薩克在穆拉利上任之前，就已經朝此方向邁進。他現在將對全球宣布這輛車款。這些特色都會成為福特的DNA，這些基因對消費者傳達的是品質、創新和風格。

他解釋：「我們的設計創造了人們發自內心的反應。我們希望消費者對我們的產品可以產生更強烈的情緒反應。」

＊　＊　＊

迪爾伯恩快速地革新讓那些質疑外行人能力的批評者漸漸地安靜下來。實際上，穆拉利也發現汽車產業遠比他預期的還要複雜，尤其在勞資關係與政府法規上更是如此。

受聯合工會與政府法規限制

他在研究福特與聯合汽車工會的關係時，對於福特需要經過工會同意才能關閉工廠一事感到沮喪。在福特為閒置員工找到工作以前，還是得付薪水和福利，公司更不能強迫他們遷廠。對於像是紐澤西州的愛迪森（Edison）來說，這的確成為問題。福特在三年前關閉當地工廠後，有一百六十名員工在過去三年仍支領福特的薪水。唯一的解決方式是優退。福特提供這些員工優渥的條件，這是「前進之路」計畫的一部分。當穆拉利在九一一事件後裁撤波音員工時，只需要簽個字就能解決，在汽車產業可沒這麼簡單。

穆拉利也發現，福特受到一堆政府法規的規範。汽車和卡車沒有全球的統一規格，導致在美國遵守一套法規，其他地區則採用另外一套。例如，方向燈在多數國家要做成黃褐色的，但是在美國，後面的指示燈要做成紅色。在歐洲，汽車後面要多做其他的指示燈，但這在美國可有可無。改變後照燈的顏色相對容易，不過改變保險桿的位置以符合歐規和美規就是工程師的挑戰。美規的設計是保護車內的駕駛。不同地區的撞擊測試也不同，每一項測試都是針對不同的標準設計。這些都讓穆拉利為福特產品設計師建立同質化的齊一產品線目標都變得更加困難。

安全標準只是美國和歐盟不同的其中一點。歐盟立法者設定更嚴格的碳排放限制，美國議員則準備通過更嚴格的能源目標。福特在設計全球產品時，需要同時符合美國和歐洲的要求。

穆拉利發現美國的里程限制令人十分困擾。美國對所有汽車業者提高了車輛平均燃料效能標準(Corporate Average Fuel Economy；CAFE)。這表示福特只要生產同樣數目卻省油的小型車，就可以盡情生產耗油的大型休旅車。CAFE要求汽車業者負責，儘管該規範符合美國的自由精神，但也迫使汽車業者將賣不出去的車賠錢賣出。在這個石油價格最低的國家中，消費者沒有什麼誘因選擇小型車，尤其是自己的鄰居都開著大車到處趴趴走時更是如此。

當穆拉利研究數字時，發現儘管汽車業者花了大把鈔票符合CAFE標準，但是和一九七五年通過限制以後相比，美國消費者開得更遠、使用更多汽油，並且進口更多石油。他在三月十四日在眾議院能源和小組委員會（House Subcommittee on Energy and Air）的會前會與議員分享這些資訊，不過後來證明這是個錯誤。

「政府通過CAFE的目的，是減少我們對外國原油的依賴。不過坦白說，這套規範的收效不大。」

議員不習慣穆拉利的直言，尤其是對一家他們將要投票以增加規範的公司更是如此。某位議員詢問其他汽車業內人士是否同意穆拉利的說法，卻得到相反的答案。不過穆拉利還沒說完，他提醒議員，儘管他們努力減少原油的消耗，決定開什麼車還是消費者的自由意志。如果華盛頓當局希望消費者開小車，政府應該考慮其他替代方案，例如對汽油徵收更高的稅率。很多議員對穆拉利的發言隱含的批評感到不悅，也對他明白表示不滿。穆拉利代表福特首度造訪國會山莊，對那裡的敵意感到非常驚訝。他在波音的時候也就某些議題和議員密切合作，當時議員總是歡迎他的出席，尤其是希望波音在自己的選區設廠的議員更是如此。美國汽車業比較不受寵。

穆拉利在聽取議員反對福特對CAFE的看法時心想：「這些人的反應好像我們是走私槍枝還是毒品的業者一樣。這只會讓他的工作變得更困難。」

穆拉利其實是贊成開發更省油的車款或減少溫室氣體的排放。為了證明此點，他在數週後設立了永續能源、環境與安全工程資深副總裁的職位，並任命蘇．西斯克（Sue Cischke）擔任。西斯克也是資深領導團隊中的第一位女性高階主管。

穆拉利在宣布西斯克上任的電子郵件中指出，「我堅信我們正處於改善氣候變遷與能源安全的歷史轉折點。討論氣候變遷是否存在的爭議已經過去。目前我們要討論的是如何保育能源。」

改善福特成為穆拉利唯一任務。他每天都很早到公司，早上六點就開始回電子郵件。他一路工作到晚餐時間，然後回家花整個晚上閱讀報告，並早早上床休息。他一週工作七天。儘管穆拉利設法定時和妻子、兒女和年事已高的母親通電話，但是他很少看到自己的家人。

還好有問題，因此簡化產品線

穆拉利母親在二〇〇七年初和他的對話中曾抱怨，她前往老人中心坐的Dodge休旅車時常拋錨。既然兒子是全球汽車龍頭的執行長，那麼應該可以想想辦法。穆拉利要求當地的福特經銷商和他母親以及一些老人同伴見面，讓他們選擇新的E系列休旅車；但是穆拉利母親很快就又在電話中抱怨太多選擇了，顏色和內裝都委實讓她難以下定決心。

穆拉利覺得這個問題很荒謬，但是他研究其他車輛的訂單後，發現不只E系列休旅車有這個問題，福特提供各式各樣的產品的確讓人感到很有壓迫感。某位消費者購買二〇〇七年福特的野馬V-6豪華車款，竟然有多達一千六百種不同的選擇，從顏色、內裝和功能都讓人眼花撩亂。打造稍微不一樣的產品，增加福特工廠不少工作，並創造了一大批的設計師、工程師和供應商。這也限制福特達到規模經濟的能力。就福特的日本對手來說，他們提供的選擇相對少之又少。穆拉利命令行銷團隊選出幾種最受歡迎的車款，並捨棄其他選項。在野馬之後推出新型號時，研發團隊將選項減少到兩百種。

就老人中心的問題，穆拉利在三月十七日（也是聖派翠克節）親自選擇了一款十五人座的休旅車去勞倫斯的老人院。穆拉利白髮蒼蒼的母親對他人炫耀自己成功的兒子後，這些老人將新的休旅車命名為「穆拉利推車」。穆拉利在當天開著紅色的野馬敞篷車，載著母親行駛在魯卡斯街道上，參加聖派翠克日的遊行。母子倆對著歡呼的群眾揮手。原來任職於航空業的兒子很開心能以這樣的方式與母親團圓。

* * *

三月十二日，福特結束Aston Martin車款的銷售。比爾・福特在雇用穆拉利以前，於二〇〇六年八月出售這家英國車廠。這是一種策略，其他人也同意這項決策。穆拉利大力贊同這個決定，更一口氣將Jaguar、Land Rover和Volvo都賣掉。這只是開始。他們將〇〇七電影中詹姆士・龐德（James Bond）這位超級特務選擇的車款Aston Martin賣給賽車創業家大衛・理查（David Richards）和一群投資人，其中還包含來自科威特的資本。這項交易為福特進帳八・四八億美元，充裕了穆拉利的作戰基金。不過穆拉利開始解體福特品牌的過程，卻變得更加困難[12]。

穆拉利覺得他以光速行動，在走馬上任短短六個月內，已經改變這家企業的每個面向。不僅如此，未來還有更多改變在等著他們。穆拉利深刻了解福特應該選擇的道路，他有點等不及想走到那裡。

⑫ 在銷售協議之下，福特保留Aston Martin共七千七百萬美元的股權，儘管對Aston Martin的營運將不再有影響力，但可以享受該品牌的小部分商譽。

在汽車展和法說會上，他花了很多時間告訴分析師和記者拯救福特的四項要點。四月四日，穆拉利在紐約國際汽車展（New York International Auto Show）走上講台時，多數人已經可以將穆拉利的四項要點倒背如流。當穆拉利開始又複述同一套說法時，現場觀眾有點失去耐心，對於總是想找到新著墨點的華爾街分析師更是如此。

紐約展結束後不久，在與穆拉利一對一對談的會議上，我告訴他，人們對於他的四項要點感到厭煩，他們想聽聽別的東西。

穆拉利以不可思議的表情看著我。

他說：「布萊思，我們還在執行這個計畫。在我們達到目標之前，為什麼需要別的計畫？」

他是對的。福特不需要新的計畫。但是不只分析師開始變得不耐煩，福特家族也開始提出一些尖銳的問題。

—第十章—

家族內鬨

一家企業成功後，如果主導者或領導家族反而變得無足輕重，那麼這家企業的根基根本不穩定。

——亨利・福特

二〇〇七年四月一個美好的週六，福特家族成員又齊聚在格林菲爾德莊園（Greenfield Village），討論福特汽車未來的走向。但這次的聚會不只有他們，還有兩位來自華爾街投資銀行Perella Weinberg Partners的首席交易員。比爾·福特希望他退居幕後的決定能修補家族由來已久的裂痕，只是現在看來，這存在已久的歧見似乎一觸即發。

當艾倫·穆拉利開車前往莊園時，儘量不去想這次會面是否和他有關。截至目前為止，由於有比爾的協調和撐腰，穆拉利幾乎不用面對福特家族的成員。穆拉利當初接下福特汽車的條件之一就是要比爾出面，不讓福特家族的人插手穆拉利的管理。穆拉利警告：任何的干預或公開表態都將危及拯救計畫中的「既定目標」。

穆拉利對比爾堅定地說，「你必須百分之百支持我。」

比爾對此沒有意見，但前提是，穆拉利必須定期向家族成員提供拯救計畫的最新進度報告。比爾認為這類簡報可以轉移注意力，讓那些親戚不在某些問題上大作文章。這對穆拉利不成問題，他很愛和他人分享拯救福特的計畫進度，只是華爾街交易員的出現讓他有點不知所措。當他開進停車場時，他提醒自己，Perella Weinberg Partners投資銀行的出席只是為了解決福特家族的內部問題，和他一點兒關係也沒有。

這與我無關，穆拉利不停地告訴自己。**他們只是想知道計畫目前的進度**。

* * *

家族聚會

福特家族成員每季開一次會已是多年的慣例，開會地點通常在迪爾伯恩，有時也會選在具異國風情的場所。這些聚會部分是聯絡感情，部分則是聽取福特汽車的現狀報告。他們總是將激烈的辯論視為是聚會的最大特色，只是從二〇〇六年初以來，這種討論的氣氛愈來愈緊繃。部分原因在於，比爾的管理似乎出現危機，另一部分則是美國汽車產業遭遇更強大的挑戰。這一切都要拜新興媒體所賜。由於這些媒體，散布各地的家族成員能快速得知福特汽車面臨哪些難題，這是以前從未有過的情形。說起來得要感謝網際網路，連最不經心的福特成員也能了解福特的鉅額損失、驟跌的銷售量以及毫無競爭力的產品。他們只是聽說通用汽車與克萊斯勒絲毫不受產業景氣影響，根本無從證實訊息的真實性。福特家族成員的焦慮有增無減，特別是其中許多人根本沒有工作經驗，對汽車產業，或者說對整個商界一無所知。每一次的挫折對他們都形同一場無法挽救的大災難。公司停發股利的政策似乎證實通用汽車與克萊斯勒的說法，因為他們還是持續發放股利給所有股東。此外，他們的個人顧問也不停提供各式各樣的相關訊息。有些家族成員有專屬律師，有些則有財務規劃顧問。這些人對於福特汽車，潛在顧客，以及任何會影響他們客戶的事情都有不同的意見。然而，他們也都是道聽塗說，根本使不上力，提供有用的意見。基於上述種種因素，家族成員總是滿腹疑問的前往每季的家族聚會。

「公司怎麼解決這種情形？」

「這間公司如何面對全球產業的變遷？」

亨利・福特與T型車，大約攝於一九一九年——為世界裝上輪子的人和T型車。

一九四九年，亨利・福特的曾孫——班森・福特（Benson Ford）、威廉・克萊・福特（William Clay Ford）與亨利・福特二世，以及戰後最後歡迎的一種車款。
當時素有魔鬼上司稱號的亨利・福特二世已經職掌福特汽車四年。八年後，威廉・克萊的兒子比爾・福特二世（Bill Ford Jr.）誕生。

一九九九年二月一日，董事長比爾．福特視察發生嚴重爆炸後的Rouge廠區。當時接掌董事長僅一個月的比爾，盡全力安撫受難員工家屬。

福特美國區總裁馬克．菲爾德斯展示福特最新款F-150系列貨卡車，也是當時最暢銷的車款。在油價快速攀升後，菲爾德斯低估消費者捨棄卡車與休旅車的速度有多快。

在得知馬克・菲爾德斯「前進之路」計畫將關閉威克森組裝廠（Wixon Assembly Plant）後，一名員工在二〇〇六年一月二十三日離開該工廠的樣子。在前進之路計畫中，福特將關閉包括威克森組裝廠在內共十四座工廠。

◎照片來源《底特律新聞報》（*The Detroit News*）。

艾倫・穆拉利（圖左）與比爾・福特在二〇〇六年九月五日的記者會上接受採訪。比爾剛剛宣布將退居幕後，讓穆拉利接掌福特執行長的位置。比爾自己則擔任董事長。

艾倫・穆拉利在底特律的北美國際汽車展上被記者包圍。從被任命的那一刻起，這位新任執行長發現自己成為鎂光燈的焦點。

◎照片來源《底特律新聞報》（*The Detroit News*）

艾倫・穆拉利以一九二五年所刊登的廣告為靈感。對穆拉利而言，這個廣告說明福特汽車原有的精神。他下定決心恢復這間公司以往擁護的核心價值。

二〇〇七年二月二十八日，一名員工被資遣後離開迪爾伯恩總部。艾倫・穆拉利得裁減更多人力才能讓福特轉虧為盈。
◎照片來源《底特律新聞報》（*The Detroit News*）

艾蓮娜・福特（Elena Ford）在福特工廠比在紐約社交場合更自在。她是福特家族中最為支持福特汽車的成員。艾蓮娜後來要求家族成員給予穆拉利需要的時間，帶領公司東山再起。

財務長
唐・勒克萊爾
（Don Leclair）

人力資源與勞工事務部
副總裁
喬伊・雷蒙
（Joe Laymon）

福特信貸執行長
麥可・班尼斯特
（Mike Bennister）

全球產品研發部副總裁
德瑞克・庫薩克
（Derrick Kuzak）

全球品質部門副總裁
班尼・福勒
（Bennie Fowler）

全球行銷、業務與服務
副總裁
吉姆・費爾利
（Jim Farley）

公關部副總裁
雷・戴伊
（Ray Day）

政府與社區關係部門副總裁
齊亞德・歐扎克利
（Ziad Ojakli）

全球採購副總裁
湯尼・布朗
（Tony Brown）

聯合汽車工會主席羅恩・蓋特芬格與艾倫・穆拉利於二〇〇七年七月二十三日正式展開勞資契約協商會議。兩位領導者其實已經密談數個月。福特另兩名主要談判人員馬汀・慕利與韓瑞麒坐在穆拉利左方的位置。

二〇〇八年十二月一日美國爆發經濟危機時，福特高階主管在總部雷鳥會議室舉行SAR會議的情形。照片中從左到右分別為美國區主計長鮑伯・尚克斯（Bob Shanks）、美國區總裁馬克・菲爾德斯、會議主席與執行長艾倫・穆拉利、財務長路易斯・布斯、法律顧問大衛・林區、全球製造與勞工事務部副總裁韓瑞麒。

艾倫・穆拉利、比爾・福特與福特二〇一二年全新Focus車款。這輛車是穆拉利體現全球「一個福特」目標的最佳實證。

「我們應該如何解讀聽到、看到的所有訊息？」

二〇〇六年春天，這些憂慮已經到達難以用言語表達的地步。當時，董事會正想盡辦法解救福特，家族成員也知道這件事。雖然有大部分成員相信比爾．福特以及董事會成員埃茲爾會維護他們的利益，但有愈來愈多福特人擔心，這兩個人會將他們的權益擺在拯救福特之後。他們在祕密聚會時表達這些擔憂。某位參加者形容這是一種「精神上的聚會」，這項聚會最後決議，要求家族律師開始找尋能提供財務建議的顧問公司。

雇用穆拉利的決策剛開始看起來似乎排除尋找外部顧問的必要性，但他上任不久後，相同的議題又在內部發燒。到底是誰攪亂一池春水？許多人把矛頭指向比爾．福特的姊姊席拉以及她先生史蒂夫．漢普。

像福特這種家族，兄弟姊妹間的不合通常會衍生為企業鬥爭，比爾與席拉就是最好的證明。在家族內有個不成文規定，女性成員不可能被指派為董事會成員，更不用說董事長。親近席拉的人都知道她無法接受這一點，就像她無法接受女生不能玩美式足球一樣。很多人猜測，或許這是她經常批評比爾的原因，特別在二〇〇五年末漢普成為福特幕僚長之後，情況愈來愈嚴重。

如果漢普在位時就對福特與其未來保持著悲觀的態度，那麼離開這個位子並不會讓他改觀。有些家族成員其實對穆拉利的作法有些反感，再加上某些因素讓他們更積極尋求外部援助。

一九九九年比爾．福特接掌福特汽車董事長的位置，當時家族成員手中握有的B股市值大約為二十二．五億美元，現在整體價值只剩五．七八億美元。其實穆拉利首次在迪爾伯恩被提及之前，福特家族的股票市值就已經縮水不少，某些成員希望聘雇新的執行長能讓股價起死回生。剛開始的確如此。穆拉利上任時股價回到九美元，但振作的時間並不持久。那年四月二十一日的聚會時，福特股價來到歷史新低。除此之外，股利的發放也占了一個重要的原因。一九九九年，這些B股大約會產生一．三億美元的股利，這是某些家族成員主要的收入來源，其中絕大部分也持有相當規模的一般股票。現在，他們什麼都拿不到。

有些人擔心他們的損失將不只如此。最近的財務跡象顯示，福特可能需要抵押北美所有資產。如果最後公司繳不出貸款，福特家族將永遠失去對這間公司的掌控權。當然，他們知道必須在公司面臨史上最大危機前通過這項決議。

* * *

身分對福特家族的成員是非常重要的。如果公司倒閉，許多成員還是富可敵國。在聰明理財之下，他們很容易將小錢累積成可觀的財產。這些成員擁有土地、不動產，甚至開創自己的事業。然而，美國的百萬、甚至是億萬富翁不在少數，福特家族與其他富翁最大的差別就在於，他們擁有福特汽車。

福特家族擁有福特汽車絕對控制權的祕密

擁有多數表決權的B股代表的是擁有對福特的掌控權。在半世紀之前，亨利．福特二世建立的股權結構讓福特家族擁有絕對的控制權，但前提是他們未出售這些股權。從一九五六年首次公開上市以來，這家汽車製造廠已經發行幾千萬、幾億股，其中B股占七千萬股，約只有所有股權的百分之三點七，但他們竟然還是有百分之四十的投票權。這是因為福特家族的人從未出售B股。如果有人賣出去，這些股票將會轉換成一般股票，同時他們也將失去多數表決權。換句話說，這麼做不僅會降低B股的股數，福特汽車也將會脫離福特家族的控制[1]。

並非所有的人都害怕這種情形發生。雖然大部分員工，甚至是工廠員工都十分歡迎福特家族為這間公司帶來的穩定性與長期顧客，但華爾街卻不以為然。多數投資銀行與分析師視福特的「永續經營」是不合時宜的作法，當然也是阻礙他們過去十年來奇蹟致富的最大絆腳石。有些投資者反對福特的雙股權架構，認為這將貶低福特股票的價值。幾星期內，所有股東決定在年會上投票想出一個永久性的解決方案，調整公司資金，讓所有股份處於平等地位。但只要福特家族完全持有B股的一天，這項方案就沒有通過的時候。然而，近幾年反福特家族的聲浪愈來愈大。剛開始只是一些不滿的股東發出雜聲，現在還包括具影響力的投資機構，如擁有福特汽車九百七十萬股，市值達八千萬美元的加州公務員退休金（California Public Employees' Retirement System），它們現在稱福特的股權架構非常的「不民主」。

幾年來，許多華爾街人士希望福特家族有天會四分五裂，就像蓋提家族（the Gettys[2]）等。截至目前為止，他們還未走向分裂。身為第四代的比爾·福特坐上董事長的位置，但要讓七十多

①舉例來說，如果家族成員出售七百萬股，那麼B股持有者的表決權將只剩百分之三十。
②美國以石油工業起家的企業。

位同質性愈來愈低的家族成員團結在一起，似乎也愈來愈困難。其中一名董事會成員甚至稱此為不可能的任務。

第四代的福特家族包括比爾・福特，以及他一大堆表兄弟姊妹，也就是亨利・福特的曾孫。有些成員，如埃茲爾・福特二世（Edsel Ford II）是商人，其他成員如阿弗瑞德・福特（Alfred Ford）就不是。他曾加入印度教，並將自己的名字改為安伯里斯・達斯・福特（Ambarish Das Ford）。另外如夏洛特・福特（Charlotte Ford）是紐約地區的名流；琳恩・福特・阿蘭德（Lynn Ford Alandt）則是《21世紀禮儀書》（*21st-Century Etiquette*）的作者，同時也是慈善家。漸漸地，第五代的福特家族也開始加入聚會，人數大約為三十人。這一群年輕的成員幾乎和汽車產業沾不上邊。不管他們以後會不會成為新任執行長，有些人不禁想，如果把錢拿去做其他投資是否會比綁在福特股票的收益更好？只要有一個人決定在公開市場出售股份，福特家族對福特汽車的掌控權將備受威脅。

* * *

家族律師大衛・漢普斯特德（David Hempstead）相信，找一個與福特汽車沒有關係的外部人士提供建議是不錯的想法。在二〇〇六年春天的聚會後，他和家族另外一位顧問布魯斯・布萊斯（Bruce Blythe）開始列出可能的人選。他們謹慎行事，因為任何一個報導都可能暗示福特即將出售，對公司與股價不利。

二〇〇七年初，他們已經將範圍縮小到兩、三家公司。第一家就是在幾個月前由摩根・史坦利前任副董事長瑟夫・佩雷拉（Joseph Perella）與高盛前任執行長彼得・溫伯格（Peter

Weinberg）成立的Perella Weinberg Partners。這家號稱「精品投資銀行」主要提供企業諮詢與財產管理的服務。這家公司之所以吸引大企業的原因之一就是佩雷拉與溫伯格的盛名。

約瑟夫・佩雷拉被眾人視為「企業併購的先驅」，同時也是一九八九年世紀併購案——雷諾・納斯貝克（RJR Nabisco[3]）槓桿收購的關鍵人物。至於彼得・溫伯格則是人稱「華爾街先生」席德尼・溫伯格（Sidney Weinberg）的孫子。創立高盛公司的席德尼・溫伯格就是在一九五六年協助亨利・福特二世，為福特汽車建立獨特股權架構的傳奇性人物。

漢普斯特德致電給佩雷拉與溫伯格，詢問他們是否有興趣與福特家族成員見個面。這兩個人當然不會錯失這個機會。現在這家投資銀行等著向掌控美國最偉大，也是最後的家族企業宣傳自己，讓所有成員知道他們絕對能在重大決議時提供「最睿智的建議」。

但是，這場聚會首先由艾倫・穆拉利主導。

＊　＊　＊

要選擇華爾街顧問還是支持穆拉利？

穆拉利仍舊是福特家族的支持者，雖然他們決定引進Perella Weinberg Partners的決議有點澆熄

③ 譯註：前者為最大的煙草公司，後者為最大的食品公司。

他原有的熱情。他在為家族成員詳述重建福特計畫時，儘量不去想那兩位華爾街重量級人物出現所代表的意義。他向與會人士保證，儘管北美區的某些銷售或降低成本的目標還未達成，整體來說計畫仍舊運行於軌道之上。

接著，他開始回答大家的問題。

福特家族非常尊敬他，但他知道某些成員還是十分憂心福特的未來。他們詢問許多財務相關的專有名詞，想了解在什麼情況下可能會喪失對福特汽車的掌控權。他們也想知道在Aston Martin汽車的交易結束後，他會怎麼處理Jaguar與Land Rover這兩個品牌。穆拉利知道比爾的父親威廉·福特一世以及那個房間中的許多人都是Jaguar的愛好者，所以他十分謹慎地應對。這些人真正想知道的是，穆拉利的重建計畫到底能不能恢復福特汽車的「價值」。穆拉利則將他們的問題解釋成「你到底什麼時候才能恢復股利的發放？」他向家族成員承認，這可能需要一點時間。

接著他將問題留給他們。

佩雷拉與溫伯格的簡報較為籠統，大多著重於公司的誠信。沒有對公司現狀具體的討論，也沒有對未來的預測，更沒有提到除了比爾·福特的規劃外，公司是否有其他選擇。一切只能等到福特家族決定聘雇他們才能有後續的討論。

當兩位財務顧問離開房間，辯論才真的展開。家族成員對比爾·福特提出尖銳的問題。

「如果艾倫沒辦法做到呢？」

「如果計畫無效，你有替代方案嗎？」

雖然比爾·福特對這些挑戰他權威的問題感到憤怒，但他隱藏得很好。他一一提出解釋，聲音顯得十分平靜。他的論點簡單卻非常有說服力。在任用穆拉利之前公司已經評估過所有方案，董事會當時認為這是最好的決定。如果能按部就班的執行計畫並支持艾倫．穆拉利，公司絕對能為家族成員的利益做最好的安排。現在比爾需要的是他們毫無異議、全心全意的支持。

「當狀況不如預期時，我們要做的是付出，」比爾說，「不是逃避。」

他告訴這些親戚，他已經仔細研讀過穆拉利的重建計畫。比爾再次說明這項計畫，並指出這是福特這麼多年來能邁向成功的唯一途徑。他無法保證計畫是否能成功，但他有信心。穆拉利在波音公司已經證明過他的能力了。比爾表示，他能理解有些成員希望能多聽一點意見，但雇用外部公司，如Perella Weinberg Partners其實只會抹殺穆拉利以及他對這間公司所做的努力。

無論如何，比爾說他還是會尊重家族的決定。他最後提醒其他成員目前最需要的是向公眾展現他們的團結，尤其是現在。他希望大家能按照計畫走，而不要步入班考夫家族（Bancroft family）的後塵。這些擁有《華爾街日報》（*Wall Street Journal*）的家族成員在面對媒體大亨梅鐸（Rupert Murdoch）無情的攻擊時變得四分五裂。比爾警告他們，歷史上有許多類似的教訓值得他們借鏡。

「不管現在還是未來，團結一致絕對能讓家族更有發展，」他要這些成員想想其他著名的家族分裂後的下場。「從來沒有好結果，好下場。」

接著，他離開會議室，讓家族成員無後顧之憂地討論這件事。

* * *

討論中有人問到，他們持有的B股如果在公開市場出售真的有那個價值嗎？他建議家族成員應該設停損點，在股票還有價值時脫手。對於會議室裡的許多成員來說，這項提議似乎超出他們可以接受的底線。

艾蓮娜．福特力挺穆拉利

艾蓮娜．福特（Elena Ford）即是其中之一。她是夏洛特．福特（Charlotte Ford）與希臘船業鉅子史塔沃斯．尼亞科斯（Stavros Niarchos）的女兒，出生於一九六六年。她拋下尼亞科斯的頭銜，避開她母親在紐約誘人的上流生活，以及親戚在迪爾伯恩的企業內鬥。從她簡樸的外表與直言不諱的個性來看，那樣的生活並不適合她。雖然她從父親那邊繼承的財產讓她比福特家族多數成員還富有，艾蓮娜還是保持她一貫的風格，毫無嬌貴之氣。她自嘲自己是個「怪胎」，她十六歲的生日禮物只要求一輛野馬。現在她已經快四十歲，仍舊開著這種車款，午餐也都在米勒酒吧（Miller's Bar）簡單解決（這是福特人最愛去的餐廳，距離總部只有幾哩路，美味多汁的漢堡是最著名的餐點）。在一九九五年加入福特後，艾蓮娜就像家族其他成員一樣，開始一趟汽車產業之旅。她剛開始擔任卡車部門的公關行銷人員，之後短暫出任產品開發部的財務專員，後來成為全球行銷部門的品牌策略領導者，福特國際汽車部門的策略主管，以及Lincoln與Mercury兩個品牌的產品行銷主管，升遷的速度十分快速。現在，艾蓮娜是北美區產品行銷、規劃策略部門的負責人。

不同於其他家族成員只是坐領乾薪，艾蓮娜全心全意貢獻在工作上。她急於證明自己的能力，對公司也充滿熱情。這是第一個她真正覺得有歸屬感的地方，對那些為福特家族貢獻的員工更是無比尊敬。在她在迪爾伯恩工作期間對同事愈來愈敬重，相反地，對於那些只靠著遺產，完全沒有生產力的親戚則是愈來愈鄙視。

從她在家族聚會時，起身對抗她的阿姨、舅舅、表兄弟姊妹的態度就可以知道她多麼支持福特汽車及其員工。

「我就在這裡工作，所以我相信這個計畫，」她一如往常地直言不諱。「那些沒在這裡工作的人，應該相信在這裡做事的人。」

艾蓮娜的工作內容包括某部分的動力系統與產品規劃，這代表她比其他人更注意目前正在發展的新產品，也更了解新一代的引擎絕對能提供更多動力，以及更低的耗油量。她認為這是掌握市場的關鍵，即使福特必須付出代價，裁減更多員工，也得遵守承諾讓這些產品如期上市。過去的福特總是有各種藉口、理由，但這次不行。穆拉利就是帶領大家完成承諾的人。

「未來的道路絕對十分崎嶇、艱難，但我們一定要走完全程，」她堅定的說。「我們現在有各種專家，也有各種產品足以應付。」

她後來將話題轉到福特家族對員工的責任與義務時有點哽咽。

「你們必須相信這家公司，因為這裡的員工全心全意地貢獻自己，有信心讓福特東山再起，」她說。她也補充說明，其實她已經因為裁員失去很多朋友，更看到許多人因為對福特絕望而離開公司。「你們沒有每天和他們一起生活或許有點難以理解。現在已經不是福特汽車能不能東山再起，而是我們根本沒有選擇！」

至於要出售福特的提議，艾蓮娜根本不屑一顧。她理解為什麼有些家族成員對福特面臨的挑戰感到恐懼，因為他們根本沒在工作，在福特停止發放股利且重新發放的時間遙遙無期時，他們的資金等於遭到凍結。

「我知道這段日子大家都不好過，但你們要相信這間公司絕對會成功。我也會持續支持它，我認為你們也應該如此。如果你們不這麼想，那也沒關係，只是以後你們可能會後悔。」艾蓮娜提醒少部分人，她和其他人很願意買下某些人手中的持股，讓他們變現或做其他用途。「我對這間公司有信心，我將會以行動表示。[4]」

艾蓮娜回座時，會議室內幾位成員傳送給她支持的眼神。有幾位更在會後向她表達感謝，其中包括她的表哥——比爾．福特。

＊　＊　＊

比爾的父親也反對引進Perella Weinberg Partners或其他投資銀行。威廉．福特一世算是家族大老，是最後一位埃茲爾．福特（Edsel Ford）的小孩，也是亨利．福特唯一僅存的孫子，更是B股持股量最多的人。當時，他擁有一千一百一十萬股，市值高達九千〇六十萬美元，相當於總持股的百分之十五．六三。這只占他全部財產的一小部分。他手上除了B股外，當然也包括許多可公開交易的A股[5]。他是隱藏在比爾身後最重要的反對勢力。如果他反對某件事，大概沒有其他人敢贊成。

比爾背後另一股重要的支持力量是曾經覬覦福特「王位」的埃茲爾・福特二世。這位亨利・福特二世的兒子在九〇年代被他表哥用計「驅逐出境」，但他欣然接受失敗。雖然他還是董事會成員，也是家族與福特汽車之間的指定聯絡人，但他最後還是辭去福特的職位，買下克萊斯勒的飛機部門——Pentastar Aviation。這家公司後來成為當地最大的包機公司。埃茲爾更代表福特家族與福特汽車成為密西根慈善事業的主要推動者，他在這個重要角色的扮演上非常成功。

埃茲爾手中持有的B股僅次於威廉・福特一世，共有四百一十八萬股（約占百分之五・八九的股份），當然他也擁有大量可在公開市場交易的A股。更重要的是，埃茲爾、比爾與比爾的父親掌控家族信託基金，約有五千一百七十萬股，形成一股重要的投票勢力。

這次的家族聚會埃茲爾正在外地旅遊，但他還是寫了一份長達兩頁的請託書，要求他的親戚全力支持比爾與穆拉利，而不要雇用Perella Weinberg Partners。

* * *

比爾藉著公司大股東的支持，以及表妹艾蓮娜隨時準備買下其他成員手中的持股，公司內的異議突然消失得無影無蹤。

在這場家族聚會並沒有任何投票。會議最後全部的人一致通過：如果有人能拯救福特汽車與家

---

④ 在福特家族這已經不是新聞了。有些家族成員出售手中持股只是為了支付子女的大學學費或其他重要支出。

⑤ 比爾・福特手中持有三百四十萬B股，市值約兩千七百七十萬美元。如同其他成員一樣，他也擁有數量相當可觀的一般股票。

族遺產，那個人絕對是艾倫．穆拉利。他的計畫方向絕對正確。這些亨利．福特的後裔應該給他執行計畫的時間與空間。最後他們同意，聘雇外部顧問，尤其是華爾街的交易員是個錯誤的決定[6]。

那天晚上比爾終於鬆了一口氣。這是福特家族有史以來首次面臨分裂以及可能失去福特掌控權的威脅。但他還是圓滿解決。有些B股可能會換人持有，但這都僅止於家族內部，沒有外流。或許過幾個月或幾年，他還是會不斷面臨是否發放股利的問題，但絕不會再有人質疑或挑戰他和穆拉利的權威。

至少就目前而言，穆拉利爭取到執行重建計畫的時間與空間。他和資深的領導團隊已經準備就緒。現在他要面對的只剩下美國聯合汽車工會。

⑥ 諷刺的是，美國財政部（the U.S. Treasury Department）在二〇一一年還雇用佩雷拉與溫伯格，為聯合金融公司（Ally Financial）首次公開上市提供建議。這間公司的前身是通用汽車的貸款部門。

第十一章

分水嶺

你一直都在和通用汽車及華爾街那夥人抗爭。既然你來到這裡，我們不但要求員工都要加入工會，而且我們給你的條件更優於他們，所以你應該要站在我們這邊不是嗎？我們一起對抗通用汽車和華爾街怎麼樣？

——亨利．福特對美國聯合汽車工會領袖沃爾特．魯瑟（Walter Reuther）所言數十年來，福特汽車與美國聯合汽車工會之間的關係一直都比通用或克萊斯勒融洽，主要原因在於，工會與福特家族彼此尊重。但如果將雙方建立關係的風風雨雨考慮進去，這麼說其實有些諷刺。

亨利．福特的五元日薪或許曾經讓他成為勞工最好的朋友，但是他對待員工的方式就像是權威的家長；他關心員工福利的方式跟好心的貴族照顧農奴沒有兩樣。他無法接受員工與他站在平等的立足點上與他協商。亨利知道自己對待員工比世上其他任何企業家都來得好，只是他厭惡員工組成工會來和自己斡旋。他在三〇年代就曾盡一切力量阻擋工廠員工組織工會。一九三二年，福特車廠的保安人員與迪爾伯恩當地警員對在胭脂河（River Rouge）廠區外示威抗議的工人開槍，造成四人死亡，五十多人受傷。一九三三年小羅斯福總統通過《國家工業復興法》（*National Industrial Recovery Act*），賦予勞工集體進行勞資談判的權利，但這卻無法改變亨利．福特的心意[1]。在聯合汽車工會透過靜坐罷工迫使通用汽車與克萊斯勒承認該工會的存在後，福特表示：「工會是世上有史以來最糟糕的東西。」即使美國其他汽車製造商都已繳械投降，亨利．福特還是利用哈利．班尼特（Harry Bennett）惡名昭彰的服務部門組成一小群惡棍與密探，讓工會無法存在於他的工廠中。一九三七年，沃爾特．魯瑟帶領聯合汽車工會舉辦遊行示威活動，他們在一座通往胭脂河工廠的天橋上遭到班奈特手下攻擊——一九三二年暴力事件也在同一座人行陸橋上

① 美國最高法院於一九三五年裁定《國家工業復興法》違憲。然而同年美國國會卻又通過了《國家勞工關係法》（*National Labor Relations Act*），限制雇主妨礙組織工會與罷工的權力。

發生。魯瑟和其他幾個人在後來被稱為「天橋之戰」（the Battle of the Overpass）的事件中被打得很慘。這次攻擊使得輿論轉而對福特不利，甚至華府也開始對福特施壓。一九四一年福特工人設法造成Rouge廠區關閉後，亨利・福特終於軟化，簽署他與聯合汽車工會的第一份協議。

福特汽車與聯合汽車工會之間的敵對關係，從這一刻開始改變。亨利・福特提供比魯瑟原來爭取的還要優惠的條件，讓魯瑟吃驚不已。**如果福特汽車員工要組工會，亨利要它成為一個擁有最佳條件的工會。**

成也工會，敗也工會

在亨利・福特二世的領導下，福特與聯合汽車工會之間的關係持續改善，亨利・福特二世即便已成為國際富豪的效法對象，他與基層員工仍十分親近。在二次世界大戰後福特企業快速發展期間，工會勞工跟著這家公司一同日漸富足。六〇年代末前是底特律車廠的興盛時期，各家廠商不斷提高薪資，勞動契約條件更是日益優渥。原本只有幾頁的勞資協議篇幅暴增，上面列滿了晦澀難解的條款，規範工廠營運的各個面向，從分工到上廁所休息時間都在規範範圍之內，也因此福特沒有重新指派任務的自主權，在未得到聯合汽車工會同意前不能關閉廠房。勞工只要工作三十年就能退休，領取一筆可觀的退休金與福利，有些人得到的甚至比在工作期間還多。此外，各家公司還必須支付工會營運資金，以確保這些契約條款會適當執行。這些公司沒有抱怨的空間。工會組織幹部受到管理階層薪資啟發，要求工會成員的薪資漲幅也必須比照管理階層。如同普立茲獎得主保羅．英格拉西亞（Paul Ingrassia）在他的著作《速成課》（*Crash Course*）中所言：「底特律的汽車業是建立在企業寡占與工會壟斷上。這種組合創造出數十年的驚人成就，卻也埋下失敗的種子。」

七〇年代日本的入侵打得這些汽車製造廠抱頭鼠竄，此時工會領袖卻不願意共體時艱，捨棄過去三〇年爭取到的利益。福特與其他車廠要求工會讓步，唯有如此才能讓組織持續獲利，但聯合汽車工會十分堅持自己的立場。從此，汽車業進入一個勞資對立的新時代。工人將挫折感發洩在生產線上，產品品質開始下滑，而汽車製造商則開始將更多工作轉移到加拿大或墨西哥工廠——在一九九四年北美自由貿易協定解除與這些國家之間的貿易障礙後，情況尤其嚴重。即使聯合汽車工會與底特律三大車廠敵對狀態日益升高，福特仍設法與該工會維持良好的互動。福特家族成員經常直接與聯合汽車工會的幹部打交道，即使當時並非福特人掌權也是如此。自一九七六年起，福特公司不再有罷工問題。不過即使是福特，也無法取得與外來車廠競爭所需的讓步，只能眼睜睜看著外來車廠持續在美國南部設立新廠房。

* * *

二〇〇二年，羅恩．蓋特芬格當選為聯合汽車工會主席。蓋特芬格身材瘦小結實，聲音粗啞，臉上留著白色的小鬍子，眼睛炯炯有神，整個人就像是一座隨時可能噴發的火山。他是名堅毅的勞權鬥士，自小在美國印第安納州鄉間的一座農場裡長大，他們家總共有十二個孩子。一九六四年，蓋特芬格越過州界，進入位於肯塔基州路易斯維爾（Louisville）的福特車廠工作，並利用晚上攻讀印第安納大學布魯明頓分校的商業學位。蓋特芬格於一九七六年畢業，接著在工會一步一步往上爬。一九九八年，他當選副主席，並成為聯合汽車工會全國福特部門的領導人。四年後，他當選工會主席。

儘管聯合汽車工會與美國汽車製造商之間的關係經常是對立的，但是公司主管階層與聯合汽車工會領導人私底下的關係卻十分密切。福特、通用汽車與克萊斯勒在高爾夫旅遊和酒會上耗費鉅資，以確保溝通管道維持暢通。蓋特芬格有位兄弟是天主教主教，所以他不喝酒、不抽菸、不沉溺於女色，也不打高爾夫球。他在接管位在底特律鬧區的聯合汽車工會國際總部後，就終止這一切社交活動。有段時間，雙方關係看似每況愈下，至少這些公司看來是如此。然而蓋特芬格也是名務實主義者，他知道工會成員的命運與底特律這些車廠休戚與共。

比爾．福特認為蓋特芬格可以共事。這位亨利．福特的曾孫花了很多時間思索如何打破福特與聯合汽車工會間這場持續數十年之久的僵局。他在大學研究過勞工史，也是福特談判小組的一員，曾參與一九八二年的契約談判，促使聯合汽車工會承諾將品質列為「首要任務」。在蓋特芬格於二〇〇一年崛起，顯然即將成為對立意識強烈的工會領袖史蒂芬．尤基胥（Stephen Yokich）的繼任者時，福特指示喬伊．雷蒙開始和他建立關係。雷蒙最擅長這種事情。他們剛見面時，雷蒙還表示願意提供蓋特芬格關於福特競爭優勢與財務狀況的機密資訊，提議為蓋特芬格安排與比爾．福特祕密會面。在會面期間，雷蒙要求蓋特芬格提出他對福特汽車的憂心。在蓋特芬格提出問題後，福特就盡力確保這些問題獲得解決。如果低階管理人員對聯合汽車工會說謊，雷蒙就會告訴蓋特芬格真相。福特偶爾會請蓋特芬格幫忙，但是這種情形不常發生。這一切都是在為未來的交易鋪路，因為這項交易將會從根本上改變底特律的遊戲規則。

二〇〇三年，雷蒙發現自己坐在談判桌上面對著蓋特芬格，但是這個時機不對。汽車業靠著運動休旅車仍舊獲利極為豐厚，以致無法要求聯合汽車工會做出實際的讓步，但這並不代表福特只能按兵不動，等待二〇〇七年現有契約屆期。

* * *

二〇〇五年十月，比爾．福特拔擢韓瑞麒為北美車輛營運事務的副總裁，負責管理福特位於美國、加拿大與墨西哥的所有工廠。韓瑞麒這位年輕的生產主管看起來就像是企業版的亞當．山德勒，聲音聽起來也像。如同蓋特芬格，他從不喝酒，而且精力無窮，以致於別人很難跟得上他的腳步——即使在對話中也是如此。韓瑞麒年僅三十八歲，是迪爾伯恩年紀最輕的副總裁，但他已經在汽車業打滾得夠久，因此對於聯合汽車工會加在福特與其他車廠的諸多限制產生強烈反感。

韓瑞麒在一九八九年取得代頓大學的電機工程學位後，受聘至通用汽車工作。他先在幾間工廠待了一陣子，後來又被分派到肯塔基州的零件工廠工作，這間工廠是通用汽車與日本曙光制動器公司（Akebono Brake Corporation）合資所設立。如同大多數由日本人經營的工廠，計時人員只有兩個工作類別：生產與維修。相較於其他美國人經營的工廠，日本廠顯得有效率多了。主要原因在於，工會契約列出許多不同的職務說明，要車廠不得讓員工從事契約上未列出的工作。對此，韓瑞麒感到十分挫折，他認為通用汽車缺乏競爭力，因而決定離開汽車業，試著朝私募股權投資的方向發展。他成為芝加哥某家公司的合夥人，專門投資製造業，但在二〇〇〇年他又回到底特律擔任福特凡戴克變速器工廠（Van Dyke Transmission Plant）的經理。在那裡他了解福特汽車與聯合汽車工會之間其實有合作的默契，但事實上福特卻沒有獲得任何附加的好處。毫無疑問，福特不像通用汽車與克萊斯勒一直與工會有著小摩擦，只是這種「默契」似乎未使這家迪爾伯恩汽車製造商在面對外來車廠時更有競爭力。在他獲選加入馬克．菲爾德斯的「前進之路」重整計畫小組後，韓瑞麒決定向聯合汽車工會施壓，讓默契產生實質效益。

每年春天，福特都會在拉斯維加斯舉行一場會議，與會來賓是來自全美各地的地方工會領袖，說穿了不過是使用福特的經費讓這些人聚在一起閒聊。但在二〇〇六年三月韓瑞麒前往這座罪惡之城時，他決心要讓福特的投資獲得回報。他與福特的工廠負責人及聯合汽車工會的幹部在巴黎飯店開會，期間他直言不諱地道出福特在美國的營運現狀。福特美國工廠聘雇過多員工，以現有汽車與貨卡車的實際需求來看，共多出四萬人。大概有數百至上千人表面上是福特員工，但實際上卻無事可做。更有成千上萬人拿的是生產線上的薪資，做的卻是清掃廁所、拖地板及修剪草坪等工作。**在美國的汽車工廠中有項潛規則，就是當某位員工的身體開始為他在生產線上的多年辛勞付出代價時，他就會分到一份輕鬆的好工作，比如掃地或開除草機，直到他退休為止。**問題在於這些分派出去的新工作實在太輕鬆，以致於他們已經到了退休年限卻還一直待在工作崗位上。其他任一家公司都會將這類工作外包給低價的承包商以節省大量經費。韓瑞麒對聯合汽車工會的領袖表示，這種模式不能再繼續下去。他還放了一系列幻燈片將福特每間美國工廠與它的主要競爭對手——豐田、本田與通用汽車的工廠一一比較，包括品質、安全性與產能等幾項關鍵指標。韓瑞麒將每間工廠的產能資料轉化為以美金為單位的數額，向地方工會領袖顯示福特的競爭對手利用多出的經費能生產出更多產品。他更展示了這項差距如何迫使福特不得不提高產品售價，並抽走原本可用於其他方面發揮更大作用的款項。

韓瑞麒告訴這些勞工領袖：「如果有這筆錢，我們可以投資在新產品上。你們說過想要福特工廠生產新產品，讓市占率提升，增加就業機會。所以，我們來討論該怎麼解決這個問題吧。」

當下大家開始搶麥克風。第一個搶到的人是麥克・歐布拉克（Mike Oblak），他是聯合汽車工會第九百地方分會的分會長，也是福特位於密西根州韋恩的沖壓廠代表。

他大喊：「你不尊重我們工會！」他指責韓瑞麒太年輕、沒有經驗，一直未能擺脫通用汽車仇視勞工的思維。他說：「這是通用汽車的思考模式，不是福特的。」

韓瑞麒冷靜回應道：「事實就是事實，我們聚在這裡是為了拯救這家公司，不是為了歸咎責任。」

接下來幾個發言的人也都提出了類似的指責。但接著出乎意料的事情發生了。先是有位幹部發言感謝韓瑞麒和他們分享這些資訊，接著又有一名幹部表示相同意見。**多年來他們一直聽著福特公司抱怨工廠愈來愈沒有競爭力，但這是第一次有人將資料展示在他們眼前證明確有其事。**

有位工廠廠長表示：「我想我們需要針對這件事情討論一下，並開始同心協力想想如何解決這個問題，因為我很擔心未來的情況。」

接下來聯合汽車工會即將受到更大的震撼。

唇亡齒寒：公司倒閉，工會也受害

二〇〇五年十月八日，美國最大的汽車供應商德爾福公司聲請破產保護令[2]，福特和美國其他汽車製造廠因此獲得一個絕佳的機會。德爾福公司與其他車廠一樣，必須負擔成千上萬名員工以及眷屬的退休金與健保，在景氣好的時候影響不大，但後來與外國競爭者相較之下，德爾福的人工成本過高，導致工廠欠缺效能，更不用談競爭力。德爾福公司的與眾不同在於，它決定處理這些問題的方式。在經過數月與聯合汽車工會的往返協商後，德爾福在三月三十一日走進破產法院，請求聯邦法官宣告它與聯合汽車工會所簽訂的契約無效。自人們有記憶以來，這是首次有人向聯合汽車工會要求攤牌。韓瑞麒離開拉斯維加斯前，已經催促聯合汽車工會的領袖展開協商，為他們的工廠研擬較具競爭力的勞資協議，以便在二〇〇七年全國勞資協商時能快速縮短現有的競爭力差距。他甚至警告他們，如果不提供協助，福特可能撐不到那個時候。他們還在討論如何回應時，就接到了德爾福的消息。這個消息將聯合汽車工會的地方領導人推上了談判桌。

該工會全國福特部門的新負責人鮑伯．金恩（Bob King）也上了談判桌。

金恩是一名身材削瘦的知識份子，有著一頭亂髮，鼻梁上掛著厚厚的眼鏡。他的父親是福特負責勞工關係的主管，很早就已經改變立場。金恩是密西根州人，沉默寡言，有著傾社會主義的思想，必要時他可以喚醒體內的革命熱情。不過，就像蓋特芬格一樣，金恩也是現實主義者，他很快便意識到福特陷入很大的麻煩。六月，金恩當選副主席後，福特一如往常地誇張描述自己的財務狀況有多糟糕。金恩聽了之後，考慮到僅僅一年後就要針對新的全國契約展開談判，因此心生懷疑。

他向福特表示：「如果情況真是如此，我想請我相信的人過來檢查一下所有的數字。」當福特公司立即同意開放工會查詢帳冊時，金恩知道自己的問題大了。聯合汽車工會請會裡的財務高手艾瑞克・柏金斯（Eric Perkins）徹底翻檢福特的帳務數字。財務長唐・勒克萊爾陪他一同檢視所有帳簿。

柏金斯在完成他的分析後告訴金恩和蓋特芬格：「情況比他們告訴你們的還要糟糕。」

金恩明白如果福特倒閉，會有成千上萬名聯合汽車工會的會員失業，會有更多的退休勞工、配偶與扶養眷屬將失去他們的退休金和福利。他已經準備好採取任何必要的行動，使福特能夠繼續經營下去，但這並不代表他真的認同這項必要之惡。金恩認為這家公司的管理階層犯下極為嚴重的錯誤，只是這都已經過去了。金恩與福特展開合作，一同訂出可達成馬克・菲爾德斯人力精簡目標所需的優惠退休方案，讓韓瑞麒與福特負責北美勞工事務的副總裁馬汀・慕利（Martin Mulloy）能向福特工廠員工直接推廣這套方案。這對兩人組合有些古怪。韓瑞麒年紀輕，如果有工人對他提出的事實和數據有異議，他會更大聲地反駁。慕利，大家都叫他「馬提」，他的年紀較大，個性也比較沉默，做為談判協商的人員，他隨和許多。他頂著一個光頭，臉上帶著淺笑，花了很多時間安撫被韓瑞麒觸怒的員工。不過這兩個人配合無間——有點像是現代的雜耍組合——在金恩的幫助下，他們甚至超越福特「前進之路」計畫中所訂立的優退目標。此外，他們

②德爾福公司原為通用汽車的零件供應子公司，一九九九年趁著當時市場景氣熱絡時，獨立出去進行首次公開發行募資。自那時起，這家公司就和美國其他汽車供應商一同在市場上掙扎求存。

還在二〇〇六年九月以前，與六間美國工廠的工會談成更具競爭力的營運協議。

韓瑞麒對這些進展感到很滿意，但他還是訂定一份緊急應變計畫。假使在即將來臨的全國契約談判中，福特無法讓聯合汽車工會做出更大的讓步，他想將福特在美國的大部分製造工作轉移到墨西哥，並不是只有他這麼想。不過艾倫．穆拉利卻有不同的想法。

* * *

羅恩．蓋特芬格與鮑伯．金恩並無法完全確定福特新執行長的為人。根據穆拉利過去的名聲，他並不完全是勞工的朋友。畢竟，就是他在九一一恐怖攻擊事件後削減波音公司一半的人力，接著將這家公司頂尖７８７夢幻客機的大部分工作外包，更在這些措施所引發的一連串激烈罷工行動中與波音公司的工會交鋒。蓋特芬格對於這一切有著第一手的認識。雖然波音公司大多數計時人員都是國際機械師和航空工人協會（International Association of Machinists and Aerospace Workers）的會員，但某些場所的雇員卻是由聯合汽車工會的航空部門負責，而蓋特芬格正是該部門一九九八至二〇〇二年間的負責人。在那段時間，他不只一次坐上談判桌面對穆拉利。儘管他不是非常認同穆拉利為拯救波音公司而要求的裁員行動，但蓋特芬格一直都認為他是個很正直的代理人。金恩則沒那麼放心；從九月穆拉利受命擔任福特的總裁兼執行長後，他已經從西岸的工會那裡聽到不少消息，不過他願意跟隨在蓋特芬格之後行事。

聯合汽車工會的這兩位領袖也都有些擔心比爾．福特罷手不管公司日常營運的決定。他的讓權令他們印象深刻，但他們更重視福特家族與聯合汽車工會長久以來的關係。他們知道他和福特家族的其他成員都是真的關心福特員工，只是現在他們不能肯定比爾的決定會對這段關係產生什麼影響。然而，這些擔憂不久之後就消逝得無影無蹤。比爾．福特在雇用穆拉利後隨即與蓋特芬格聯繫，告訴他會繼續和聯合汽車工會主席私下會面。即使穆拉利也不知道他們有會面，至少在一開始是如此。

在蓋特芬格與金恩試著了解穆拉利這個人時，他則是在試著了解聯合汽車工會這個組織。他很快便明瞭相較於國際機械師和航空工人協會在波音公司的情況，聯合汽車工會在福特的影響力更大。他不敢相信聯合汽車工會居然能夠強迫福特讓工廠繼續營業，對於這家公司必須付錢給工會成員才能讓他們走人的協定更是難以置信。還有人力資料庫——這東西感覺就像是出自卡夫卡小說的產物。穆拉利對於找出誰該為這一切負責並沒有多大興趣。前幾任總裁所簽署的契約使得福特在美國毫無競爭力，他們必須與聯合汽車工會承擔同樣的責任。穆拉利將大部分心力放在想出解決辦法上，看雙方應如何合作以改變現有的產銷方程式，如此在美國境內製造汽車和卡車對福特而言才會再次變得有意義。**對穆拉利來說，勞工關係和其他所有一切相同，都與團隊合作息息相關。對於公司與工會間慣有的敵對關係，他並不贊同。他認為雙方應該是相互依存的關係。如果公司撐不下去，雙方都得承受苦果；相反地，公司獲得成功，對雙方都有好處。在生產線上的勞工必須與白領階級一樣明白現實狀況，他們才能做出更明智的決定。**不過穆拉利同樣堅信，在逼不得已的情況下，公司還是必須大刀闊斧地改革，才能避免關門大吉。

雷蒙警告穆拉利，他在波音公司的記錄會讓許多福特員工惴惴不安，因此穆拉利盡力想消除這些憂慮。在聘僱他的消息公布後隔天，穆拉利就在底特律的無線電台上表示，他的任務只是拯救福特汽車，而非摧毀聯合汽車工會。

他保證：「我絕對不是劊子手。」

穆拉利也記得蓋特芬格。九〇年代末期他在監督洛克威爾（Rockwell）和麥克唐納道格拉斯公司（McDonnell Douglas）航空與防禦業務的整合作業時，曾來到底特律與這位聯合汽車工會主席會面，討論波音公司變革的細節。穆拉利記得，蓋特芬格曾於中途告退，因為他自己也正忙著和代表聯合汽車工會職員的工會進行協商。幾分鐘後蓋特芬格就回來了，他坐在自己的座位上嘆了一口氣。

他頑皮地咧嘴笑嚷說：「哇塞！這些工會真是難纏。」

雷蒙曾對穆拉利表示，沒有蓋特芬格的幫助，他絕對救不了福特。

他對穆拉利說：「你或許不喜歡這個人，但是你必須重視他的本事與影響力，在產品生產方面，他比你更有能力。」

雷蒙力勸穆拉利一抵達迪爾伯恩就和這位工會領袖展開對話，他還在二〇〇六年八月，也就是穆拉利受雇僅幾個星期後，就為這兩人安排一場會面。在第一次會面期間，蓋特芬格大部分時間都花在列舉聯合汽車工會至今對福特的貢獻。他談到具競爭力的營運協議、推動品質提升以及優退方案。穆拉利明白他的意思：我們已經做了很多事情，別期望我們會有更多讓步。不過看到蓋特芬格真的對這些成就感到自豪，讓他留下深刻印象——聽見蓋特芬格描述自己在肯塔基州的福特生產線上所度過的時光，更讓他心生感動。

穆拉利心想，他真的和福特的關係密切。他是真心想要福特獲得成功。

他們同意繼續保持連絡。

* * *

二〇〇七年五月十一日，穆拉利與蓋特芬格和金恩在迪爾伯恩旅館祕密會面，這家門面莊嚴、紅磚砌成的飯店前有樹木遮擋，就位在福特汽車的試驗場對街[3]。他們在某間大套房裡會合，在場人士還包括勒克萊爾、雷蒙、慕利與韓瑞麒，韓瑞麒前不久才晉升為北美製造業務的副總裁。這不是正式聚會，房間裡沒有會議桌。大家就搬了扶手椅，圍坐在空白的簡報架四周。穆拉利站在簡報架旁邊，手裡拿著黑色麥克筆。那天是晴朗的春日，微風透過打開的窗戶輕輕吹進房間。窗外有面很大的美國國旗在風中飄揚，不斷發出聲響，窗內穆拉利則開始扼要地描述他打算讓美國再次成為製造業龍頭的計畫。在第一頁空白簡報紙的最上方，穆拉利寫下：「我們的世界。」在這排字的下方，他畫了一個簡單的圖表，描繪出底特律三大車廠的沒落和日本競爭對手的崛起。

穆拉利告訴這些工會領袖：「過去數十年，這三家公司一步步邁向倒閉。如果它們真的倒了，也會拖垮聯合汽車工會。我們必須解決這個現實問題。」

當然，不論對蓋特芬格或金恩來說，這都不是什麼新聞。聯合汽車工會有自己的財務顧問，他們都得出了相同的結論。唯一的問題在於，該怎麼處理這種情況。穆拉利表示他有一些想法。

③迪爾伯恩旅館的經營者是萬豪集團（Marriott），但實際擁有者卻是福特汽車公司。

如何讓對方願意合作？告訴他最糟的情況

他畫了三個相交的圓，在其中一個圓裡寫上「顧客」，另一個寫「經銷商」，最後一個圓裡則寫了「福特」。接著他在福特這個名字下方寫下「聯合汽車工會」。穆拉利解釋說，這些人與福特公司之間有利害關係。他們都可以從福特的成功中獲得利益，而如果福特倒閉，這些人也都會跟著倒楣。

穆拉利又畫了三個圓，在其中標上「產品」、「生產」和「人」。在這些圓下面，他又寫下「聯合汽車工會」。他說，這些是福特可以利用的資源，是能讓福特順利營運的關鍵，也是他成功方程式中的要項。

在這兩組圖示的下方，穆拉利將福特的財務狀況畫成圖表，預估未來五年的情況。

他一面用手中的筆輕點圖表，一面說道：「看看我們損失了多少錢。我們必須在二〇〇九年以前達到收支平衡。」

不過穆拉利的圖表卻顯示，根據公司內部的現有預估，福特在二〇〇九年會損失四十億美元。如果福特無法將這筆損失轉化為收益，那還不如乾脆吹熄燈號算了。

他說：「我們的時間不多了。」

蓋特芬格和金恩抱怨說，福特在不斷虧錢的國外品牌上投入太多資金。為什麼不就從這裡開始？穆拉利面帶微笑，然後在簡報紙最下方寫下每個品牌英文的第一個字母，他先寫了「F」代表福特，接著是「L」代表Lincoln（林肯），「M」代表Mercury（水星），「J」代表Jaguar

（捷豹），「LR」代表Land Rover（荒原路華），「V」代表Volvo（富豪），「AM」代表Aston Martin（艾斯頓馬丁），然後又一個「M」代表Mazda（馬自達）。接著他就將除了「F」和「L」以外的所有字母都劃掉。所有工會領袖都看得目瞪口呆。

穆拉利露齒一笑，然後說道：「這就是我們的計畫。我們打算這麼做以後再把資金拿來投資福特。」唯一的問題在於，這筆錢應該投資在哪個地方。答案取決於聯合汽車工會。現在福特幾乎是每製造一輛車就虧一筆錢。福特可以繼續這樣下去直到關門大吉，也可以利用賣掉國外品牌而節省下來的這筆經費到墨西哥蓋新的廠房。福特將生產線移到那裡是能獲利的。

穆拉利問道：「你們會怎麼做？」不論是蓋特芬格或金恩都沒有回答這個問題。

穆拉利表示還有第三個選項：如果有合適的契約，福特可以就在這裡，在美國這個美好又熟悉的先進國度製造它的汽車且同時獲利。

他說：「如果我們能夠恢復競爭力，公司就可以壯大，進而提供更多就業機會，雇用更多員工，然後就會有更多人加入聯合汽車工會。這就是我的主要目標：企業成長，並讓大家同時獲利。」

穆拉利朝蓋特芬格走近一步，然後直視他的眼睛。

他嚴肅地說道：「我們想證明我們可以在美國達成這個目標。羅恩，你願意和我合作嗎？我們可以一起完成目標，然後走出門外向大家宣布這是我們合作的結果。我們既可以在美國製造產品，又能同時獲利。當然，我們也可以直接走出去告訴每個人目標太難達成，我們就是做不到。要怎麼做，由你們決定。」

蓋特芬格沒有絲毫猶豫。

他說：「我們同意。」

穆拉利大喊：「太棒了！如果我們可以就未來達成具有競爭力的協議，以下是我們願意配合的部分。」

他將原本在寫的那頁簡報紙翻過去，開始對乾淨的新紙下筆。這次穆拉利概述的是在下一份契約的有效期間內，福特針對北美產銷循環的整套計畫，內容涵蓋每一項產品、每一間工廠。穆拉利提出的最大誘餌是福特Focus。北美版的Focus正在由福特位於密西根州韋恩的沖壓與裝配廠生產製造，但他已經決定要用更先進的歐洲版取代。根據目前的規劃，新款Focus需要在墨西哥生產製造，因為這是福特能夠從這款價格低廉的小車上獲利的唯一方法。他對蓋特芬格表示，現在他願意繼續在密西根州製造Focus——前提是聯合汽車工會願意對福特公司做出能讓公司獲利所需要的讓步。

穆拉利向這位聯合汽車工會主席保證說：「我並沒有逃避。如果我們能達成這個目標，我會就在這裡製造Focus。這是我的承諾。」

* * *

接下來出現的就是福特與聯合汽車工會之間一連串正式或檯面下的會議。有時房間裡就只有艾倫．穆拉利和羅恩．蓋特芬格兩個人，但是鮑伯．金恩，喬伊．雷蒙、韓瑞麒與馬汀．慕利也常出現。有時則是只有韓瑞麒與慕利和聯合汽車工會的領袖坐在一起討論事情。偶爾是唐．勒克萊爾與蓋特芬格對坐。這些非正式的協商會議每週或每兩週舉行一次。蓋特芬格很鄙視媒體，他擔心某些想挖大新聞的記者可能會注意到他不斷進出「玻璃屋」，因此他們的會面地點通常是在一棟無人使用、外觀單調的辦公大樓。這棟大樓是比爾．福特的資產，就位在艾倫公園（Allen Park）裡底特律雄獅橄欖球隊練習場的後方。這一切就像是出自某部難看間諜小說中的場景。這些人會在一大早分別坐車抵達這裡，等到確定斜坡上都沒人了，才匆忙進入沒上鎖的側門，每個人都小心翼翼的，避免手中冒著蒸氣的咖啡從杯裡溢出來。一進入屋內，他們就會走進某間在其他時候根本沒人用的房間，聚集在會議桌四周，開始商討新版全國契約的細節。

資產負債表上的財務黑洞：退休計時人員健保

距離韓瑞麒最初在拉斯維加斯對工會領袖發表感性談話已有一年的時間。自那時以來，福特與聯合汽車工會已經在全美各地的廠房談成了四十四份具競爭力的勞資協議。他們一同說服了三萬八千名計時人員簽署優退或提早退休方案，精簡一半美國工廠的人力，超越原本「前進之路」重整計畫中所設定的目標。不過眼前仍有個棘手的問題，那就是退休人員的健保。

到了二〇〇七年，底特律有人開玩笑說，福特、通用汽車與克萊斯勒應該歸類為保險公司，因為這三家公司提供成千上萬名員工及退休人員健康醫療保險，而他們的配偶與撫養眷屬也同時受益。隨著美國的醫療費用直線上升，這逐漸成為壓在他們身上難以負荷的重擔，反觀外國競爭者卻無須承受這項負荷。即使是在美國設廠的日本、德國與韓國汽車製造商，相較之下負擔也比較輕，因為它們的人力年輕許多，退休人員也相對較少。此外，它們沒有勞資契約的束縛，無須提供員工與退休人員健保[4]。福特必須提供退休計時人員的健保總額大約是兩百三十億美元。這筆費用如同在這家公司資產負債表上出現的黑洞一般，吸走了未來獲利的所有希望。而隨著更多員工退休，保險費用持續增加，這個黑洞只會愈來愈大。將黑洞從公司的帳冊上消除，是穆拉利在與聯合汽車工會即將來臨的談判中的首要目標。

聯合汽車工會早已知道這種情況很難繼續維持。事實上，第一個提出解決方案的就是他們自己。早在二〇〇五年，蓋特芬格就曾建議負擔最重，也最想擺脫這一切的通用汽車將退休計時人員健保的責任轉出去，交由聯合汽車工會管理的某家信託基金負責。通用汽車必須因此支付很大一筆錢，但只要這筆款項付清，這家汽車製造商就無須再擔心退休人員健保，或是這項重擔影響公司帳上結算數字等問題。一九九八年，聯合汽車工會就曾與美國工程機械製造商卡特皮勒公司（Caterpillar）談成類似的交易，這就是所謂的自願員工受益協會（voluntary employees' beneficiary association，簡稱VEBA）。這個協會已經破產，但是聯合汽車工會認為自己已經從中學到足夠的經驗，能夠建立一個對通用汽車及其退休人員都有幫助的新自願員工受益協會。不過最後通用汽車認為要付出的代價太高，而由於福特對自願員工受益協會並沒有興趣，因此蓋特芬格從未向福特提出這項建議。

只是這段期間環境不停地變化。到了二〇〇六年底，聯合汽車工會知道底特律的三家車廠都正一步步邁向破產。福特也很清楚這個情況，而即使是通用汽車和克萊斯勒，也逐漸開始明瞭過於低估自身境況的嚴重性。如果這些公司聲請破產保護，加入聯合汽車工會的退休人員可能失去一切。而假使這些公司無法就退休人員的健保與聯合汽車工會達成協議，這可能就是他們的唯一結局。因此雙方都有新的動力想要找出解決方案。

穆拉利先是和在通用汽車和克萊斯勒中與他職位相當的人商談，期間這三位執行長都同意，建立一個新的自願員工受益協會將是未來談判的重點。三人都答應在其他議題的協商上會稍微讓步，以免影響到雙方就退休人員的健保達成協議。

雷蒙擔心韓瑞麒一心想談成具競爭力的勞資協議，可能會造成反效果，所以要他耐著性子。他說，修改一下工作規範是不錯，不過這些規範救不了公司，只能一次幫福特節省數百萬元，但福特需要的卻是從資產負債表上削減掉數十億元的支出，以便能夠繼續維持營運。

雷蒙告訴韓瑞麒：「我們需要兩百三十億美元，但你想做的沒有一樣可以讓我弄到這筆錢。我打算從健保當中弄到兩百三十億元。我要從某個人的身上弄到這筆錢——那就是羅恩・蓋特芬格。所以，別去惹他！」

*　*　*

福特的自願員工受益協會相關條款，成了他們與聯合汽車工會之間祕密會議的討論主題。喬伊・雷蒙在最初幾場會議的其中一場，便清楚說明福特的立場。

④ 多年來，聯合汽車工會一直嘗試在這些外商工廠中組織工會，但是這些工廠大多策略性地設在美國南方，這裡高薪工作稀少，人們也不怎麼贊同勞工參加工會。

他對蓋特芬格說：「你知道你能夠在這件事情上把我們批得體無完膚。你可以成立三個不同的自願員工受益協會，以下是我們想用的方式：我們想要拿出比較少的錢，但相對地也會提供許多替代方案。我們無法說服其他兩家公司也這樣做。這就是我們所需要的。」

雷蒙告訴蓋特芬格，雖然穆拉利可能才剛拿到史上最大筆的房屋修繕貸款，但這是近期內福特能夠籌到的最後一筆錢了。他請來福特的首席經濟專家艾倫．休斯康威，說明這家公司對於全球信貸市場漸增的憂心，以及嚴重金融危機爆發的可能性。這位工會領袖很認真地傾聽，但是卡特皮勒公司的經驗還深刻地留在蓋特芬格腦海中。聯合汽車工會願意接受每家汽車製造商在捐款給各自的自願員工受益協會時打個折。換言之，這些車廠不需投入健保實際負擔金額到信託基金，但前提是所有捐款都必須付現。聯合汽車工會之所以一開始願意承擔退休人員健保的責任，是因為這些汽車製造商都面臨很嚴重的財務問題。三家車廠的股價不斷下跌，根本看不到谷底，聯合汽車工會並不想把會內退休人員的未來賭在股價反彈上。

福特的勞資小組支持聯合汽車工會的立場，但是唐．勒克萊爾卻更擔心他們現金的儲備情況。福特需要用從華爾街所募集到的資金，來供給穆拉利所提方案的所需經費。此外，勒克萊爾也想盡可能儲備現金，以協助福特安然度過即將爆發的經濟風暴。不過儘管如此，隨著春季結束，時序進入夏季，福特與聯合汽車工會雙方都很滿意它們在自願員工受益協會，及其他議題上的進展。

聯合汽車工會是典型談判的忠實信徒。它先選擇一家公司進行協商，接著再用那份契約做為其他公司使用的樣板。蓋特芬格暗示說，一旦正式談判於二〇〇七年七月二十三日展開，福特將成為目標公司。這意謂福特將能夠依據自己的需求設立典範，而通用汽車與克萊斯勒則必須接受類似的條件，至少數十年來遊戲都是這麼玩的[5]。然而，很明顯地，勒克萊爾擁有這方面的最後決定權。他們仍舊繼續協商，但勒克萊爾在願意提供的金額上拒絕退讓，蓋特芬格逐漸失去耐性。在經過幾個小時的協調溝通後，蓋特芬格把椅子往後一推，站起來，一言不發地轉身離開。勒克萊爾氣極了，他衝回總部告訴穆拉利聯合汽車工會不值得信任。穆拉利的祕書打電話給喬伊・雷蒙，請他到執行長的辦公室來一趟。

這位人事主任一走進辦公室，勒克萊爾就朝他大吼：「那個王八蛋居然直接轉頭走人！」雷蒙聳了聳肩說：「那是他的權利。」他告訴穆拉利不用擔心，蓋特芬格會回來的。

* * *

蓋特芬格的本事，談判是這樣談的

聯合汽車工會領導人決定先處理通用汽車的問題。

就蓋特芬格而言，這是很聰明的一步。在底特律三大車廠中，通用汽車是第一個體會到自願員工受益協會所能發揮的作用。通用汽車的執行長韓德森比任何人都明白這個協會的機制。他其

⑤克萊斯勒是個值得注意的例外，這家公司在八〇年代初期幾近倒閉後那幾年，與聯合汽車工會談成了多筆不同的交易。

實不大滿意聯合汽車工會提出的要求，但是他比福特更願意配合。相較於提供退休計時人員健保所須負擔的五百一十億美元尚無著落，通用汽車比較不擔心自己的現金狀況。

九月十四日，通用汽車與聯合汽車工會展開協商，並在接下來十天當中持續密集談判，幾乎沒有停歇。有傳言表示雙方即將達成協議。九月二十四日，蓋特芬格號召罷工，令所有人大吃一驚。數小時內，通用汽車在美國境內的所有工廠四周都拉上了警戒線。這家公司的談判人員都呆住了，他們以為已經和聯合汽車工會達成共識。他們確實有講好。蓋特芬格知道工會會員可能會很難接受他的讓步，但他需要他們投票批准這份協議。這場罷工的目的在於，證明他已經為勞工強烈爭取過，並說服他們這份協議是當前這種情況下的最佳選擇。兩天後，蓋特芬格解散罷工讓會員回工作崗位，並宣布聯合汽車工會已經和這家汽車製造商就新的契約達成協議。

通用汽車終於擁有專屬的自願員工受益協會基金。這家車廠只需在三年內給付約百分之七十的資金，也就是約三百五十億美元給這個由工會管理的信託基金，其中約四十億美元還可用轉換票據支付，屆時聯合汽車工會能將票據兌換成股票。待最後一筆現金支付完畢，通用汽車就不用再負責工會現職或退休人員的健保費用，將完全由聯合汽車工會處理。

不過這筆交易的內容不只包含自願員工受益協會。通用汽車與聯合汽車工會更達成協議，同意如果新聘員工分派到所謂的「非核心職務」（non-core jobs），也就是工廠中與車廠製造或零件製造無關的工作，車廠有權可大幅調降他們的薪資，並只提供較基本的福利。此外，這項協議還改變了通用汽車人力資料庫的管理規則。從現在開始，員工對於通用提供的工作只有一次拒絕的機會。換言之，如果他們不接受通用汽車之後提供的職務，就必須離開這家公司。至於通用汽車則對聯合汽車工會承諾會開發新產品，並增加對美國工廠的投資。

十月十日，聯合汽車工會宣布會員已經批准這項協議，但有幾家工廠票數極為接近。如果在克萊斯勒，票數甚至會更加接近，克萊斯勒在同一天也公布了一份與聯合汽車工會之間的協議，內容與通用汽車相差無幾，公布時間就在一場持續不到七個小時的短暫罷工之後[6]。

* * *

新契約員工雖不愛，但可大幅刪減勞動成本、工廠不外移

福特始終表示，如果它不能第一個達成協議，那就做最後一個。十月三十一日星期三，這家迪爾伯恩的汽車製造商與聯合汽車工會重新展開高層之間的正式談判，這時該工會與通用、克萊斯勒之間協議條件早已公開。**福特完全明白聯合汽車工會的底線在哪，也知道這份協議有修改的空間，因為他們給通用的條件比克萊斯勒更為有利。**福特希望能將這份契約修改得更符合自己的需求。它甚至可能可以從聯合汽車工會那裡談到更好的條件，因為蓋特芬格不必再提供通用汽車或克萊斯勒相同的條件。

⑥ 在克萊斯勒所爆發的罷工，更多是為了說服聯合汽車工會談判小組中某些固執的成員，希望他們接受蓋特芬格與這家公司達成的協議。

福特與聯合汽車工會的特殊關係再次帶來回報。

福特公司在二階薪資體系上成功爭取到更有利的條件。聯合汽車工會與通用或克萊斯勒所達成的協議與特定職務類別有關。福特從中發現了幾個問題。首先，很多非核心職務其實就是屆臨退休人員所嚮往的輕鬆工作。福特懷疑，通用、克萊斯勒與工會的協議之所以在某些工廠未能過關原因就在這裡，這些資深員工在生產線上有很大的影響力，足以左右其他員工的決定。在此同時，福特也擔心通用和克萊斯勒與聯合汽車工會協商出來的制度，可能造成廠房之間產生爭端，會對每項職務爭執不休，因此韓瑞麒與慕利提出了一項較為簡單的作法。在福特公司大約有百分之二十的人從事這些「非核心職務」。福特建議所有新聘員工在進入公司後，不論分派的工作為何，都屬於第二階勞工，但它也同意，福特的計時人力中這種第二階勞工不會超過百分之二十。如果超過，福特必須先將第二階勞工晉升為第一階勞工，才能再雇用新進人員。聯合汽車工會對此表示同意。此外，工會也同意，福特將外包工作轉回工廠所創造出來的新職缺也屬於第二階勞工，但這些新進人員無須算入百分之二十的總比例。聯合汽車工會的會員正逐漸減少，它需要更多成員加入，在財務上才支撐得下去。因此蓋特芬格與金恩認為，這是個雙贏的結果。

福特在人力資料庫方面同樣談到了比較好的條件。福特的員工只能待在這個方案一年，之後必須接受福特提供的任何工作，即使得遷移到新的地點也是如此。福特也必須做出相對的承諾，包括新產品的開發，更同意讓數間在「前進之路」重整計畫中預定要關閉的美國工廠繼續營業，其中包括福特位在埃文湖（Avon Lake）的俄亥俄州裝配廠以及位於韋恩的沖壓與裝配廠[7]。蓋特芬格是傳統談判策略的忠實信徒。他認為達成最佳可能協議的唯一方法，就是透過日以繼夜的馬拉松式談判，即使大部分困難工作早在那年年初的祕密會議中處理完畢，他仍然不願妥協。萬聖節當晚，談判雙方在全球總部裡一直待到快十一點，然後隔天七點以前，他們又都回到了談判桌。從那個時刻起，他們就再也沒有停下來休息。

所有事情都在週五傍晚以前處理完畢，只有一件事除外——自願員工受益協會。在這方面，聯合汽車工會同樣願意提供福特較為有利的條件，勝過它與通用汽車和克萊斯勒的條件，但是對勒克萊爾來說，這還不夠好。他希望支付的資金中股票的比例能提高。到了週六傍晚，雙方仍舊毫無進展。福特其他談判人員看得出來，蓋特芬格正逐漸失去耐性，他們開始擔心之前的努力可能都會白費。福特的勞資小組向勒克萊爾表示，公司方面必須更為彈性。勒克萊爾拒絕退讓，只好請穆拉利從中斡旋。

當福特的高階主管在十二樓針對這個問題展開爭辯時，韓瑞麒聽聞聯合汽車工會的談判小組已經準備要離開了。他趕緊下樓，設法將蓋特芬格與金恩留在談判桌上。韓瑞麒展開一段冗長又雜亂無章的發言，描述福特絕對會實踐之前的承諾，但前提是，福特在自願員工受益協會方面必須獲得相對的條件。這些全都是他們以前就聽過的東西。工會談判小組充耳不聞，逐漸失去耐心。忽然韓瑞麒接到一通來自樓上的電話。他低聲對著電話講了一會兒，接著，他就請蓋特芬格和他一起上樓到雷蒙的辦公室。他們走進辦公室時，穆拉利正等在那裡，勒克萊爾則不見人影。

---

⑦ 韋恩裝配廠後來關廠，但是那裡的員工都被重新分派到隔壁的密西根州卡車工廠工作。這間工廠在經過重新裝備後，開始製造新的福特Focus及以相同平台為根基的其他產品。

穆拉利解釋，英國的Jaguar與Land Rover總部有事情發生，這位財務長必須立刻趕去處理。很遺憾必須由其他人接手自願員工受益協會的協商。穆拉利為此感到抱歉。蓋特芬格露齒而笑。他同意等待福特的財務主管彼得·丹尼爾（Peter Daniel）從他家開車過來。

等到丹尼爾抵達全球總部時，大約是晚上十點。待雙方重新聚集到談判桌上時，已經接近午夜。丹尼爾提出以下條件：福特將會給付自願員工受益協會信託基金一百七十三億美元。這個金額在福特總負擔資金中其實與通用或克萊斯勒相差無幾，不同的是，福特只需支付百分之四十現金，其餘部分可用可轉換票據支付。相較於其他兩家車廠，福特支付的現金顯然少了許多，但這是福特所僅剩的了。福特同意將差額用來投資美國工廠。細究所有細節花了將近三小時的時間。快要凌晨三點時，蓋特芬格把他的椅子往後一推，站了起來。韓瑞麒以為他又要轉身離開。相反地，他卻在掃視整個房間後開始發言，從他的聲音中幾乎聽不出筋疲力盡的感覺。

他嚴肅地說：「這個自願員工受益協會必須以當初提議的方式成立，因為我們的工廠需要這些投資，這麼一來我們的人才能繼續留在工廠。我願意為此協議負責，這次談判必須要有個結果。」

福特的談判人員驚訝地彼此互看。一切終於結束。在週日凌晨三時二十分，羅恩·蓋特芬格與艾倫·穆拉利在喬伊·雷蒙的辦公室握了手。韓瑞麒已經好幾天沒睡了，此時他發現自己連站都站不起來。他必須叫個司機載他回家。

* * *

四天後新契約開始投票。福特的協議毫無困難地獲得批准。幾乎沒有員工欣然接手這份協議，但大多數人都將其視為必要之惡。

一名密西根州的員工約翰．庫賈特（John Kujat）在他投票贊成時表示：「我想依照現在的經濟情況，這大概是我們所能得到的最好結果了。」

十二月三日，福特汽車公司與聯合汽車工會的領袖齊聚在全球總部簽署正式文件。雙方都大力讚揚他們的談判從一開始便展現的合作精神，並有信心這份協議將為福特公司與聯合汽車工會帶來更美好的未來。

比爾．福特表示：「對福特來說，這是在歷史上具有重大意義的一天。這次的團隊合作成效驚人，最後協商出來的契約——我認為——不僅是對員工和退休人員極為有利，對公司的幫助也很大。」

穆拉利並未得到他想要的所有東西。人力資料庫仍然存在，只是留在裡面的員工沒有幾個，而還留著的人也都會在一年內離開，不過已經十分接近他的要求。與聯合汽車工會的新協議，不僅對於消除福特與外國競爭對手間的勞動成本差距大有助益，更將這家公司很大一部分的繼承成本從帳簿上刪除。穆拉利已經做到了福特內部許多人都認為不可能做到的事情：他已經想出了可以在美國製造汽車並且獲利的方法。

現在他需要說服美國民眾掏錢，購買福特製造的汽車。

第十二章

貼近客戶的銷售策略

在即將要做的事情上並無法建立名聲。

——亨利・福特

假如要從豐田的員工中選出一個明星，非「外國人」吉姆・費爾利（Jim Farley）莫屬。這位美國行銷專家是豐田主打年輕人市場的超酷品牌Scion的幕後功臣，讓Lexus成為豪華房車中的凱迪拉克，也是這個人的功勞。費爾利是因毒品而錯亂的喜劇演員克里斯・費爾利（Chris Farley）的堂兄弟。他看起來就像是削瘦版的克里斯，而且多少有點精神失常的模樣，加上他經常一頭亂髮，給人的印象猶如一名瘋狂科學家，對於向來以拘謹著稱的豐田汽車是種極大的挑戰。

福特汽車想幫他逃離那裡。

豐田汽車的明日之星與福特的淵源很深

比爾・福特從二〇〇五年起便一直在招攬費爾利。甚至在聽說過艾倫・穆拉利以前，福特便一直密切注意這位豐田的明日之星，並了解到與他相關的三項重要訊息。第一，他的家族來自於密西根州。第二，他的祖父曾是早期福特的員工，之後成立了一家零件公司，該公司目前仍是福特的供應商。第三，費爾利的第一部車是一輛一九六六年的福特野馬，這輛車仍然在他的名下，他另外還有一部一九三四年的平頂福特汽車。比爾決定透過一位彼此都認識的朋友賴瑞・布爾（Larry Buhl）向他伸出援手。

二〇〇四年末，布爾對費爾利說：「你應該回去福特。」他提醒費爾利，他的家族與福特的關聯，然後說：「他們現在需要幫助。」

費爾利同意在二〇〇五年一月的底特律車展上和比爾．福特碰面。布爾從豐田的展台上抓走他，開車送他到位在艾倫公園裡底特律雄獅橄欖球隊訓練場的一棟辦公大樓，也就是福特後來用來召開與聯合汽車工會之間祕密會議的地方。他們的談話氣氛輕鬆愉快。當時比爾．福特在福特廣告裡擔綱演出，費爾利於是問他對這些廣告有何評價。

福特笑著告訴他：「研究顯示，六十到七十多歲的女性都覺得我很帥。」

費爾利繼續等待比爾提供他工作機會，但比爾卻言不及義。然後，在這兩個人起身握手時，比爾突然提出邀請。

他說：「你知道的，我們真的希望你能慎重考慮到福特來工作。」

費爾利回應：「我在豐田真的做得很愉快。」他甚至一刻都沒有遲疑。

福特請他回去考慮。他給了費爾利他的電話號碼，並告訴他如果改變心意就打電話給他。

費爾利覺得這種情況不太可能發生。他在豐田確實做得很愉快，在他被拔擢為美國Lexus部門的領導人後尤其如此。但是一場個人的悲劇迫使費爾利重新評估自己的人生。他的妻子早產生了一對雙胞胎；兩個寶寶都死了。費爾利悲痛欲絕。這件事讓他不得不放慢腳步，嚴格檢視自己的生活。在他這麼做的時候，他開始疑惑自己在豐田能夠走多遠。他的前任主管吉姆．普瑞斯（Jim Press）已經成為這家公司董事會裡的第一個非日本人，但有謠傳說他相當不滿，因為他的晉升其實只有象徵意義[1]。費爾利想要的不只如此；他想要有影響力，也想要自由。費爾利為自己的特立獨行而自豪，但是他在豐田爬得愈高，就愈難有自己的風格。在二〇〇七年的某個春日，他開著車在洛杉磯附近沿著405號高速公路前進，心情極為憤怒，因為數個月來，他一直在與上級討論豐田Tundra貨卡車即將來臨的發售活動。然而，領導階層不斷駁回他的決定。他認為自己才是最了解這項產品的人，他的主管根本一無所知。

他對自己說，**吉姆，接下來二十年都會是這個樣子**。

他從口袋裡拿出手機，打電話給比爾・福特。

費爾利說：「我可能有興趣了。」

福特說：「太好了，我想要你見見我們的新執行長。」

在豐田除非是日本人，外國人能獲得的權力終究有限

穆拉利還在尋找合適的人來主導福特全球銷售與行銷業務。缺少一個行銷主管等於在矩陣組織中出現一個大洞。自從二〇〇六年十一月漢斯奧洛夫・奧爾森（Hans-Olov Olsson）退休後，這個職位就一直沒人可以填補。這家公司的其他職能部門大多都已順利邁向全球化管理模式，只有銷售與行銷部門大體上仍各區運作，穆拉利急於改變這種情況。他親自搜尋適合的候選人，因為他知道這個人將在福特的轉型中扮演關鍵角色。在費爾利決定打電話時，這位豐田主管的名字早已出現在喬伊・雷蒙所擬訂的簡短名單上。

當這通電話響起時，穆拉利正在前往日本的路上。他要求所搭乘的福特噴射機降落在洛杉磯

---

① 二〇〇七年九月，普瑞斯辭去豐田的董事職務，轉而成為經營克萊斯勒的三人小組的其中一員。

國際機場，然後與費爾利在某座私人航站內會面。費爾利在這場午餐會議露面時十分緊張。十七年來，豐田一直是他生命的一切，他覺得自己正在背叛他所愛的公司。他提醒自己，除非突然變成日本人，否則他永遠只是個局外人。

費爾利不知道與穆拉利見面會發生什麼事。他只在報紙上看過穆拉利的相關消息，他甚至不知道這位執行長的姓氏該怎麼唸。如同其他人，一見到這名總是面帶微笑的堪薩斯州人，立刻因為穆拉利的魅力，以及毫不做作的態度而放下所有防備。在費爾利覺得自己沙拉醬不夠多，東張西望尋找沙拉醬時，穆拉利便起身拿了醬汁給他。在豐田絕對不可能發生這種事。不過費爾利對於穆拉利的汽車公司評價並不高。他甚至不把福特視為競爭對手，除了貨卡車部門例外。

他提醒自己，**這兩家公司完全不相關，至少在大西洋這一端是如此**。

在費爾利主管豐田在歐洲的銷售與行銷時，是福特這家公司讓他無法好眠。雖然福特的設計仍有很大的進步空間，但是產品所提供的精確掌控與駕駛動能卻極受歐洲車主的青睞。豐田則並非如此。費爾利在回到美國之後盡力想要忘記這點，但是當穆拉利拿出一疊印有福特在世界各地販售的車款資料，並將這些資料攤在桌上時，他又想起來了。這一大疊圖表是穆拉利在抵達迪爾伯恩不久後自己拼貼而成。他指向展示福特各種優異歐洲車款的那一頁。

穆拉利說：「吉姆，想想看如果我們可以完全發揮福特全球資產的價值，會出現什麼結果。」他將這張資料遞給費爾利。

費爾利在研究這張列印資料時心想，**我的天啊！如果福特擁有來自歐洲的駕駛動能、亞洲競爭對手的品質，以及我所愛的野馬這類汽車的感性訴求，會發生什麼事？如果可以將這一切都融**

合在一起，那就真的是太酷了。

穆拉利馬上就喜歡上費爾利。作為豐田的粉絲，他一直密切注意費爾利的一舉一動，認為他在Scion車款上的表現非常傑出。他也知道費爾利在豐田內部是出了名的顧客代言人，他會站在消費者的角度，對豐田的設計人員和工程師提出具建設性的建議。他的行動並不具有敵意。費爾利並未挑起行銷與產品開發之間的對立，這一切的目的只是使公司的產品位居世界第一。而這正是穆拉利在尋找的——有人可以與德瑞克．庫薩克合作，讓福特的產品更精進。

重視福特榮光的願景

在費爾利開車返回豐田位於托倫斯（Torrance）的美國總部時，他仔細思考這一切的可能性。他從小到大一直很喜歡福特——並不是現在的福特，而是過往的模樣。他的祖父曾告訴費爾利許多關於福特過去的光輝故事，而正是這些故事促使他進入汽車業。費爾利的祖父並未反對他進入豐田工作，但他曾經要求他如果可以的話，要想辦法回福特。在此之前，這似乎不可能成真，但現在費爾利開始思索，福特該怎麼做才能恢復往日的榮光。協助福特達成這個目標的想法，突然變得極具吸引力。

他心想，**我們做得到。吉姆，那是你完全不知道的另一個世界，能真正發揮你的能力。**

費爾利回頭檢視自己的條件，確認真的能夠應付這項挑戰。他了解美國汽車業；他了解歐洲，懂得高價市場區隔；他了解經銷商，懂得產品規劃。最重要的是，他知道如何真正重新改組。

他尋思，**如果他們夠聰明，就會讓像我一樣的人為所欲為。我想福特的情況已經夠糟糕了，所以應該願意接受新的想法。不過我能夠融入這家公司嗎？還是我會像一個移植的器官一樣遭到排斥？**

能否融入福特是費爾利最擔心的問題。他知道福特與豐田的文化截然不同，他也擔心迪爾伯恩許多主管可能會不喜歡他，因為他過去是為敵軍效力。其實，費爾利很想在這輩子做點有意義的事情，而拯救這家祖父曾幫忙建立的美國代表性公司似乎十分符合他的想法。

當晚他一回到家，費爾利的妻子就知道他想接受這份工作。

她說：「該死，我就知道你不應該去見那個傢伙。」

費爾利在豐田可能是職位最高的美國人之一，但是他的妻子的履歷也令人印象深刻。麗亞（Lia）是好萊塢一名很成功的場記指導。她白天在知名導演身邊工作，晚上則與好萊塢的各色人物一同參加熱鬧宴會。吉姆和麗亞都知道她的才幹在密西根州幾乎無用武之地。此外，她肚子裡的孩子也快要生了。費爾利對她說，他知道自己很自私，但如果他拒絕福特，他餘生都會後悔。在經過數天的溝通後，麗亞要他打電話給穆拉利。

費爾利在接受這份工作前有幾個問題。其中之一是薪水，另一個則與馬克．費爾德斯有關。費爾利知道福特美洲團隊領導人可能會視他為威脅，而他想確定穆拉利是他的後盾。

費爾利問道：「你真的會讓我發揮我的能力，還是你會任由那些傢伙在車廠裡把我壓得死死的？」

穆拉利向費爾利保證不會有人妨礙他工作。不過這位福特執行長看得出來，這位豐田主管其實還有所顧慮，穆拉利要他直說。費爾利後來承認妻子不大認同他的決定。穆拉利要求與費爾利的妻子通電話。他發揮了一貫的魅力，講了將近一小時的電話。穆拉利感謝麗亞願意放棄她的工作，並保證費爾利絕對能在福特發揮所長。

她終於說：「好吧。」然後把電話交還給先生。

費爾利說：「艾倫，我會加入你們公司。」穆拉利向他恭喜，但費爾利打斷他的話。他得帶他的妻子去醫院，因為兒子將在幾個小時之後誕生[2]。

* * *

接下讓美國人民重新愛上福特的重擔

二〇〇七年十月十一日，吉姆．費爾利即將離開豐田，成為福特銷售與行銷副總裁，這個消息令汽車界驚愕不已。他的背叛在豐田北美工作人員中引發強烈的反應，豐田經銷商莫不既驚且憂。福特的經銷商則是興奮到了極點。汽車業每個人都知道吉姆．費爾利是誰，他們迫不及待想

② 在二〇〇九年造訪日本期間，我和一名豐田的高階主管共進晚餐，他問我費爾利為什麼離開他的公司，放棄一份大有可為的職業。我告訴他費爾利很可能是從普瑞斯先生的經驗裡看出，外國人能獲得的權力終究有限，而他所想要的不只如此。這名日本籍主管想了一會兒，然後一面喝著清酒一面笑著說：「這是事實。我們這個組織的同質性很高。」

看他在福特施展魔力。

肯特．瑞奇（Kent Ritchie）長期以來都是豐田的總經銷商，最近他卻將這項代理權換成了一間位在孟菲斯（Memphis）的福特店面。他說：「吉姆是汽車專家，身為經銷商，這點對我來說很重要。我看過他捲起袖子幹活，指甲縫裡都沾了髒東西。我認為我的投資就在剛才變得值錢多了。」

穆拉利同樣為了高階領導團隊新增的成員興奮不已。

他在當天下午表示：「這是件大事。我希望他能協助我，在福特發揮行銷專長，將顧客的聲音、欲望、需求、重視什麼東西帶進這家公司，並且利用這些資訊來幫助我們設計汽車和卡車。」

一個月後，費爾利在洛杉磯機場等待搭乘夜班飛機前往迪爾伯恩。他在航站內踱步，想著放棄的一切以及即將在迪爾伯恩面對的巨大挑戰。在數十年持續下降的品質、推出錯誤的產品與公司內部犯下大錯後，他必須說服美國民眾再給福特汽車一次機會。費爾利走進洗手間，找到一間空廁所，然後開始嘔吐。

＊　＊　＊

在宣布雇用吉姆．費爾利兩個星期後，福特發出了另一份新聞稿，宣布公關副總裁查理．霍里蘭退休。接替他的人是雷．戴伊（Ray Day），這名沉默寡言、深謀遠慮的公關主管，和前任相比可說是天壤之別。霍里蘭脾氣隨和、有些不修邊幅，戴伊則是神經緊繃，甚至無法容忍凌亂的頭髮。霍里蘭仰賴經驗和直覺做決定，戴伊則是相信研究與分析報告。這讓他更能夠配合穆拉利受資料驅動的管理方式。在霍里蘭領導期間，公關部門強烈反對這項趨勢，堅持他們的工作無法如銷售或工程一樣量化。穆拉利不以為然，他告訴戴伊他要這個部門與其他部門一樣遵循同一套指標，並且要有全球的視野。

戴伊表示贊同：「**無法測量就無法管理。**」他很快便製作出自己的投影片，用來追蹤購買動機、新聞報導與社群媒體的影響。

福特公關部門變革

戴伊自一九八九年便進入福特工作，過去二十年來，他花了許多時間思索如果由他接掌公關部門，他會怎麼做。如今既然假設已經成真，戴伊於是下令福特的公關團隊全面改組，並指示所有人當前最優先目標就是建立和保護這家公司的信譽。他說，要達成這個目標，最好的方法就是「積極傳達」穆拉利的計畫和福特的相關進度。不久後，記者便被不斷轟炸而來的新聞稿、產品介紹與媒體餐敘所淹沒。有些記者抱怨東西實在是太多了，但是戴伊的策略讓福特持續不斷地出現在新聞媒體上。

最初穆拉利讓戴伊向費爾利匯報，要求這兩個人合作，如此一來，公關部門就能支援還在研擬的行銷策略。費爾利希望在二〇〇八年四月的紐約車展上揭露這項策略，但結果要做到這一點比他所料想的困難許多。費爾利以為他面臨的最大挑戰會是改變美國民眾對這家公司的想法；但如今他的初期調查卻顯示，他們的腦海裡根本就沒有福特，至少在東西兩岸是如此。就行銷的角度而言，這種情況可說是糟糕透頂。

當時只剩下經銷商十分關注福特的動向，因此費爾利便從他們下手。這個群體對於福特的感覺非常複雜。大多數人都很喜歡艾倫．穆拉利，也相信他會實現承諾，製造出更好的產品；另一方面，他們卻有種無法從迪爾伯恩得到誠實答案的感覺。尤其在整併經銷商與處理Mercury品牌兩個議題上更是如此。

雖然福特在美國的市占率僅有百分之十四．八，但經銷商數量卻絲毫未減，與市占率仍然是百分之二十五的時候一樣。這代表同樣的經銷商必須搶奪日漸縮小的大餅。其中許多經銷商，就像福特本身，多年來一直緩慢步向倒閉。他們再也負擔不起店面維持費用，而這對福特在市場上的形象是種傷害。通用汽車與克萊斯勒也正面臨同樣的問題，因此他們開始整合經銷商網絡，尤其是主要都會區。這項構想是為了減少特定地區店家的總數量，如此一來，留下的經銷商就可以獲得更多的生意。理論上，這個過程完全是自願的，這些汽車製造商就像媒人，撮合想賣的經銷商和想付錢讓他們退出競爭的經銷商。但是正如福特全國經銷商委員會（National Dealer Council）的主席湯姆．艾迪斯（Tom Addis）所說：「大家都想上天堂，沒有人想下地獄。」因此福特不得不施加壓力。

Mercury是經銷商眼中的另一件傷心事。這個品牌是埃茲爾．福特獨創，他在一九三八年突然體認福特汽車需要一種中產階級也能開得起的車款，彌補奢華Lincoln房車與主流福特車款之間的間隙。通用汽車早已發展出一套全面性的品牌策略，針對買得起車的每一個階級設計出不同的車款，因此福特的顧客逐漸被城市另一端的競爭對手搶走。亨利．福特仍舊認為這個世界只需要一款汽車，他不願意增加新車款。但是埃茲爾贏得了一場難得的勝利，他說服父親設計出Mercury這款車。數十年來，Mercury所發揮的作用正是埃茲爾所希冀的。這款車帶來了新的顧客，這些人想要比福特的一般車款高檔，卻又次於Lincoln的一款汽車。然而到了九〇年代，隨著外國品牌逐漸引進美國市場，這個品牌愈來愈難找到自己的定位。Mercury的年度銷售量在一九九三年達到高峰，一共賣出四十八萬三千八百四十五台車。到了二〇〇七年，這個數字卻降至不到十六萬九千台。

馬克・費爾德斯在二〇〇五年末回到美國時，曾經考慮停止生產Mercury。然而有兩項新產品——Mariner和Milan即將上市，他認為福特需要先回收在這兩款車上的投資再宣布停產。經銷商得知費爾德斯不看好Mercury，因此都在觀望福特下一步有什麼動作。對那些擁有Lincoln、Mercury獨立經銷權的店家來說，這並不是一個純理論的問題[3]。在大部分店面，Mercury的銷售量都高過Lincoln，而擁有這些店面的經銷商擔心，沒有Mercury所帶來的額外銷售量，他們在市場上會撐不下去。費爾德斯深知一旦Mercury停產的計畫洩漏出去，銷售絕對會一蹶不振，因此他決定瞞著經銷商，直到福特做好停產的準備。許多經銷商心裡仍舊存疑，他們並不開心。穆拉利上任後宣示，未來重心將在藍色橢圓標誌時，經銷商長久以來的疑慮終於被證實了。儘管這位新執行長完全秉持著開放、誠實的態度，但是他也清楚品牌淘汰策略的細節必須保密。

費爾利展開了一趟全美之旅，與每個地區的經銷商會面。他無法提供更多關於Mercury的消

③ 大多數經銷商是同時銷售Lincoln和Mercury兩種車款。雖然曾有一些店家只販售Mercury，但其中僅存的幾家已經瀕臨倒閉或與其他經銷商合併。最後一家Mercury獨立經銷商在二〇〇七年停止營業。

息，僅表示整併工作將會持續下去，直到福特將旗下的零售業務網絡縮減到合適的規模。不過費爾利也請他們針對新的行銷策略提供建議。他也告訴這些經銷商，既然他們最了解當地最容易銷售的產品，對於福特的行銷經費在各區該如何支配也應該有發表意見的機會。福特裡沒有一個人過去曾做過類似的事情。這兩項措施不僅恢復經銷商的信心，也對福特的銷售額產生立即的影響。例如，加州的經銷商認為，福特公司應該將重心放在新推出的跨界車款Ford Edge上。福特便在這個黃金之州各地豎起看板廣告，並針對該地區提供更加豐厚的購車誘因。到了二〇〇八年二月，這個長期以來都受到豐田與本田掌控的地區，頓時成為福特在美國境內銷售成長最快的市場之一。

費爾利在規劃宣傳活動上非常需要經銷商的協助。他從全美各地選出一組六十個人，讓他們飛來迪爾伯恩審視他的創意成果，並分享對這項成果的看法。根據他在豐田的經驗，如果經銷商可以參與車廠的行銷策略，或許他們會願意用自己的宣傳經費支持這項策略。後來這些經銷商總計投入約八百萬美元的經費。

費爾利在豐田時，行銷經費想要多少就有多少。但是在缺乏資金的福特，他就必須運用少許的經費做更多的事情。他決定仰賴過去推出Scion時所採用的策略，那就是游擊行銷。早先他與戴伊就一致認為，**獲得媒體青睞將是關鍵，能夠讓福特的錢發揮最大的作用**。他們的計畫是將更多的資金投入公關活動，減少傳統廣告的花費——**讓其他人幫福特說故事**。比方說，他們指派戴伊旗下公關小組的成員與經銷商合作，還運用專門的經費提供誘因，雇請外面的機構協助戴伊組織了一場社群媒體攻擊行動。不久後，穿著西裝上衣打著領帶的傳統報章雜誌記者便發現，在福特的記者會上隔壁坐著的是衣衫不整的部落客，與擁有網站的二十多歲年輕人。

＊　＊　＊

在內部推廣穆拉利管理哲學

在費爾利構思行銷策略時，迪爾伯恩總部頂樓也出現微妙的改變。穆拉利決定，就像通訊與產品開發部門一樣，福特的工廠也應該採行中央集權的管理方式。他很滿意韓瑞麒在與聯合汽車工會協商期間所發揮的作用，於是在十二月將他晉升為全球製造部門副總裁，這是個新設的職位。

數個月後，人力資源副總裁喬伊．雷蒙宣布他即將離開福特。福特與聯合汽車工會之間的協議一簽定，他便走進穆拉利辦公室表示，他在迪爾伯恩的工作已經告一個段落。石油業巨頭雪佛龍公司（Chevron Corporation）向雷蒙發出邀請，他告訴穆拉利打算接下這份工作。如同霍里蘭一樣，穆拉利並未試圖改變他的想法，他認為雷蒙的能力對過去的福特比較有用。穆拉利並不需要打手。接替雷蒙的人是他的副手費莉西亞．費爾德斯（Felicia Fields），這名做事有條不紊的非裔美國女性更擅長於編寫員工手冊，而非策劃玩弄權術的陰謀[4]。

如今這家汽車製造商在人力資源面臨的最大挑戰之一，就是在福特史上最大的裁員行動後提振士氣，讓員工專心工作。穆拉利於二〇〇六年九月上任以來，僅僅在北美就已經有超過三萬

④費莉西亞．費爾德斯與馬克．費爾德斯並無關係。

五千個工作崗位被裁掉，其中大多數在美國。在他受聘於福特前數月雖然也有成千上萬個職位遭到削減，卻無法相提並論。在福特的工廠，裁員大多只是為了解決過剩的產能。穆拉利推動整合全球營運業務，裁減掉許多職位，也因此留下來的員工就得一人身兼數職，且工作品質要比過去更好。

穆拉利正致力於推動他的文化革命，想讓影響力遍及組織各個角落。到了二〇〇七年末，福特的高層都已接受他所建立的新秩序；然而，低階雇員卻不這麼認為，他們還是會持續舊有的作法。穆拉利想確保每個人都了解他推動改革的目的與扮演的角色。他決定為他們詳細說明——並非透過一本紅色的小書，而是將說明的內容寫在一張藍色小卡上。

長期以來，能放進皮夾的小卡片一直都是福特人力資源部門最喜歡的工具，而在穆拉利受聘於福特時，費莉西亞．費爾德斯就已經開始準備新的卡片。接下來那一年，費爾德斯和她的團隊花了很多時間完成這張小卡；但穆拉利看到最終成果時並未受到感動。對他來說，上面的內容聽起來就像是一連串毫無新意的宣傳用語。他想要的是一份能放進口袋裡的宣言。

在她把小卡拿給他看時，他問道：「大家真的喜歡看這種東西嗎？」費爾德斯不久後便明瞭，這句話代表「我一點都不喜歡這個東西」。

她和穆拉利開始編寫新的版本，以便更準確地反映穆拉利的管理哲學。在卡片上的每個字聽起來都像是直接出自穆拉利口中時，費爾德斯知道他們的目標已經完成。事實上，卡片的大部分內容都是直接摘自他以前的筆記。

卡片正面印有藍色橢圓品牌標誌，在標誌下方寫的是穆拉利的終極目標：「一個福特」，以及其他三句標語：「一個團隊」、「一項計畫」與「一個目標」[5]。在第一句標語下方，穆拉利詳細說明了他對這家公司的願景：

大家眾志成城，打造出最精實的全球性企業，成為汽車產業的領導者。我們非常重視顧客、員工、經銷商、投資人、供應商、工會／委員會以及社區對福特的滿意度。

在「一項計畫」的下方，他重申如今眾所皆知的四點策略。在「一個目標」下面，他寫道：

讓福特成為有創意，又能穩定成長獲利的公司。

卡片的背面列出穆拉利的「期待」：

促進功能與技術上的卓越表現

掌握團隊合作

展現福特的價值觀

創造成果

在第一批小卡從印刷廠送回來時，穆拉利興奮不已。他想與福特員工分享的全都在上面。在二〇〇八年一月的全球領導會議上，他開始將這些小卡發給領導團隊。不久後每位員工都拿到一張穆拉利認為大家都應隨身攜帶的小卡片。

穆拉利在發這些小卡時會邊笑邊說：「拿兩張卡片，然後早上再打電話給我。這些卡片能夠消除你的不適。」

⑤ 這些都是穆拉利發送電子郵件時，信件最後所使用的簽名檔。

「開輛福特試試」宣傳活動重新吸引眾人目光

吉姆．費爾利提出結論，要讓福特回到消費者的購物清單上，真的需要一劑強心針。負責協助他配製這劑藥物的人是托比．巴羅（Toby Barlow），他是底特律小組（Team Detroit）的創意總監，底特律小組這個行銷集團結合了WPP廣告傳播集團旗下的五個單位——智威湯遜廣告公司（JWT）、傳立媒體（Mindshare）、全球奧美集團（Ogilvy & Mather Worldwide）、偉門廣告公司（Wunderman）與揚雅廣告公司（Y&R）——這些單位負責處理福特在北美的廣告。巴羅本人擁有許多面向。他平時溫文爾雅，是虔誠的貴格會教徒，又會利用業餘時間撰寫狼人小說，更會代表底特律做些慈善工作。此外，他也是一名廣告天才。一九九〇年頗具獨創性的釷星汽車（Saturn）廣告就是他的傑作，成功地為通用汽車品牌打響了第一炮。

如今為了福特的利益，巴羅大展長才，為這家公司創造了一句新的標語，聽起來就像是引自穆拉利的話：「開輛福特試試」（Drive One）。這句標語打敗了大約五十句其他候選標語，其中包括「做亨利．福特」等讓人極為尷尬的格言。

接下來，巴羅和他的團隊開始親自處理廣告；費爾利知道福特需要再次被消費者注意。一位行為心理學家建議要做到這點，最好的方法就是為這家公司配上一張人的臉孔。因此費爾利要求巴羅廣告裡要採用真人拍攝，就從福特自己的員工開始。他們會談論福特一些很棒的特色，如Sync通訊整合系統，和福特開始使用黃豆製成的泡棉來製作座椅，以及他們個人對於這家公司徹底的支持。福特的汽車與卡車會做為小配角出現在廣告當中，因為費爾利認為其他車款仍未做好登上黃金時段的準備。不過他所採取的是循序漸進的策略。等到改革後的新產品真正進入市場，廣告的主角就會從員工轉為真正的顧客，他們會在畫面上談論有多喜歡新款的福特汽車。一旦福特的車子迅速超越競爭對手，廣告的內容會再次轉變為拍攝擁有對手產品的車主試乘福特汽車，並對它們的卓越品質與特色感到滿意。這一切廣告內容，從一開始到最後的設計，都沒有劇本，而且是以真人為主角，讓他們訴說真正的感受。主要目的就是要傳達真實的想法。

費爾利在揭露他的計畫時對穆拉利表示：「我們必須和顧客對話，而不是給他們看發言人的頭部特寫或公司的宣傳用語。」

雖然穆拉利很喜歡這項計畫，但是「開輛福特試試」宣傳活動在董事會那裡卻沒有這麼輕易過關。有些董事認為艾倫．穆拉利應該擔任廣告裡的主角。福特家族也有某些成員一直在遊說，希望比爾．福特能回來擔任這家公司的代言人。不過費爾利成功說服所有人給他一個機會。

在第一場與消費者溝通的焦點團體訪談中，費爾利發現僅出現在車子前方的藍色橢圓標誌似乎會讓車子價值減少好幾千美元，而且是少上好幾千美元。訪談人員將一輛汽車展示在受訪者眼前，遮住上面的品牌標誌，然後問受訪者他們認為這輛車價值多少錢。在遮擋品牌標誌的膠布被撕掉時，費爾利透過單向鏡進行觀察，他可以看到受訪者在發現眼前的車子竟是福特時，他們的微笑變為皺眉。訪談人員請他們再次為眼前的車子標上價格。這次他們給出的價格大幅降低。費爾利在豐田進行相同測試時，這個價格卻總是上揚。

「開輛福特試試」宣傳活動主打福特進步最大的四個面向，解決消費者感受方面的問題。這四個面向包括：品質、安全性、永續性與創新。費爾利稱之為藍色橢圓品牌的四大支柱，他還指示巴羅及其團隊，每個廣告都必須有其中一個面向的重點。更重要的是，福特的每項新產品都必須體現這幾個面向。

二〇〇八年四月，第一批電視廣告在極受歡迎的〈美國偶像〉（*American Idol*）節目結尾時開始播放，立刻成功吸引眾人目光。多年以來，人們首次開始談論福特。億萬富翁投資客兼拉斯維加斯賭場大亨科克·柯寇瑞安（Kirk Kerkorian）也是如此。事實上，他正竭盡所能全力買進這家公司的股票。

—第十三章—

成熟待採

如果某個行業能夠自行吸引資金挹注，那麼他們根本就不需要融資也能繼續成長茁壯。

——亨利·福特

科克·柯寇瑞安是名賭徒，但是他在冒險前總是會經過仔細評估。他生於一九一七年加州一個亞美尼亞移民家庭，在八年級（*編按：相當於國二）就輟學，靠著為一名飛行教練擠牛奶拿到他的飛行員執照。當二次世界大戰爆發，他前往加拿大登記加入英國皇家空軍（Royal Air Force）的飛機渡運指揮部（Ferry Command）——這個團體是由不怕死的飛行員所組成，他們的工作是將新飛機從加拿大的工廠飛到處於備戰的英國中隊所在地。如果沒有要求他們在飛行途中將新飛機性能發揮到極致的話，其實這些飛行勤務不會有多大危險。然而，事實並非如此，好幾百人死於嘗試之中，但那些能活著回到家的人每個月能拿到一千元的酬勞。柯寇瑞安完成了三十三次任務。他領了薪水，然後在戰後用這筆錢成立一家提供飛機租賃服務的小公司，來往於洛杉磯與拉斯維加斯之間。

賭場大亨的投資目光投向汽車產業

在拉斯維加斯，他成了這座罪惡之城發展初期揮金如土的其中一人。一九六二年，柯寇瑞安以僅僅不到一百萬美元的價格，買下了拉斯維加斯大道上八十英畝（大約三十二公頃）的土地，並將這塊土地出租給凱薩宮（Caesar's Palace）的創辦人，他從這筆生意中賺到了四百萬美元。之後在一九六八年，他又將這塊土地賣給這家賭場，又獲利五百萬美元。他把這筆錢用來購買米高梅電影公司（MGM），然後用賺來的錢開始建造他自己的賭場。一九八六年，他以五億九千四百萬美元的價格，將米高梅大酒店位在拉斯維加斯與雷諾（Reno）的賭場賣給了巴利製造公司（Bally Manufacturing Corporation）。到了一九九〇年，柯寇瑞安便成為美國最有錢的人之一——而且這個人還突然對汽車業產生興趣。他開始購買克萊斯勒的股份，還在一九九五年與這家公司的前執行長李．艾科卡合作，發動了一場失敗的奪權行動。之後他提起訴訟，想要阻擋克萊斯勒出售給德國的戴姆勒．賓士汽車公司，但是他的行動再次宣告失敗。二〇〇五年，柯寇瑞安轉而購買通用汽車的股份，並試圖迫使這家位在底特律的汽車製造商與法國的雷諾（Renault）和日本的日產汽車三方結盟。只是這次行動同樣宣告失敗。之後這名億萬富翁兼賭場大亨便將注意力轉向福特汽車。

二〇〇七年整年，柯寇瑞安始終對福特保持密切注意。那年七月，福特獲利七．五億美元，令華爾街大吃一驚。艾倫．穆拉利在抵達迪爾伯恩僅僅九個月後，就讓福特轉虧為盈。這是兩年來的第一次。不過這家公司的銷售額仍然持續下滑，穆拉利提出警告，情況可能會變得更糟。福特在第三季損失三．八億美元，但是它的表現仍然超乎分析師預期。然而，在該年年底以前，福特的全美銷售額已經下跌百分之十二——是所有全線製造商中下跌幅度最大的，豐田因而成為美國境內排名第二的汽車製造商。這是七十五年來福特首次掉到第三名。福特在亞洲也未達成銷售目標，但是據報它在歐洲與南美洲（福特在當地的再造工作進行得十分順利）卻有很大的獲利。福特在二〇〇七年全年共損失二十七億美元。相較於前一年一百二十六億美元損失，的確有很大的進展，但是穆拉利與財務長唐．勒克萊爾仍是擔心日漸惡化的經濟情況會對汽車產業產生深遠的影響。二〇〇八年一月，他們宣布展開第二輪的緊縮開支計畫。對於旗下剩餘的五萬四千名美國工廠員工，福特提供了更慷慨的優退條件，並知會支薪雇員準備好面對進一步的裁員行動。福特正在為大規模的經濟衰退做好準備。

在最新的削減成本措施宣布當天，他表示：「我們在財務方面很保守。我們得確保有足夠的現金可以安然度過這次危機。」

在二〇〇八年剛開始的幾個禮拜，福特的股價驟跌，到了一月十五日更收在一股不到六美金，這是自一九八六年以來的首次。柯寇瑞安一看就知道這是個賺錢的機會。這家位在迪爾伯恩的汽車製造商正在困境中掙扎，但是它也正在進行某件數十年來底特律其他車廠都不願意做的事情：面對現實。這件事或許並不會令人感到愉快，但是柯寇瑞安相當確定，它將在不遠的未來產生有利的結果。

或至少傑瑞．約克（Jerry York）是如此確信。

自從九〇年代柯寇瑞安試圖接管克萊斯勒卻不幸失敗後，傑羅姆（Jerome，暱稱傑瑞）．約克便成了柯寇瑞安在底特律的代表人，也是他在汽車相關事務上的顧問。約克在一九六三年成為通用汽車的技師，從此開始他在汽車業的事業。後來他跳槽到福特，從一九六七到一九七〇年間都在產品規劃部門工作。一九七九年，他加入克萊斯勒，一步步往上爬，最後當上了位居艾科卡之下的財務長，還是艾科卡退休後呼聲最高的繼任者。一九九三年他並未如眾人期待升上這個克萊斯勒的最高職位，便暫時離開汽車業，轉而擔任ＩＢＭ公司的執行長，而後在一九九五年他才加入了柯寇瑞安的特瑞新達投資公司（Tracinda Corporation）。自那時起，他便一直是柯寇瑞安在底特律這個汽車之城的耳目，而他十分欣賞福特正在發展的一切。

二〇〇六年，柯寇瑞安強迫通用汽車將約克安插進它的董事會。除了推動與日產和雷諾汽車之間的聯盟外，充滿激情的約克還堅決要求實施全面性的重組計畫，包括放棄紳寶（Saab）、悍馬（Hummer）與釷星等非核心品牌。通用汽車否決了約克的提案。現在他注意到福特的新執行長似乎正一絲不苟地在執行這項計畫。約克仍在為通用汽車的拒絕而感到難堪，他因此開始蔑視這家汽車製造商、董事會與執行長瑞克．華格納。想到福特重新崛起全面超越通用汽車，他便感到心情愉快。

約克告訴柯寇瑞安：「對我來說事情清楚得很，那就是福特的危機意識比通用汽車高多了。他們領先通用太多了，這可不好玩。」

* * *

在二〇〇七年六月，福特委託投資銀行高盛集團（Goldman Sachs）與摩根史丹利公司（Morgan Stanley）開始為旗下剩餘的兩個英國奢華品牌Jaguar和Land Rover募集買家出價。

Jaguar和Land Rover打包出售

在汽車史上最知名的品牌中，這兩個品牌都占有一席之地。Jaguar的名氣來自於製造極其帥氣的豪華跑車，Land Rover則是因為它的高檔運動休旅車而聞名全球。它們也代表了盛極一時的英國汽車業所遺留下來的一切。這兩個品牌散發出格調與尖端魅力，卻也因為糟糕的品質而惡名昭彰。不過這點在福特的監督下已有顯著改善，尤其是Jaguar，但是Land Rover在所有品牌中仍敬陪末座。但好消息是這個品牌是獲利的。在某幾季，甚至是福特獲利最多的汽車品牌[1]。另一方面，Jaguar則是個無底洞，多年來福特一直扔錢進去，卻從沒跡象顯示這筆投資能回收。福特在一九八九年以二十五億美元的價格買下了這個奢華品牌，很顯然，當時大多數分析師認為這個品牌不具這個價值。從那時起，福特在Jaguar身上投入大約一百億美元。

福特並未被要求公布Jaguar的財務成果，但是《底特律新聞報》取得了內部機密報告的副本，上面顯示僅僅二〇〇六年Jaguar就損失超過七．一五億美元。Jaguar的情況的確正在改善，但是根據報告指出，這個品牌還需要許多年才能轉虧為盈。福特還因為《底特律新聞報》刊登這些數字而大發雷霆，更要員工接受測謊，找出洩密者。在多數情況下，穆拉利會制止這種過度反應的行為，因為不僅會打擊員工士氣，也讓福特又回到過去。不過這次情況不同：福特可能因此賣不掉這個虧錢的品牌。

正因如此，沒有一個認真的買家會願意單獨買下Jaguar，而放棄Land Rover。無論如何，分割這兩個品牌幾乎不大可能，因為福特為了降低成本，早已將它們大部分的業務營運工作整合在一起。這兩個品牌得搭配在一起出售。

在幾個禮拜內就有許多買家出價，包括俄羅斯的寡頭政治獨裁者、私募股權基金和一些尚未站上世界舞台的印度汽車製造商。福特與它的銀行篩選這些買家提出的價格，拒絕那些太低

①它在二〇〇七年獲利大約十五億美元。

或來自不受歡迎買家的出價。有幾名俄羅斯買家僅透過邀請他們來美國面談就能將他們剔除。他們根本無法拿到簽證。柯寇瑞安的特瑞新達投資公司是在初期就出價的買家之一，但不久後便退出了。後來只剩下才剛買下克萊斯勒多數股份的賽伯樂斯資金管理公司（Cerberus Capital Management）[2]；利浦伍德控股公司（Ripplewood Holdings），這家公司選定由福特的前總裁尼克·許勒爵士（Nick Scheele）負責指揮出價；美國私募基金德州太平洋集團（TPG Capital），這個集團擁有義大利機車製造商杜卡迪公司（Ducati）；專門從事融資購併的阿波羅管理公司（Apollo Management）；英國私募基金泰豐資本（Terra Firma）；摩根大通旗下的私募投資事業One Equity Partners，該公司是由福特的前執行長賈克·納瑟所領軍；以及兩家印度公司馬恆達集團（Mahindra & Mahindra）與塔塔汽車公司（Tata Motors）。

福特用接下來幾個月的時間審慎評估每一位出價的買家。如果直接出售給出價最高的買家，牽涉的問題實在太多。福特是英國最大的汽車製造商。它在當地製造汽車已有很長一段時間，以致於大多數消費者都以為它是國內製造商。英國也是福特僅次於美國的第二大市場。在迪爾伯恩的決策者擔心，如果他們沒有好好處理這兩個珍貴英國品牌的出售案，英國消費者可能從此否定藍色橢圓品牌[3]。

賣給誰？怎麼經營？英國政府與工會都在看

負責讓交易順利進行的是福特歐洲總裁路易斯·布斯。他了解同時出售兩個品牌其實不會讓負責的人較為省事。過去數年，他花了許多時間嘗試將這兩個品牌改造成某種事業體，類似能夠順利經營的汽車公司，有許多員工甚至私底下都是很親密的朋友。布斯十分了解汽車產業，如果不是Jaguar在他們心目中有著特殊地位，沒有人能夠獲得這種評價。因此他最不想做的事情就是成為讓Jaguar吹熄燈號的英國人。身為英國人，布斯比福特大多數人都清楚眼前面臨的風險有哪些，因此他相當小心謹慎。他成了福特的良心，仔細篩檢每位出價的買家，並與英國政府和工會密切合作，讓它們能夠參與過程中的每一步。

布斯提醒穆拉利，福特在英國的名聲正處於危急存亡之秋，他指出：「所有和我們利害相關的人都必須配合我們。這方面的工作一定要確實做好，而我認為我就是負責這項工作的最佳人選。工會相信我，政府相信我，歐盟相信我，Jaguar和Land Rover的員工也相信我。我必須待在英國，因為我能夠完成這一切，同時將對福特的傷害降至最低。」

穆拉利同意談成這筆交易應該是布斯的首要工作，不過隨著進展延宕，他開始懷疑這名英國人是否真能逼迫自己痛下決定。

英國政府尤其關心這筆出售案，因為這兩個品牌的基地都設在英國中部地區——它們是當地的主要雇主，沒有它們，這個區域的製造業會陷入蕭條。工會也急於看到勞工和他們的退休金

---

② 戴姆勒對這家美國合作夥伴耐心盡失，因此在二〇〇七年五月十四日將百分之八十的股份，以七十四億美元出售給賽伯樂斯資金管理公司。

③ 諷刺的是，福特在英國的主事者反而比較不擔心這點。他們看過BMW（寶馬汽車）在二〇〇〇年搞砸了Rover（路華）的交易案，但英國人對於這個德國奢華品牌的需求並未因此下降。

獲得保障。布斯對兩方人馬都表示歡迎他們提供建議，但是出售案的最後決定權還是會在福特手上。他煞費苦心確保福特做出正確的決定。布斯審查出價買家的財務狀況，以確定他們並非只有足以支付買價的款項，更有足夠的資金能夠維持這兩個品牌的營運。不論Jaguar與Land Rover最後是出售給哪位買家，福特仍將是該名買家的主要供應商，因此確保這兩個品牌未來能夠繼續經營十分重要，而這不僅僅是為了福特的公關形象。布斯甚至要求新擁有者就未來對待這兩個品牌旗下員工的方式做出具體承諾。

布斯告訴他的團隊：「這不是減價大拍賣。我們必須做對事情。」

到了二〇〇七年秋天，福特已經將範圍縮減至最後三名買家：兩家印度製造商及納瑟的One Equity Partners。每位買家都分配到一個代號，以防他們的身分外洩。塔塔汽車公司的代號是「西藏」，這家公司很快地便冒出頭，成為福特優先考慮的對象。

塔塔汽車公司不僅是出價最高的買家，在計畫如何經營這兩個品牌方面，更有著最清楚的願景。此外，布斯很快便與這家公司的總裁拉丹．塔塔（Ratan Tata）相處融洽。他是名態度強硬的生意人，卻也極為正直。布斯認為他是福特可以做生意的對象。他很了解這兩個品牌的價值以及在全球汽車市場中的獨特地位。如同福特，塔塔汽車公司也是家族事業，這點有加分效果。而且這家龐大的跨國複合企業所擁有的資源不僅能夠買下Jaguar與Land Rover，更足以投資它們的未來。

工會在最後同樣支持塔塔汽車公司。僅是提到賈克．納瑟的名字，就足以令他們害怕，他們擔心回到他的掌控之下，將意味著進入大幅削減開支與裁員的新時代。不過納瑟的出價受到青睞的機率不高。One Equity Partners的財力雄厚，但是比爾．福特對於將這兩個品牌賣給他從前的勁敵沒有多大興趣。兩人已化解歧見，但是福特知道如果讓納瑟得到Jaguar與Land Rover，並設法成功將企業轉虧為盈，他一定會特意找機會揭人瘡疤。

至於馬恆達集團，福特很快便明白這家印度的牽引機製造商只對Land Rover有興趣，因此很有可能一有機會就會將Jaguar轉售出去。布斯之所以將馬恆達集團留到最後，是因為它能增加福特在與塔塔汽車公司談判時的籌碼。塔塔汽車的規模比馬恆達集團大許多，如果輸給規模較小的競爭對手，他們在印度會很沒面子。

二〇〇八年一月三日，布斯宣布這家印度汽車製造商已經出線，成為福特優先選擇的交易對象，並表示雙方將正式進行相關條款的協商。在美國，這項消息卻招致某些人的不安。部分經銷商大聲抗議，認為將英國頂級品牌賣給印度某家暴發戶汽車製造商將會摧毀它們的奢華形象。但是在英國當地，人們卻平靜地接受這項消息，四百年的共同歷史及對於外帶咖哩的熱愛，抑制了對印度公司所引發的任何憤怒情緒。塔塔汽車早已擁有英國最受歡迎的茶葉公司之一特立（Tetley），以及泰姬（Taj）連鎖度假飯店集團。此外，這家印度複合企業也因近來收購英荷鋼鐵大廠科魯斯公司（Corus）的行動，而為英國政府與工會所熟知[4]。

三月二十六日，福特宣布雙方達成協議，Jaguar與Land Rover將以二十三億美元出售給塔塔汽車公司。這個金額少於二十年前福特購買Jaguar所支付的價格，也無助於彌補這家汽車製造商投

④ 這筆交易案於二〇〇七年一月完成。

入這兩個品牌的數十億元。不過穆拉利很高興能看到這兩個品牌的結局。Jaguar與Land Rover已經讓福特分心太久，以致於福特無法進行更具急迫性的工作——整頓自身業務[5]。此外，福特也需要這筆錢。一週前穆拉利才警告過華爾街的分析師，信貸危機將愈來愈嚴重，消費者未來想申請汽車貸款可能會變得困難許多。

* * *

儘管在美國與其他主要市場中新車的銷售量加速下滑，約克仍然對福特很有信心。他告訴柯寇瑞安，二〇〇六年他們嘗試說服通用汽車採行的每項措施現在正由福特一一實現。此外，福特股票近來交易的熱絡程度也是自八〇年代以來未曾見過的。二〇〇八年四月二日，柯寇瑞安開始買進。兩天後，他派約克去「玻璃屋」與穆拉利本人會面。

柯寇瑞安大買福特，為什麼？

唐．勒克萊爾倉促安排了這場聚會，他是約克的老朋友。穆拉利很快答應這場會面，因為他曾經讀過約克努力改革通用汽車的資料，並渴望能與這名業界的討厭鬼面對面接觸。這場會面最後就像是一場聯誼餐會。約克告訴穆拉利對於福特目前的變化感到印象深刻；穆拉利則告訴約克他有多常想到他拯救通用汽車的構想。在約克起身準備離開之際，他對穆拉利與勒克萊爾表示，他的老闆柯寇瑞安「對投資福特有興趣」。在約克向柯寇瑞安報告過這次會面的概況後，特瑞新達投資公司又買進福特六百五十萬股。

四月二十四日，福特公布二〇〇八年前三個月的財務成果。這家公司再次恢復盈利，而且令人訝異地獲利竟達一億美元。不過在迪爾伯恩卻沒有人在笑。就在穆拉利公布這些超乎預期收益的同一天，他也宣布福特將在第二季大幅減少在北美的產量，減幅達十萬個單位，同時表示將無可避免地大規模削減這家公司的白領人力，讓公司能順利度過全球經濟危機。石油與其他商品的價格上揚，正逐漸壓縮福特的利潤，而有四千兩百名計時員工已經簽署最新的優退方案。這只是福特大約一半的目標。另一波優退計畫很快將會啟動，但是福特發現工廠員工也對經濟情況感到不安，他們不願在就業市場不穩定的情況下，放棄他們已受保障的工作。然而，穆拉利仍保證福特會繼續採取任何必要的行動，以便履行他的諾言，確保福特在二〇〇九年全年都能獲利。

四天後，柯寇瑞安採取行動。四月二十八日，他的公司發出一篇新聞稿，宣布他自四月二日以來已經累積買進一億股的福特股票，並且打算公開報價，以每股高於最新收盤價一元的加價後價格再買進兩千萬股。如此一來，柯寇瑞安就會擁有這家公司超過百分之五的股份。雖然不足以擁有強迫的決策權，卻也多到無法忽視。

⑤ 讓Jaguar與Land Rover脫離福特將耗費數個月的時間。法國Jaguar經過了將近一年的時間才正式成為新Jaguar的一份子，原因是要將它與法國福特分離，必須先克服許多法律方面的困難。在俄羅斯，Jaguar與Land Rover的員工則是與福特的員工一同在福特公司的營運總部裡工作。一直到二〇一一年，他們仍然在那裡，只是現在是在不同的樓層。

根據特瑞新達投資公司的聲明：「自福特發布二〇〇七年第四季的成果以來，特瑞新達就一直密切注意這家公司，這份成果報告顯示，在這家公司致力於徹底轉變的過程中，福特的管理階層正開始發揮極具意義的曳引作用。這點在上週福特發布二〇〇八年第一季的成果時進一步獲得確認。儘管美國經濟環境困難，福特依舊表現亮眼。特瑞新達相信，在執行長艾倫．穆拉利的領導下，福特未來將持續展現值得注意的進展。」

柯寇瑞安對福特有興趣的消息在這家公司與福特家族上下引發強烈的反應。福特的後繼子嗣預定在五月三日舉辦他們的春季常會。許多人一抵達現場便追問比爾．福特有何因應之道，以保護福特免受美國汽車業最具破壞力的勢力侵擾。比爾．福特才剛稍微修補家族成員間的裂痕，他不容許有人破壞這種和諧的景象。他向親戚保證，不論是柯寇瑞安或其他人絕對無法在沒有他們的同意下就掌控這家汽車製造商。比爾也告訴他們，由於柯寇瑞安突然對福特感興趣，因此家族維持團結支持穆拉利就顯得比以往更為重要。

雖然比爾．福特並不知道這件事，但是約克早已在私底下進行過調查，詢問專家買下福特家族手上所有的股份需要多少錢。我們並不清楚當時柯寇瑞安是否知道這件事。不過約克獲悉一年前福特家族分裂的消息，就一直垂涎以待。他深信裂痕一旦形成，只會變得愈寬愈深。多年來，約克一直夢想著自己能夠領導某家成功的汽車公司。有柯寇瑞安的金錢做後盾，他很可能有機會成為復興這間車廠的其中一員，最後他想做的就是揭露瑞克．華格納的瘡疤。

五月九日，柯寇瑞安向福特的股東正式出價。在出價書中他透露約克已經和艾倫．穆拉利、唐．勒克萊爾見過面，同時知會他們特瑞新達對福特感興趣。不論是穆拉利或勒克萊爾都沒有對比爾・福特提起過約克的意見，比爾因此很不高興。當這位福特董事長得知勒克萊爾一直持續和柯寇瑞安的特使進行一對一的談話時，勃然大怒。比爾想知道勒克萊爾與約克、柯寇瑞安混在一起到底是在忙些什麼。

事實是，勒克萊爾心中對於經濟情況憂懼愈來愈深，也愈來愈擔心福特是否有能力安然度過即將席捲而來的風暴。勒克萊爾精通博弈理論，他想要將特瑞新達留在觸手可及之處，讓福特在需要時能迅速募集額外的資金。到了二〇〇八年中，剩下的其他選項已經不多。當時福特也曾試探性地接觸主權財富基金，甚至還找上中國人洽談。勒克萊爾知道自己可以發行額外的股票，並讓柯寇瑞安買下來。穆拉利也急欲讓所有募集資金的管道保持暢通。不過他也為約克滔滔不絕所表達的欽佩之意而感到高興，並認為柯寇瑞安的關注為他的改造計畫提供了強而有力的背書。穆拉利堅持這一切只是一場誤會。

福特公司為解決這件事而發出一份聲明。比爾・福特告誡穆拉利不要讓這種情況再度發生，而董事會也警告穆拉利和勒克萊爾日後要謹慎一點。他們接受了勒克萊爾的解釋，但卻使得這位財務長在比爾・福特與其他董事會成員的眼中大打折扣。他們都很清楚柯寇瑞安和約克曾在通用汽車與克萊斯勒造成的破壞，他們不想讓歷史重演。董事們清楚表示，不論柯寇瑞安收購了多少股票，他永遠無法像對待通用汽車董事會的方式，購買到福特董事會上的席位。

* * *

是友善投資？還是爭奪董事會席位？

二〇〇八年六月十七日，比爾・福特和艾倫・穆拉利飛往拉斯維加斯，以便親自釐清科克・柯寇瑞安的意圖。他們抵達貝拉吉歐（Bellagio）賭場後，在旁人的帶領下穿過由走廊所組成的迷宮，走廊上排列著各式原作藝術品，最後來到一間附有私人花園和游泳池的雅緻套房。房內擺設奢華，甚至連身為富人的比爾都十分驚訝。不過他也為柯寇瑞安帶來一份驚喜——董事會成員理察・曼努金（Richard Manoogian）。曼努金是麥斯可公司（Masco Corporation）的白髮總裁，這家公司是櫥櫃與其他家用設備的主要製造商。曼努金也是亞美尼亞人，他的父親是柯寇瑞安的好友。曼努金家族在亞美尼亞社群裡極受敬重，柯寇瑞安不可能當著他的面說謊。

柯寇瑞安似乎一點說謊的意思都沒有。他有著一頭鋼灰色的卷髮和濃眉，表現得既親切又有魅力，他的活力與機智讓人很難相信他剛邁入九十一歲。他告訴比爾福特正走在正確的道路上，並表示能夠搭上這趟順風車讓他倍感高興。

他向他保證：「這將是一次友善的投資。」

比爾・福特對此感到懷疑。

在會面期間，事情變得很清楚，約克並非如他自己所形容的是親密的私人顧問，只是受雇的槍手。他為柯寇瑞安安排的任何交易，都能從中得到一定比例的利潤。此外，他也並非如底特律許多人所相信的是柯寇瑞安的左右手。那是亞利克斯・葉梅尼傑（Alex Yemenidjian）的工作，他也是亞美尼亞人，同樣出席了這場會面。這讓比爾覺得十分驚訝，他不禁注意到不論是柯寇瑞安或葉梅尼傑，似乎都不太在意約克想說的話。約克的想法顯然並非與他雇主的盤算完全一致。如果福特可以猜得出柯寇瑞安的意圖究竟為何，他會感到更放心。

在他們離開前，曼努金硬是從柯寇瑞安那裡要到一個承諾，那就是他不會像先前一樣背著福特採取行動。柯寇瑞安向他保證沒有任何隱藏的意圖，他之所以對福特感興趣，只是因為在穆拉利的領導下，福特是一個很好的投資標的。

儘管擁有這些保證，對於緩和比爾．福特的擔憂幫助不大。柯寇瑞安看起來十分友善，穆拉利也贊同約克某些想法，但比爾還是不相信這兩個人——基於過往的經驗。不過穆拉利並沒有比爾．福特的過往經驗，以及對這組搭檔之前的印象，福特董事長還是時時刻刻保持戒心。

在六月，就在他最初出價成功買進兩千萬股僅僅數天後，柯寇瑞安宣布他又收購了兩千萬股，這使得他在福特的股份增加到百分之六．五。比爾．福特召集了一個應變小組。他的律師確信，柯寇瑞安絕對無法以計謀擊敗福特家族，但是考慮到近日才彌合的裂痕，比爾並不想冒任何風險。在全球總部某間作戰室裡，應變小組開始進行討論，列出許多可能的情況，嘗試推算出柯寇瑞安接下來的行動及因應的計畫。九月，比爾採用「毒藥丸」計畫，也就是將一百九十億美元保留在遞延稅額優惠中。如果柯寇瑞安在福特的持股又增加百分之五十，這筆錢也會發揮作用。

不過福特永遠無須再擔心這些。勒克萊爾長久以來所擔心的經濟海嘯終於在那年秋天降臨，汽車公司與賭場大亨同樣遭受沉重打擊。對柯寇瑞安來說，投資福特變得風險太高，他現在正在努力穩固對米高梅電影公司的投資。十月，他開始拋售福特股份。在那個時候，科克．柯寇瑞安已經不是福特最關切的問題了。

—第十四章—

暴風雨的前兆

對每家製造廠而言，每次的不景氣都是一種挑戰，這意味著企業必須花費更多心力在交易上。

——亨利·福特

二〇〇八年五月五日，福特汽車執行長艾倫．穆拉利致電給美國聯準會（U.S. Federal Reserve）主席班．柏南克（Ben Bernanke）[1]。

「我們非常關心經濟現狀與信貸危機，」穆拉利對這位等同於國家中央銀行的總裁這麼說。他指出美國汽車銷售量快速下滑，大家的錢似乎不翼而飛。「看起來美國經濟正在衰退。」

不利市場的壞消息紛起

五天後，穆拉利再致電給美國財務部（U.S. Treasure）部長亨利．鮑爾森（Henry Hank Paulson），也說了相同的話[2]。不管是鮑爾森還是柏南克都同意福特的觀點，但他們也說，這些都還是未定之數，現在就下評斷似乎過早。

事實上，那年十二月美國真的進入經濟衰退期。當穆拉利將他的憂慮告訴鮑爾森時，華爾街就有傳言全球最大的投資銀行之一貝爾斯登（Bear Stearns）公司的現金水位短缺。五天後，柏南克成為摩根大通集團併購貝爾斯登公司的協調者。二〇〇七年次級信貸市場早就對華爾街產生衝擊。申請信貸的人愈來愈多，失業人數攀升，緊張的消費者將荷包看得愈來愈緊。幾個月前，銀

① 福特財務長唐．勒克萊爾也在電話上。
② 這是穆拉利第二次打電話給財務部長鮑爾森，第一次是在二〇〇八年一月十一日。在那次談話中，穆拉利提出警告，他認為信貸緊縮可能引發經濟衰退。

行或財務公司還積極招攬那些信用不佳的消費者申請貸款，但現在一些還是願意購買昂貴物品，如汽車的人卻發現要跟他們借錢卻愈來愈困難。當愈多的車子因付不出貸款而被收回後，二手車的價格也一落千丈，車子根本賣不到好價錢。美國房市泡沫化加速次貸危機爆發，更對汽車產業投下一顆震撼彈。二〇〇七年，約有兩百萬美國人以房子當抵押品購買新車。現在這些抵押品如同人間蒸發，不再屬於他們的資產。

房市榮景的結束等同於宣告卡車市場也接近尾聲，因為這類車款的購買者大多是建設公司或在這裡上班的人，由於手頭資金吃緊，他們只能選擇出售。其實從二〇〇五年開始，卡車市場便日漸萎縮。為了實現穆拉利跟著市場走的理念，福特已漸漸減少這類車款的產量。在一月份，原油價格來到歷史新高，首度超過一百美元，貨卡車與休旅車銷售量下降的速度比福特預期的還要快。到了四月，美國轎車的銷售量自二〇〇〇年以來第一次超越卡車。市場上出售這些耗油的卡車與休旅車的消費者數量達到新高；然而，福特只有一些燒錢的混合車款以及北美區原本就在銷售的Focus，根本沒有提供經濟又實惠的小車。福特汽車的設計師與工程師日以繼夜地工作，想讓新一代的省油小車與跨界車款儘快上市，只是天不從人願，新車款大約在一年多之後才出現在北美汽車展示區。二〇〇六年的情況重現。穆拉利想越過「卡車」這道關卡就像兩年前馬克・菲爾德斯的「前進之路」計畫一樣。

到了五月，福特汽車面臨重大的危機。穆拉利原本的每週會議變成每天的例會。汽油的國內平均價格來到每加崙三・五美元，卡車市場的銷售量以自由落體的速度下跌。在該月的頭兩週，大型貨卡車在美國市場的占有率從百分之十一下跌至僅有百分之九。這表示福特在原本最有利可圖的部門一天損失約一萬台的銷售量。每天的數字日益難看。由於銷售量銳減，而鋼鐵與其他原物料價格上揚，進一步侵蝕福特的利潤。每次開會前，最新的數據更新至會議投影片中。每一天，福特的財務報告愈來愈難看，也遠低於穆拉利的目標。領導團隊整天想的就是如何降低成本以彌補鉅額損失，但到了五月十六日星期五這天，他們沒有任何選擇了。隔天穆拉利致電給歐洲福特董事長路易斯．布斯，詢問是否需要任何協助以提昇太平洋另一端的銷售量，但也得到否定的答案。雖然歐洲區還是處於獲利的狀態，但那邊的市場也開始蕭條了。

五月二十日星期二，福特高階主管再次聚在穆拉利辦公室一起檢視各項報表。他們擠在他身旁的長形會議桌前，這裡明顯比雷鳥會議室小，不過會議很快就會結束。他們不需要投影片也知道現在的數據有多糟糕。穆拉利可從他們的表情看出來。他們每人手上都拿到一份新聞稿，大致說明了福特目前的處境。

「我們怎麼看這些數據？」穆拉利詢問。「這反應每個人的觀點、想法嗎？」

所有主管都點點頭。

「我們還有其他辦法嗎？」

大家又十分有默契地搖搖頭。

兩天後，在一場與分析師以及記者的視訊會議上，穆拉利開始念出他職涯生活中最難以啟齒的一項聲明。

「基於原油價格不斷攀升，我們必須放慢重建計畫的腳步。在分析數據後，我們的評估結果是，近來的改變絕大部分在於產業結構，而非一種循環。」他說。「我們評估自己的能力，從內部找出其他的補救方式。我相信這種方式絕對能將福特汽車未來營運狀態的損害降到最低。也因此，我們認為在二〇〇九年之前，不論是北美區或整體營運都還無法獲利。」

看起來，福特汽車似乎又再一次地違背承諾，而且這是穆拉利曾發誓絕不可能發生的事情。穆拉利繼續宣布北美區將會削減更多的生產成本，並指出裁員是無可避免的。但有件事福特絕不會做，那就是減少對新產品的投資。

「為了長遠的未來，**福特汽車當前最重要的就是面對現實，重整內部，製造出消費者想要的車款**。此外，我們也會持續投資，研發更省油的中小型車款。」他說。「在此艱困的環境下，我們會按部就班執行計畫，加速轉型，如此才能創造一個令人驚喜、具獲利能力以及穩健成長的福特汽車。」

那天傍晚，穆拉利在底特律舉行的宴會上接受汽車工程師協會（the Society of Automotive Engineers）頒發的二〇〇八年製造成就獎（Manufacturing Achievement Award）。那天的新聞為頒獎晚會蒙上一層陰影。當穆拉利上台領獎時，他的公關人員謹慎地盯著在後台的一大群記者。今晚不會問無關緊要的問題。為了消磨時間，福特公關試著計算所有沒做到的承諾。他們希望這次是最後一次了。穆拉利講完話走下舞台時，仍然面帶笑容的對著台下仰慕他的工程師，然而當記者擋住他的去路，打開錄音機提出問題時，他的笑容漸漸消失。其中一名記者問到，他打破在二〇〇九年讓福特轉虧為盈的承諾是否代表著他的誠信蕩然無存，這位熱情洋溢的執行長立即怒氣沖沖地回答「不予置評」，接著轉身離開。

這個挫折給了這個向來樂觀的人罕見的提示。當福特終於火力全開準備大顯身手時，引擎的動力卻不足，不過穆拉利仍舊保持樂觀，雖然還是有點失望，卻也不願再多想。他知道自己和團隊已經盡力了。問題在於，福特追不上市場衰退的速度。

我們的計畫絕對可行，那天晚上穆拉利開車回迪爾伯恩時提醒自己。**這真的是非戰之罪**。

* * *

改善品質不是為了成為市場老二

雖然在福特展示間內的轎車和卡車與二〇〇六年穆拉利剛上任時沒多大差別，但品質已經大幅提昇。在穆拉利的支持下，班尼．福勒著手實踐他的理念，開始在美國以及其他地區宣導品質概念。他先從福特現有的品質程序開始，他親往各地區審視，確保品質概念能落實。如果有人對品質程序有更好的想法，會將意見納入品質規範中。福勒期望福特在世界各地的工廠都能嚴格遵守相同的品質規範。他著手規劃一套可追蹤顧客申訴的全球電腦系統，並確保這些抱怨能被引導至相對應的部門[3]。這套系統讓每位工廠經理能在客戶將車子送廠維修的四十八小時內檢視其維修報告。在大多數情況下，這些報告會在二十四小時內送達當初生產的工廠。一旦他們收到

③ 直到二〇一〇年福勒的追蹤系統才真的擴及全球，而最後一個上線的區域是亞洲區。

報告，經理就能在生產線上找到負責組裝的員工。如果可以的話，最好將車子送回原來的地方修理。那麼經理就可到工廠的最後檢查區去弄清楚，之前車輛出廠前所疏忽、錯漏的問題。相關部門會把全公司每天的維修報告整理好，確認各地最常發生的問題，如此一來福勒與其團隊就能多花一些心力在這些議題上。福勒的系統也會從第三方，如國際知名調查機構J.D. Power and Associates（*編按：簡稱J.D. Power，為全球性的市場調查公司，主要就顧客滿意度、產品品質、消費者行為等做獨立的市場調查。）追蹤一些數據，並計算出每個汽車零件所需的保固成本。這讓公司能很快知道有問題的來源或供應商。這麼做之後，有了大轉變。每週四的BPR會議簡報上，福勒的紅色色塊愈來愈少。

當福特汽車的品質愈來愈好時，福勒開始公開表現出他的雄心壯志，讓業界不少人甚感驚訝。二〇〇七年，他宣示福特將在二〇〇八年消弭與日本車廠間的品質鴻溝。這樣的說法其實也讓內部人員產生懷疑。然而，福勒擁有相關數據作為他的後盾。他的團隊完成迴歸分析（regression analysis[4]），找出豐田汽車在二〇〇八年的品質變數，並確保福特的品質能超越那個標記。某些福特公關人員擔憂這無疑給媒體一個攻擊福特的機會，但福勒的目的顯然與媒體毫無關係，他只是想為團隊設立目標。

「我們這麼做的目的不是想成為第二名，」他提醒團隊。

那年六月，J.D. Power and Associates宣布福特Mercury車款的品質超越本田汽車，並只落後豐田汽車幾個百分點。這是一向以樸實著稱的美國汽車品牌首度擊敗日本汽車大廠。藍色橢圓品牌終於不再敬陪末座。

「雖然還在進行重整，但過去五年福特品質不斷地提昇，」在權威機構負責觀察汽車品質的副總大衛．萊特森（David Letson）說。「沒有一家全系列製造廠能做到。」

德瑞克．庫薩克這段期間也沒閒著。在他的領導下，福特全球產品發展系統（Global Product Development System）持續擴張與改善。一套更新、更好的數位設計流程已經在全球啟動，不僅可以減少研發時程，也可降低工程成本。到了二〇〇八年，福特與旗下品牌的車款多達九十七種，在二〇〇六年穆拉利加入福特時只有五十九種。此外，福特也計畫將在接下來五年縮減約百分之四十的製造平台，屆時約有三分之二的產量只需要十個製造平台。到那個時候，福特將擁有真正的規模經濟。

穆拉利重整產品發展團隊是達成這些傑出表現的重要關鍵。從二〇〇七年開始，福特內部就重新排列組合，逐步形成現今的五大團隊，包括產品研發與採購部門，由韓瑞麒領軍的全球製造部門，班尼．福勒領導的全球品質團隊，以及由吉姆．費爾利代表的全球行銷、業務與服務部門。福特的組織圖就像瀑布一樣分層架構。每個具有不同功能的組織領導者成為福特的最高層級，形成五大巨頭。在他們下面，每種主要的汽車系統都分別有個小團隊。舉例來說，負責全球動力工程的副總巴布．薩馬吉奇（Barb Samardzich）與相關的全球動力系統採購、製造、品質與行銷組成一個團隊。此外，福特也組成管理每個車種的團隊，從小車到大型貨卡車都有。在這些部

---

④ 譯註：統計學上分析數據的方式，為了解幾個變數之間是否有關係，並以此建立一套模式來預測未來的變數。

門底下，每個個別車款與關鍵零組件，如四汽缸引擎、自動變速裝置等還會成立一個更小型的團隊。

這些團隊負責的是全球業務。舉例來說，手動變速裝置團隊在歐洲，負責福特在世界各地的手動變速裝置；混合動力相關的事情則是由位於美國的另一個團隊負責。歐洲區主要負責小型車款，包括在北美區銷售的小型車。美國區負責貨卡車，因此在南美洲銷售的貨卡車也在他們的掌管範圍內。**每個團隊的每位成員都能對決策提出意見，但最後的決策權與責任則是落在產品研發部門的庫薩克身上，因為「產品」才是拯救福特汽車與邁向成功之路的根基。其他團隊都十分清楚自己的角色就是——協助產品上市，同時他們也是改善品質不可或缺的一環。**感謝福勒的追蹤系統，讓這些團隊每天都能檢視自己的產品、系統或流程的品質狀態。他們也會與每個相關的供應商保持密切聯繫，如果有任何問題就能很快被提報。

到了十月，《消費者報告》（*Consumer Reports*）宣布，福特在品質方面與豐田、本田汽車並駕齊驅。同時福特Fusion與Mercury Milan車款更登上這本雜誌美國區最佳非混合車的排行榜。

此時，福勒又設定了進一步的目標。在八月一場產業研討會上，他更對外宣布，除非福特從豐田汽車手上奪下品質第一的頭銜，否則他們將花費更多心力在上面。他承諾將在二〇一〇年底之前做到。

「沒錯，我就是這個意思。福特汽車將成為品質領導者。」福勒承諾，現場還可聽見某些汽車產業老手驚訝地倒抽一口氣。「這次我們會孤注一擲，而且我們只贏不輸。」

然而，到了二〇一〇年福特汽車是否能倖存還是個挑戰。

＊　＊　＊

原物料大漲、銷售暴跌，市場寒冬已至

五月，亞洲車廠首次超越底特律的三大車廠。福特長久以來在美國十分暢銷的F系列貨卡車被本田的Civic取代；基本盤——卡車的銷售甚至不在前四名。福特貨卡車的銷售量下滑三成之多，整體銷售量大約減少百分之十五。這些數據聽起來很嚇人，但通用汽車與克萊斯勒的情狀更是糟糕。通用汽車整體銷量下降百分之二十八，克萊斯勒則較以往減少約四分之一的銷售量。這個產業平均下滑百分之十一，連豐田汽車都縮減約百分之四。

六月，原油價格逼近一百五十美元，美國平均的油價每加崙超過四美元。六月二十日，福特發表一項正式聲明給華爾街，說明福特第二季的財務狀況以及二〇〇八年將會比預期的還糟。二手貨卡車與休旅車的售價下滑也間接吃掉福特信貸的盈餘。這對福特汽車來說是非常嚴重的警訊，因為當其他子公司處於虧損狀態時，福特汽車就是倚賴福特信貸的利潤存活。為了因應困境，福特汽車又再關閉幾座卡車工廠，這意味著新一款的F-150貨卡車將延後兩個月上市，但其中某部分原因也是經銷商的停車場上已經有太多庫存了。

那天下午，穆拉利被問到，他預測美國的銷售量何時才能止跌回升。

「現在還言之過早，」他解釋當前整個外在環境似乎對福特十分不利。「這與經濟有關，與原油價格有關，與消費者信心有關，有太多因素了。」

福特汽車仍然在二〇〇八年達成穆拉利縮減年度營運成本約五十億美元的目標，這得歸功於兩星期前，福特汽車與美國汽車聯合工會達成可降低勞務成本的協議，因此北美地區全部員工減薪百分之十五。穆拉利坦承，銷售量下滑與原物料成本攀升是阻礙目標達成的主要原因。

許多分析師認為穆拉利過度悲觀，或許他想將情況先說得嚴重一點，如果一個月後的第二季財報出來才能給人意外的驚喜。華爾街臆測福特每股將損失〇．二七美元，然而實際情況並非如此。

七月二十四日，福特公告二〇〇八年第二季的虧損高達八十七億美元。這是公司有史以來最慘烈的虧損，每股損失竟然高達三．八八美元。這家汽車製造廠的鉅額虧損主要來自於一次性的費用支出以及福特信貸的呆帳。此外產品線從貨卡車與休旅車轉至省油的小車似乎沒有多大助益。福特核心地區——北美的損失約十三億美元，相較於去年同期的二．七億有一段不小的差距，雖然歐洲與南美還是繳出亮眼的成績單。就在此時，福斯汽車（Volkswagen）超越福特成為美國第三大製造廠。

這段期間也幸虧勒克萊爾與團隊為福特大量融資救急，這間公司才不致於落入破產的窘境。但通用汽車與克萊斯勒可就沒這麼幸運。然而分析師還是憂心福特是否能安全度過這次嚴重的產業衰退期。

「福特目前的流動資產還足以支撐潛在的現金支出以及重整計畫的開銷，」標準普爾信用評等公司（Standard&Poor）在五月的報告中聲明。「但如果二〇〇九年美國輕型車的銷售還是未見起色，或持續攀升的油價讓大家對輕型卡車不屑一顧，或許福特的流動資產在二〇〇九年末可能會觸底。」

＊　＊　＊

如果福特的營運算糟，那麼通用汽車與克萊斯勒的狀況只能用「糟透了」形容。幾年來這兩家汽車製造商都宣稱自己的重建計畫遠遠領先迪爾伯恩的同業，這一年終於真相大白。總歸一句話，他們只是比較會自欺欺人而已。

談合併如何？

通用汽車第二季虧損達一百五十五億美元。三年前，通用執行長瑞克．華格納自己攬下北美區岌岌可危的轎車與卡車業務，誓言要大刀闊斧地改革，讓公司能轉虧為盈[5]。從那時候開始，美國最大的汽車製造廠損失了將近七百億美元，其手中握有的現金少於福特。五月，通用汽車每股股價在美國市場跌了約百分之二十——年初時大約跌百分之二十四。到了六月，克萊斯勒每股股價也下滑百分之十，遠低於豐田汽車與本田汽車。由於這些股份並未公開上市，因此他們也不

⑤ 與福特的執行長不同，華格納不會明確指出重整計畫的時間表。

用報告財務狀況，但根據大家的猜測也好不到哪去。

到了七月，當比爾．福特的祕書站在辦公室門口告訴他，有通意外的電話打來時，大家終於得以對通用汽車的現狀一窺究竟。

「是瑞克．華格納，」她說。「他想和你說話。」

比爾．福特顯得十分驚訝。他點點頭，按了一下口袋的遙控器將門關起，接著拿起電話。通用汽車執行長開門見山說明致電的目的。

「你知道，現在是我們將兩家公司合併最適當的時機點。我們應該找時間談一談，」華格納說。「我們可以過去你那裡。」

比爾簡直嚇呆了。他無法置信地要求華格納重複一次剛才的話。

幾天後，華格納帶著董事長費茲．韓德森（Fritz Henderson）、財務長楊世傑（Ray Young）抵達玻璃屋。他們迅速進入主管電梯，直達比爾在十二樓的私人會議室。比爾、穆拉利、審計長彼得．丹尼爾（Peter Daniel）與法律顧問彼得．雪瑞（Peter Sherry）已經在會議室裡。如同在電話中，華格納開門見山地說明來意。他想知道福特是否考慮過合併。他說，只要兩家公司合作絕對能建立美國史上最所向無敵的汽車製造廠，並撐過這次可能讓汽車產業瓦解的危機。華格納和通用其他主管看起來憂心忡忡，十分害怕自己手上的現金用完。雖然他們不說，但言外之意就是如此。

穆拉利根本不想讓福特和另一家垂死掙扎的汽車製造廠合併。當初接下執行長時就曾告訴比爾，他來迪爾伯恩是來拯救這間公司，而非看著它被賣掉、解散或與其他公司合併。現在他仍舊這麼想。此外，**他的重整計畫是要讓福特專注發展，而不是要擴張它。**只是大環境正在改變。在這種汽車產業就快解體的情況下，穆拉利知道他必須認真思考每一種選擇。他很用心地聽著通用主管的解釋並提出一大堆問題。

他們會如何處理重複的品牌？

合併之後的效益在哪裡？他們要怎麼結合？何為存續公司、何為消滅公司？

新公司要如何管理？

華格納對最後一個問題的答案說明一切。他說，雖然他們來福特討論合併，但通用才是應該完整保留的存續公司。既然通用是美國境內、甚至國際上最大間的汽車製造廠，合併後理應是由他們負責管理。

「在大多數合併案中，市值才是決定一切的關鍵，」其中一名福特主管解釋，點出福特現在市值約一百億美元，通用只剩下七十億美元。更不用說，通用手上的現金比福特更少、債務更多。

華格納建議，他們可以稍後再討論這個部分。如果他們不考慮這項提案，通用會去找其他公司。

穆拉利其實無視於他們的威脅，甚至他們的推銷。沒多久他心中已經有結論了。**他認為與通用汽車合併對福特而言是走回頭路，而非讓自己更精實，根本與他現在想創造的專注、專精背道而馳。**當他聽著華格納與其他人說明通用面臨的挑戰以及解決方式時，讓他對目前的重整計畫產生無比信心。他和團隊只需要堅持，不管多困難都要持續執行這項計畫。比爾·福特也同意穆拉利的觀點。比爾不敢相信華格納竟如此自大，但那是通用汽車的事情，與他無關。他們只覺得對通用汽車的慘狀感到惋惜。

第二通意外的電話是打給穆拉利。這次致電者是克萊斯勒的董事長兼執行長羅伯特．納得利（Robert Nardelli）[6]。這兩個人都來自於外地，且在近幾年在各自的公司都有還不錯的風評。納得利說他必須當面和穆拉利聊一聊，愈快愈好。他帶著克萊斯勒總裁湯姆．拉索達來到玻璃屋。穆拉利則請來福特的企業法律顧問大衛．林區一起討論。就像華格納一樣，納得利也不兜圈子，直接開門見山。

「為什麼我們兩家，或者前三大不團結合作？我們可以整合所有的後勤支援，但大家還是可以獨立運作？」他問。「如此一來，就能更有效率，也能減少更多成本。」

這是個非常有趣的想法，但在他們談話當中，穆拉利了解納得利的資源共享，並保有品牌獨立性的提議就像他在福特的計畫，若要擴大到公司與公司之間根本不大可行。這絕對能節省經費，但卻會讓每件事更加複雜。

他同樣拒絕克萊斯勒。但兩次會議的確讓穆拉利有點緊張。

哇！他想。**連這兩大公司都想來跟我們合併，可見情況會比我們了解的還要糟糕。**

* * *

其實處於水深火熱的不只是美國的汽車產業。六月，豐田汽車宣布減緩卡車生產量，並警告豐田的獲利將低於預期。本田汽車與日產汽車後來也宣布相同的狀況。當卡車銷量持續下滑，通用與克萊斯勒將生產貨卡車、休旅車與小巴士的工廠暫時關閉。至於穆拉利則是根本不相信卡車銷量會回到以前的榮景。此時在他心中出現了一個極端的想法，一個讓福特完全脫離卡車銷售的解決方案。

困境來臨，如何突圍？

就在福特提出第二季虧損報告的同一天，也宣布將更換美國、墨西哥的貨卡車與休旅車的廠房設備，製造像歐洲的小型車與跨界車款[7]。在北美生產這些車款一直是穆拉利建立全球生產線，達到最佳經濟規模計畫的一部分。由於美國油價一加崙已經超越四美元，讓福特比以往更迫切地想在這裡推出省油的經濟車款。再加上福特與聯合汽車工會在二〇〇七年達成的關鍵協議，因此在美國製造那些車款似乎更有利可圖。穆拉利坦承這項計畫絕對是一種挑戰，尤其會讓公司可支配現金大幅下降，但如果不做，福特只能繼續製造消費者根本不想要的車款。

「如果我們的動作夠快，或許就能讓我們更快轉虧為盈。」他樂觀地說。「我們使用的是已經熟知的產品與技術。我們利用的是福特原有的資產，這些是其他廠商所沒有的。」

福特在密西根製造大型Expedition與Lincoln Navigatorvu休旅車的卡車工廠將在十二月關門，

---

⑥ 羅伯特．納得利出身奇異電子（General Electric），且為家居修繕零售商家得寶（Home Depot）的前任總裁。二〇〇七年八月被賽伯樂斯資金管理公司（Cerberus）指定為克萊斯勒的董事長與執行長，湯姆．拉索達被降為共同董事長與總裁。黯然離開家得寶的納得利後來被*Portfolio*雜誌評選為「美國史上最差的執行長」。

⑦ 福特更換廠房設備的計畫在六月才底定。《底特律新聞報》在六月十一日報導這則新聞。

在更換設備後將開始製造全新的Focus小車，以及使用相同製造平台的小型車款。大型休旅車的生產將移到福特在路易斯維爾市的肯塔基卡車廠。另一個位於肯塔基州，主要生產福特Explorer休旅車的路易斯維爾組裝廠將轉型成製造不需用到新平台的其他車款。至於接近墨西哥市，專門製造F系列貨卡車的組裝廠也將大規模重整，迎接美國市場最新Fiesta車款。此外，福特也宣告原來預計在二〇〇九年關廠，位於明尼蘇達聖保羅的雙子城組裝廠將至少使用到二〇一一年，製造福特年代久遠，但省油的Ranger小型貨卡車。

除了從歐洲帶來的六種新車款外，福特指出他們將在二〇〇九年倍增混合車款的生產量以及種類，同時也會讓北美四汽缸引擎的載量加倍。以上所有計畫都有同一個目標，那就是讓福特成為業界擁有最完整省油車款的生產線。但這家汽車製造廠正在進行另一項更好的計畫，讓消費者能從高油價的衝擊中暫時鬆一口氣。

＊　＊　＊

忙著活？或忙著死？

二〇〇八年八月一個美好的夏日傍晚，我與福特美國區總裁馬克・菲爾德斯坐在經過改裝的林肯MKS轎車中，馳騁在密西根湖旁的鄉間小道。

「許多人認為開環保車款一點樂趣也沒有，」他帶著詭異的笑容，看了我一眼，並接著說，

「仔細看好喔！」

他踩下油門，這輛林肯車就像加了渦輪一樣，立即往前直衝，我還沒來得及反應，人就倒在椅背上。

「這輛車絕對會讓消費者十分滿意，」菲爾德斯表示。高速行駛下，兩旁的樹木幾乎成為模糊的景象。「但是它能為你省下百分之二十的耗油量，減少百分之十五的排放量。它不僅省油，更能保持開車的樂趣。」

這就是福特對抗高油價的祕密武器——一種嶄新的引擎技術「EcoBoost」。這種結合渦輪增壓（turbochargering）與燃油直噴系統（direct fuel injection）的技術讓小型車也能產生較大的動力。菲爾德斯解釋，雖然這種車款要在隔年才會出現在福特的展示間，其實他們是在向消費者傳遞一項訊息：福特感受到大家的痛苦，救兵已經在路上了。

福特早在七年前就開始著手研發EcoBoost引擎，但其實這兩項都不算是全新的技術。渦輪增壓是利用離心式壓縮機增加進入車子的氣體壓力來獲得更大的動能輸出。法國人在第一次世界大戰將這種技術應用在戰鬥機上。通用汽車也於一九六二年在高效能的車款，如雪佛蘭Corvair使用渦輪增壓。至於燃油直噴系統能讓汽缸內的油氣做較佳的分離，獲得更高的壓縮比與燃燒時間，進而達到更好的效能。德國車廠早就將這兩種技術應用在高階的跑車上，提昇車子的馬力與扭力。庫薩克與其他福特人認為，與其鑽研更強大的引擎，還不如利用這種系統製造更小型、省油且是大眾渴望的車款。他們於是開始在原來配備V6引擎的車款上發展四汽缸引擎，而在V8車款上使用V6引擎。

二〇〇五年底，庫薩克想讓EcoBoost引擎成為動力混合車另一種更便宜、但效能更好的選擇。但這個想法卻很難讓大家接受。福特許多主管懷疑小車也具有高效能的想法是否會被消費者接受，尤其是在美國這個地方，大家已經根深柢固地認為汽缸愈多，效能才愈高。其他人則認為福特僅存的現金最好花在研發更多類型的油電混合車，才能突破豐田汽車Prius車款的封鎖。然而，庫薩克已經仔細盤算過，一個EcoBoost引擎最多增加幾百美金的製造成本。或許混合車的耗油量較低，但在成本上也多了好幾千美元。這兩種技術都會讓車價提高，但購買搭配EcoBoost引擎的車款能讓消費者以較快的時間回本[8]。此外，庫薩克認為福特可以在減少廢氣排放與低耗油量這兩方面多做一些努力，這絕對會獲得愈來愈多消費者的支持。這對比爾．福特別具意義。他認為福特能將這種技術普及，回到福特汽車剛建立時的初衷。他的曾祖父雖然不是汽車發明者，但卻是他將之普及大眾的。同樣地，他們也能藉由EcoBoost技術讓大眾接受綠色科技。因此，他在二〇〇六年通過這項計畫。

行銷副總裁吉姆．費爾利也成為這項計畫最大的擁護者。他的研究證明，**省油將是福特未來最大的切入點**。雖然福特的品質已經大幅提昇，消費者對這個品牌還是有所疑慮。但如果福特真的能提供市場上最省油的車款，費爾利確認消費者絕對會買單。當汽油價格持續攀升，他希望搭載EcoBoost技術的車款能在短時間內問世。

在更換廠房設備消息公開的一個月後，福特宣布二〇一三年之前約有百分之九十的福特車款都會使用EcoBoost引擎（這種引擎首次亮相是在二〇〇九年的MKS車款）。穆拉利同時公開表示將投入額外資金發展新的變速系統，包括更省油的雙離合器設計。他也希望福特能加緊腳步，推出更多種類的油電混合車、插電式混合車以及電動車。

當其他車廠因為銷售量垂直下滑，紛紛縮減產品研發成本的同時，穆拉利則是投入可觀的資金在新產品研發上。幾年前或許福特也會跟其他車廠一樣，但穆拉利深知，如果他像通用汽車或克萊斯勒減少新車款的研發經費，說不定他能遵守承諾，讓福特汽車在二〇〇九年轉虧為盈。只是他知道自己的任務並不是要讓福特苟延殘喘。**如果福特能在其他車廠急踩煞車的同時還能穩扎穩打地前進，它應該能殺出重圍，遙遙領先競爭者，並從經濟危機中走出自己的道路，擁有業界最完整的產品線。**

「這就是我們的計畫，」穆拉利提醒那些質疑他策略的人。「長期、穩定地成長。」

為了加速庫薩克的產品上市時間，福特勢必要投入大量精力支持內部的設計與工程人員，同時也得削減其他部門的人力。這將證明穆拉利是否成功改造玻璃屋的企業文化，讓所有員工都能齊心一致。那年夏天，菲爾德斯對他的團隊說了以下這段話。

「我知道這是一次嚴重的挫敗，但這不是福特汽車自己引起的，而是整個大環境所致。對於汽車產業而言，這是個讓大家重新歸零的打擊。此時，成功與失敗的界線就在於公司如何面對這些難題。」他說。「當然，**要當個大環境下的受害者其實很容易，只是我們不這麼做。相反地，我們要接受這個環境，並從中記取教訓。**」

⑧二〇〇七年十二月，福特估算購買EcoBoost引擎車款的消費者回本時間大概是兩年半，如果是購買混合車則需要十一年的時間。

第十五章

恐懼的總和

銀行家在企業經營中扮演著至為關鍵的角色。

——亨利·福特

正當福特汽車似乎找到安然度過經濟衰退的道路時，令人意外的是，原本只發生在美國的經濟危機竟然擴大為全球金融風暴。

雪上加霜：全球金融風暴

二〇〇八年九月十五日，美國第四大投資銀行雷曼兄弟控股公司（Lehman Brothers）申請破產保護，成為美國史上最大宗的企業破產案，讓世界經濟大崩盤。已經緊縮的信貸市場頓時凍結，消費者幾乎沒辦法申請得到汽車貸款。在失業率飆高的情況下，大家只會把錢花在刀口上，看起來這種狀況似乎還會持續一段時間。先前五月時，福特汽車擔心汽車和卡車的銷售量會從二〇〇七年的一千六百萬輛跌至二〇〇八年不到一千五百萬輛。就在雷曼兄弟垮台的一星期後，吉姆・費爾利提出警告，銷量可能會來到一九九二年後的新低——一千三百萬輛[1]。

那個夏天，整個福特也進入備戰狀態。領導團隊每天至少都得開一次會，不管是在穆拉利辦公室或雷鳥會議室。他們大部分的心力都放在持續暴跌的銷售量上。九月，全美賣出的汽車與卡車數量不到一百萬輛。自一九九三年後就未曾發生過。福特的銷售數字更是難看，銳減了三分之一以上，和去年同期相比，大概掉了近三成五。到了十月，每天開一次會甚至已經不足以因應。

①費爾利的預測非常準確。根據Ward's Autodata的調查數據指出，二〇〇九年美國中小型汽車銷售量為13,194,493輛。這的確是自一九九二年以來最低的銷售數字。

穆拉利領軍的團隊開始每日數次密集開會。午餐時間，他們會一邊快速吃著凱撒沙拉，一邊努力討論如何度過自經濟大蕭條以來最嚴重的金融危機。

福特汽車的資金已經見底，光是第三季就已經消耗掉七十七億美元的現金，相當於一天就燒掉八千三百萬美元。以這個速度來看，不到一年福特就會破產[2]。除非福特能加速改革，否則可能也撐不了那麼久。在電費與工資上，福特大概就得花掉八十億到一百億美元[3]。以目前的燒錢速度，這家汽車製造廠在夏天結束前的現金水位會低於可容忍的臨界點。雪上加霜的是，汽車銷售量仍然不斷下滑——不僅在美國，現在連歐洲與亞洲也一樣。

財務長唐·勒克萊爾開始計畫申請破產，儘管福特家族堅定立場，絕不容許福特汽車宣告破產，不過，董事會也認為應該考慮到最壞的情況。穆拉利的重整計畫似乎奏效，不過還是有幾位董事擔心他的改革成果在面臨全球金融風暴時會無法持續。

「艾倫進來的時間太晚了，」一名董事在十月會議的休息期間低聲地說。其他人嘴上不說，但心理都想著同一件事。

由於信貸市場完全凍結，福特信貸的員工也在力保這個「小金庫」的完整性。穆拉利上任時，這家福特旗下的融資公司表現得比集團任一個部門或區域還要好。福特信貸來自公營與私人的有擔保與無擔保貸款總能保持在良好的平衡點。但由於汽車銷售量持續暴跌，貸款與租賃業務也跟著下滑，代表著福特信貸手頭上不需要那麼多現金來因應市場需求，但還是得保持在某個水位。二〇〇八年初，借貸成本太昂貴。現在大家根本借不到錢。雖然出售Aston Martin、Jaguar以及Land Rover降低福特信貸的資金需求，然而，到了十月情況卻愈來愈慘。

裁員、關廠、砍研發預算是萬靈丹嗎？

近幾年來，福特信貸一直積極向外擴張。他們的目標是只要有福特汽車的市場，就會在當地設立實體辦公室。由於資金緊縮，這些擴張計畫就得再重新評估，或甚至直接刪除。勒克萊爾希望為母公司多保留一點資金。

剛開始，福特信貸執行長麥可・班尼斯特同意這麼做。他關閉在智利、委內瑞拉的辦公室，並將巴西的零售借貸業務轉給Banco Bradesco銀行[4]。他也不再管墨西哥福特信貸的業務。班尼斯特轉而全心支持關鍵產品和市場，如福特首要的北美市場。接下來，優先考慮退出歐洲，不過班尼斯特與他的團隊決定希望保留五個最重要的歐洲市場，包括法國、德國、西班牙、義大利與英國以作為應變。最後，也將成長中的中國市場納入保護。這塊市場雖然還不成氣候，不過對福特的未來絕對重要且關鍵。福特汽車進入亞洲市場的腳步已經晚了一步，一旦退出，後果難以想像。

「這些還不夠，」勒克萊爾告訴班尼斯特。「我們必須裁撤更多。」

班尼斯特搖頭。額外的消滅支出會讓福特的銷售付出代價，也承擔不起損失。再這樣下去，只會使福特沒有退路。在那之前，他總是以非常緩慢的步調在進行這些事，只是勒克萊爾不斷施

②二〇〇八年第三季總結，福特手上還有兩百九十六億美元的現金與可用貸款額度。
③總金額會依照不同季節而有變化。
④譯註：巴西境內歷史最悠久的銀行。

壓。他想關掉更多的國際業務，甚至於削減國內的貸款業務。班尼斯特警告，他們已經處在大規模損失的臨界點了。

「你要全心解決的是使公司虧損的根本問題，」他對勒克萊爾說。

勒克萊爾也希望能處分福特汽車在馬自達的持股，儘管福特還正與這家日本製造廠密切合作幾個重要專案，包括共同建置中小型車的製造平台，生產福特Focus的最新車款以及其他關鍵產品。現在輪到德瑞克．庫薩克頭痛了。

「絕不能這麼做，」他告訴勒克萊爾。「我們仍然少不了馬自達。」

「沒有其他辦法了！」財務長很堅持地說。

當金融風暴的雪球愈滾愈大，勒克萊爾甚至將矛頭對準穆拉利全力保護的產品研發計畫。基於貨卡車需求驟降，勒克萊爾認為未來不應該再投入任何資金在F系列卡車車款。通用汽車宣布暫停下一代貨卡車的研發，克萊斯勒也裁減掉產品研發的經費，如果福特這麼做，似乎也是理所當然。他很想摧毀穆拉利昂貴的廠房再造計畫。或許歐洲小型車與跨界車款的確比北美區滯銷車款的性能還好，但在現在這種世道，勒克萊爾認為，生產哪種車應該都無所謂吧！這些歐洲車款的確比北美這些大車省油，但在經濟停滯不前的情況下，石油的需求量將減少，油價也會跟著下降。勒克萊爾認為，一旦油價回穩，美國市場會一如以往，對大型車或卡車的需求漸漸回穩。這次難道不會跟以前一樣嗎？然而，穆拉利對產品計畫非常堅持，絕不縮手。

「辦不到，」他堅定地說。「建造大家想要與重視的車款是我們未來的使命。」

不是你不好，只是現在不適合

以前的勒克萊爾或許還會聽聽別人的意見，但現在的他態度十分堅定，毫不考慮其他方案。他從以前就很悲觀，現在他更公開談論唯有進行更大規模的裁員、關廠才能避免福特走上破產一途。漸漸地，許多高階主管再也受不了勒克萊爾。

福特美國區總裁馬克・菲爾德斯一向與勒克萊爾不合，因此當他出現在穆拉利辦公室下最後通牒時，穆拉利其實也不意外。

「我根本無法在這樣的環境下好好工作，」菲爾德斯說。「不是他走，就是我走。」

但當班尼斯特也說出相同的話時，穆拉利著實嚇了一跳。這位福特信貸執行長一九八八年就認識勒克萊爾，私交還不錯。他們的住家只隔了一條街，常常開著野馬比賽誰先到公司。他們的孩子更是上同一所學校。不過，現在勒克萊爾事後質疑班尼斯特的福特信貸縮編計畫，讓班尼斯特認為他已經越界了。班尼斯特對穆拉利提起兩年前的對話，當時是這位執行長要他重新考慮退休一事，他才同意留下的，因為他相信穆拉利想拯救福特。但現在，如果穆拉利放任勒克萊爾恣意妄為，那麼他也許會完成兩年前沒完成的事——退休。

穆拉利知道其他高階主管的感覺和菲爾德斯、班尼斯特相同。其實在一年多之前，穆拉利就希望能由歐洲區總裁路易斯・布斯取代勒克萊爾的位置，這件事除了比爾・福特與董事會之外，沒有其他人知道。布斯有著豐富的企業經營經驗，他從汽車產業出身，並且具有財務背景，是個完美的財務長人選。最重要的是，他能與人合作，普遍受到福特主管的喜愛與尊敬。董事會同意此事。但布斯也是負責出售歐洲品牌的關鍵人物，因此穆拉利二〇〇七年要他考慮財務長一職時，他希望等Jaguar、Land Rover兩個品牌出售後再考慮。只是當這兩個品牌賣掉後，布斯又將注意力轉到福特的瑞典品牌——Volvo汽車的出售案上。穆拉利認為以目前的全球經濟狀況，近期內可能還賣不掉。

就在十月董事會議前，事情終於爆發了。

唐．勒克萊爾說對了一件事：福特有存在危機，董事會正積極尋求明確的解決方案。當領導團隊日以繼夜地研擬出組織策略，確保福特能還得出貸款時，勒克萊爾卻打定主意，拒絕妥協。董事會議的前一天晚上，他們仍舊沒有共識。勒克萊爾拿著財務狀況的投影片，走進位於十二樓的董事會議室，憤怒地看著其他主管。菲爾德斯與班尼斯特也不甘示弱地瞪回去。穆拉利非常尷尬，他的團隊竟然無視他的理念，出現內鬨。董事會注意到這種情形後，十分氣餒。他們要求的行動計畫究竟進行到什麼程度？在互相指責之前，他們被請出了會議室。當會議室的門關上後，董事會成員對穆拉利表達失望的心情。這種內鬥無疑讓福特又回到以前的樣子。他們要穆拉利在下次會議前，讓領導團隊的所有成員站在同一陣線。

會議結束後，穆拉利與比爾一同走回辦公室，關上門。他們知道有件事非做不可，雖然對他們來說，這是非常困難的決定。穆拉利與勒克萊爾相處融洽，到現在他還是非常讚賞勒克萊爾在財務上縝密的心思。他真的不願意失去這個重要資產，只是他更在意勒克萊爾在玻璃屋高階主管間引起的紛爭。比爾也心知肚明，如果不是勒克萊爾，福特汽車絕不可能貸得到那麼多資金；如果不是勒克萊爾，這家公司可能已經宣告破產。勒克萊爾將所有時間奉獻在福特汽車，絕對比這棟大樓的任何一個人還要認真，還想拯救福特。然而，他在福特最需要團結的時候卻試圖分裂組織。比爾只能讓他離開，現在就得離開。

十月十日，福特汽車宣布五十六歲的勒克萊爾正式退休，由路易斯．布斯接任財務長。那天福特汽車股票的收盤價不到二塊美元，這是繼一九八二年以來的歷史新低。

穆拉利沒有時間擔心股價。

如果我們能度過危機，股價絕對會止跌回升，他想。**如果我們撐不過去，股價對我們來說也沒什麼意義**。

* * *

存活之路

十月底，路易斯．布斯獨自坐在正對著福特全球總部的麗池卡爾登飯店的酒吧內，一邊喝酒，一邊盯著筆電螢幕。他不應該在這兒。理論上，他十一月一日才正式擔任財務長一職。現在他卻擺著臭臉，坐在這裡，看著職場生涯上最慘不忍睹的財務數字。布斯無法想像，有哪個財務長願意接手這樣的大型跨國企業。

穆拉利希望他能儘早回到迪爾伯恩，準備提報福特第三季的財務狀況。公告的日期是十一月七日，這天恰巧是布斯的六十歲大壽。他原先的計畫是回英國和雙胞胎哥哥一起慶祝，而非在這裡盯著冷冰冰的會計數據。

身為BPR會議的一員，布斯很清楚公司的財務狀況。他非常感謝勒克萊爾盡力節省開銷，並在信貸危機未爆發前幫公司貸到那麼多資金。他也感激勒克萊爾留下一個菁英團隊。只要有這個團隊的輔助，布斯根本不需擔心是否能勝任這個職位，他要做的就是放手讓他們完成任務。

他們最不想看到的是新任財務長上任後說，「可惡！你們看過哪一家公司的財務狀況像我們這麼慘的嗎？」他想。**在這個會議中，我的年紀僅次於艾倫。我必須樹立良好的典範。**

因此布斯表現得十分自信、冷靜。就在他抵達迪爾伯恩幾週後，他與團隊成員召開一次會議。「我相信這項計畫，我相信我們絕對能度過難關，」他對他們說。「相信我，我們一定可以找到存活之路。」

* * *

這個房間裡的一切就像是在美國太空總署。牆上貼滿列印出來的資料，上面寫著密密麻麻的數據。每隔幾分鐘，就會有人拿著厚厚一疊紙走進房間，取代先前的圖表。此時，房內的男男女女就會站在這面牆前，緊張地看著數據，一邊指著這些新資訊，一邊搖頭。這裡可不是休士頓或太空梭發射升空的所在地卡納維爾角，而是福特產品研發中心編號3B007的會議室，也是「夸克計畫」（Project Quark）的祕密總部。

二〇〇八年秋天，底特律三大車廠的經營出現困難，他們上游的供應商也瀕臨破產的窘境。有些已經倒閉，剩下的則是岌岌可危。如果沒有這些零件，不管福特再怎麼保全自己的事業也沒有用。一旦這些工廠停止運轉，即使是艾倫．穆拉利也很難讓他們起死回生。

鞏固供應商策略防範未然

為了確保這種情形不會發生，全球採購副總湯尼．布朗（Tony Brown）提議，**建立一個跨功能的團隊監督上游零件廠，防止供應鏈中斷，並加速福特減少供應商的計畫**。他以電影《親愛的，我把孩子縮小了》（*Honey, I Shrunk the Kids*）裡主人翁小狗的名字「夸克」命名這項計畫。穆拉利不參與這個會議，但他總是知道會議的進程。計畫團隊包括福特所有事業單位與部門的代表。人力資源部門需要參加是因為公司會指派某些員工協助廠商找出問題。財務部門需要處理貸款與其他財務方面的問題；資訊部門需要建置一套系統，讓團隊能監督這些合作夥伴；公關部門則是要對外宣布供應商破產或零件短缺的訊息；法務部門參加的目的則是確保團隊成員的作為不會觸法。這是穆拉利矩陣組織的最佳行動範例。

「就這麼辦吧！」穆拉利對布朗說。「每個星期四固定向我報告。」

布朗實行鞏固供應商策略已經有三年的時間。自二〇〇五年底，福特開始審核供應商，企圖減少供應商的數量，現在更卯足全力。團隊成員在產品研發中心設置戰情室，仔細研究福特超過兩千家的供應商。工程研究部門的菁英發展出精密的軟體讓團隊能即時追蹤、分析供應商的狀況。牆壁上列出每一家廠商的名字，下面貼上相關的財務狀況、與福特合作的工廠名稱、提供的零件名稱、以及福特以外的客戶有哪些。**供應商的所有資訊都被轉換成數據，因此團隊成員只要看一眼就能知**

道他們最依賴哪些車廠。他們還根據每家廠商與通用、克萊斯勒或其他外國車廠的合作狀況做出風險評估表。以目前來看，最危險的應該是與克萊斯勒合作關係最深的供應商。福特將以最快的速度終止與這些廠商的合作。當然，團隊也會評估每家廠商供應的零件複雜度，原因在於要找到一家提供周邊零件的供應商很容易，但要找到提供排氣系統的廠商可就沒這麼簡單。

福特每個地區，如歐洲、亞洲總部也設立類似的戰情室，直接向迪爾伯恩回報。

他們一起討論出想保留的廠商共有八百五十家。讓這些廠商安然度過金融風暴是夸克計畫最首要的目標，但這並不表示福特會與其他家完全斷絕關係。

更換汽車零件供應商不像更換紙廠那樣簡單。他們提供的零件通常具某種精密度與複雜度，要讓組織從這些廠商中脫離出來得非常小心謹慎。如果準備淘汰的廠商經營良好的話，或許福特只要等到這些零件用完，再換成其他廠商即可。但如果遇到搖搖欲墜或瀕臨破產的廠商，團隊成員處理的方式就變得複雜許多。

這些工作內容都要極度保密。如果銀行知道福特要「拋棄」某家供應商，可能就會取消他們的貸款，而其他車廠也會跟著棄他們於不顧。或者這家供應商可能會進行報復性動作，暫停出貨給福特。

最棘手的狀況應該是供應商手上完全沒有現金。**如果福特確定要淘汰這家有資金疑慮的廠商，他們可能會轉到其他工廠出貨或直接讓它倒閉。但如果福特決定保留這家廠商，那麼計畫團隊就必須想辦法丟給它救生圈，包括提早給付貨款或提供貸款**。有時，廠商會跟福特鬧翻。車廠通常是這些零件工具與鋼模的擁有者，一旦供應商知道車廠要和他們解約，很有可能會霸占這些器具，拒絕交還，因為他們知道重製這些工具、鋼模可能得花上好幾個星期。有時福特會在消息洩漏前就開始重製工具，防範於未然。僅有少數的供應商會做最後的掙扎，拒絕出貨，除非他們能馬上拿到貨款。

要生存，供應商與車廠間的空前大團結

夸克計畫團隊每天開會，他們通常七點之前就進公司，直到燈火通明才離開。由於情況詭譎多變，他們每天都得向布朗報告兩到三次。他們會模擬各種狀況，一旦有新狀況或新資料產生則立即更新，如克萊斯勒或通用汽車出現危機，或豐田、本田汽車可能關閉北美區的某幾家工廠等。舉例來說，他們就曾模擬通用汽車關閉、出售歐寶（Opel）或其姊妹品牌佛賀（Vauxhall）時，對福特供應商會產生的影響，並應該進行哪些必要行動支援那些值得拯救的廠商。

布朗從一開始就知道福特沒辦法獨自撐起全球的供應鏈，因此要求其他車廠提供協助。通用汽車立即回絕，它的理由是這麼做會違反美國反托拉斯的法律，其實它只關心自己的存亡。克萊斯勒似乎較能接受福特的作法，然而它的流動率太高，以致於布朗根本無法得知現在的窗口究竟是誰。不僅是美國車廠，福特也找到以往根本不可能合作，位於太平洋另一端的盟友。

由於全球化的結果，世界各地的供應商與車廠已經形成一種跨越國界、相互倚賴的供應鏈。舉例來說，福特向豐田的合作夥伴購買零件，而那些向美國購買系統的供應商同時也供貨給豐田美國的工廠。到了二〇〇八年末期，全球的供應鏈瀕臨解體的危險，汽車產業的人都心知肚明。

不管在東京、名古屋，還是迪爾伯恩、底特律，大家的恐懼其實是相同的。

如同福特汽車，豐田與本田企業也十分憂心通用、克萊斯勒萬一崩盤後對供應商帶來的巨大影響，他們只能看著愈來愈多廠商如風中殘燭，搖搖欲墜。當他們耳聞福特支援供應商的計畫後，立即表明加入的意願。一個三方鼎立、企圖挽救汽車產業的聯盟就此誕生。

三家汽車製造廠都同意，全力協助對他們十分重要的供應商。在一般情況下，他們會分攤這些費用，但有時也會出現討價還價的情形，例如福特或許同意協助某家對豐田很重要的廠商，但前提是豐田必須要和福特某家供應商維持合作關係。所有交易都得十分小心謹慎，並且要讓福特反托拉斯法的律師先審核。日本車廠不用像福特這麼小心翼翼，他們的法律在這方面提供較大的自由[5]。福特、豐田與本田汽車更連署，向美國財政部門解釋汽車產業的依存關係，敦促聯邦政府應該提出一些保護汽車業的具體作為。後來日產汽車也加入連署。

早在一年前，他們根本無法想像這種情形，就像新教徒與天主教徒為了貝爾法斯特的再造案共同走上街頭[6]。四十年來，這些車廠總是站在對立的位置，相互廝殺。資深的汽車人，如比爾．福特對現在的大團結其實有些反感，但穆拉利則是感到異常興奮：這不就是他團結合作的理念嗎？

* * *

十一月的某天，一位公關部門的年輕經理走到文具櫃，要拿一些迴紋針。她打開櫃子裡唯一的小盒子，發現只剩下一個迴紋針。她帶著失望的表情，走到行政助理座位旁邊。

「迴紋針沒了，」她有些嚴厲地說。

助理抬起頭看著她。

「我知道，」她說。

「好吧，那你應該要多訂一些吧？」

「不行耶，」這位助理說。「必須有雷·戴伊的同意才能訂。」

「你說，要訂一盒迴紋針要先經過公關部副總裁的同意？」那位經理不可置信地說。「別開玩笑了！」

「我很抱歉，」那位年輕助理平靜地說。「這是公司的新規定。所有辦公文具用品必須先經過部門副總裁的核准。」

那位經理搖了搖頭，走向文具店。

在此同時，福特信貸的員工團團圍住一株快要枯萎的植物，拔下一些枯黃的葉子。其中一個人把手指放進土壤中，搖搖頭。

「土壤太乾了，」他說。「很久沒有人澆水。」

此時一位行政助理拿著一壺開水走過來，倒在焦黃的土壤上。

「上面的人不再找人照顧這些植物了，」她說。「以後我們都得自己來。」

⑤ 美國法律甚至要求福特在和豐田、本田汽車商討面對某家供應商的策略前，必須先經過那家廠商的首肯。

⑥ 譯註：貝爾法斯特為北愛爾蘭首都，新教徒與天主教徒是此地區長久以來衝突的主因。

不指摘、不抱怨，找出讓組織絕處逢生的方法

時序入冬，類似的情景不斷在迪爾伯恩總部大樓內上演。許多福特員工發現原本沒人坐的位置搬入其他部門的人，這是為了讓整層樓，應該說整棟大樓更能集中管理。以往整夜燈火通明的辦公室，現在一到時間，燈就關閉。即使外面已經飄雪，大樓的暖氣也還是關著。公司甚至取消清洗窗戶的服務。福特要每個階層的經理人盡力找出節流的辦法。他們從每天的報紙就能得知公司要他們這麼做的原因：美國汽車產業正面臨最嚴寒的冬天。

當情況變得一發不可收拾的時候，福特總是能想盡一切辦法，讓組織絕處逢生，二〇〇八年底的此時也不例外。雖然福特的銷售量與銀行存款不斷往下修，穆拉利的領導團隊卻是史無前例地團結。這家車廠的管理階層首次拋棄成見，共同為同一個目標齊心努力，不僅是週一到週五，連週末也是如此。穆拉利根本不需要壓著他們到辦公室加班。就在其他車廠漸漸分崩離析的同時，大部分福特主管除了在雷鳥會議室看著圖表、調整計畫外，哪裡也不想去。**他們每天早上出現在公司的目的是為了協助其他人，提供想法以及各種資源。**現在，**他們不再隱匿自己的問題，更不會相互指摘，扯對方後腿，相反地他們會拿著最新資訊，共同商討解決方案。**

有些人專注於經濟狀況、銀行體系或聯邦政府如何輔助的議題，而有些人則是負責供應商、經銷商與競爭對手的狀況。當然，克萊斯勒與通用汽車的現狀也是他們關注的課題。他們每天報告的項目大概有三十項。

領導團隊每天都會審視福特的財務狀況，而不是等週四的BPR會議。**福特的現金部位愈來**

愈低，布斯會讓每個事業單位的負責人知道最新的數字。他必須確保大家都能了解彌補這些資金缺口的重要性。他希望大家能勇於嘗試，督促大家能更為公司多付出一些，因為他們再也輸不起了。穆拉利的想法與布朗不謀而合。

「找出方法，」他經常將這句話掛在嘴邊。

負責整合全球產品研發的德瑞克・庫薩克為了提昇效率，不斷地挑戰每個工程與設計部門，其他主管也不遑多讓。韓瑞麒與團隊成員開始研究福特提昇效率的計畫，並檢視是否能應用在其他地方。一週前，公司與中國的長安汽車在南京合資蓋一座廠房。當時這家中國車廠引進一些省錢的工具與方式，韓瑞麒現在想讓福特的其他工廠也採用這些方法、器具。團隊也建議北美區進行再一次裁員，所有員工減薪百分之十。經過三年積極的縮減成本，福特基本上已經是個十分精實的組織，再也榨不出任何肥油。穆拉利與其他主管的紅利陸續被刪除，績效獎金維持原本基準，不再增加，許多白領員工才有的福利也暫停。吉姆・費爾利刪減廣告預算。Volvo汽車裁減三千三百人以及七百名約聘人員。最後，財務部門著手進行債權與股權的交換事宜，減少利息支出。福特已經達成二〇〇八年降低五十億美元成本的目標，這些額外的裁減幾乎是原來目標的三倍。

大眾愈來愈憂心，但穆拉利還是維持他一貫的笑容走在福特的總部大樓。如果身旁的人悶悶不樂，他會拍拍他們的背，甚至擁抱他們，要大家振作精神。

「我們的計畫有用嗎？」一名主管問他。這個問題點出許多主管心中相同的疑問。

「當然有用，」穆拉利說。

「會不會有失敗的可能？」

「我說，這計畫一定沒問題。」

「可不可以講清楚一點？」

「我的意思是，我們全面性地關注世界經濟發展，隨時調整計畫。無論如何，我們已經盡力了。」穆拉利說。「不要庸人自擾，也不需要焚膏繼晷。你沒有被隔離，你絕對不孤單。我們每天都會檢視這項計畫，並讓它走在正確的道路上。」

布斯花了許多時間試圖算出通用汽車與克萊斯勒的現金流量。財務部門的人瀏覽每項公開的報告以及美國證券交易委員會的檔案，想了解這兩家車廠何時會用完手頭現金。此時，某些觀察家認為華格納假裝哭窮，只是為了獲得政府的援助。但布斯與團隊則認為，通用汽車的財務狀況絕對比這位執行長透露得還要慘重。

福特開始認為通用與克萊斯勒極有可能宣告破產，只是穆拉利也想不出辦法如何阻止這兩家車廠拖垮汽車產業。經濟衰退即將演變成更大規模的經濟蕭條，豐田汽車與本田汽車也抱持相同的看法。他們希望能藉由夸克計畫做好萬全的準備，把傷害降到最低。穆拉利知道這還不夠。他們已經無法挽救這個產業，必須尋求華府的協助。

—第十六章—

前往華府求援

當你讓整個國家將華府視為是居住著上帝的天堂，那麼你是在教育人民一種依賴的心態，認為你絕對會在危難時伸出援手。

——亨利・福特

早在二〇〇七年平均燃油效能標準（CAFE standards）的國會聽證會上，艾倫・穆拉利就對美國政府不重視汽車產業感到失望。對於目前為白宮主人的共和黨來說，底特律車廠就像一群動作緩慢的恐龍，沒有勇氣接受新的挑戰，更將市場拱手讓給能製造絕佳性能的外國車廠。而對於控制國會的民主黨來說，三大車廠只會製造汙染，反對任何讓環境更乾淨、讓汽車更具競爭性的法律。兩黨的政客認為，相對於擁有創新能力的矽谷與獲利能力的華爾街，底特律車廠根本搬不上檯面。這裡沒有iPod，也沒有IPO（首次公開募股），有的只是荒蕪的城市與荒廢的廠房。

爭取華府支持

自從見識到華府的態度後，穆拉利就極力說服小布希政府與國會，福特汽車是問題解決者，而非製造者。基於這些理由，他與財政部長亨利・鮑爾森、聯準會主席班・柏南克接觸，表示願意提供援助，在這經濟衰退之際仍投入經費，研發最不會產生汙染的技術，成為煤礦中的金絲雀[1]。也是基於這種精神，福特願意支持國會要求的新油耗規範，以獲得新技術研發所需的經費。

這就是國會通過，並在二〇〇七年十二月總統公布的能源獨立與安全法（Energy Independence and Security Act）。此法案規定在二〇二〇年要達到新的平均燃油效能標準：每加崙跑三十五英哩。只有油電混合動力車、電動車或更先進的技術，如福特的EcoBoost系統才有可能達到上述要

①譯註：金絲雀對煤氣非常敏感，因此常被用來偵測空氣品質。

求。也因此，國會授權美國能源部門提供低利貸款給汽車製造廠，讓他們能用這些錢更換機器設備，生產更先進、環保的車款。只是後來這個立法機關竟然過河拆橋，拒絕提供資金。

當汽車銷售量在二〇〇八年初開始下滑後，福特與其他美國車廠私下開始尋求政府的協助。三大車廠認為，如果他們能共同合作，支持某個提案，較能影響美國國會。福特認為獲得能源部門的貸款是他們的首要目標。這個想法與穆拉利發展省油車款的計畫不謀而合。不僅是他們，其他車廠也能將貸款用在更新設備，節省許多營運上的支出。福特更將此提案視為華府間接協助汽車產業的方式，畢竟這是他們要遵守新法規所衍生出的費用。

然而，通用汽車與克萊斯勒似乎有自己的想法。通用汽車希望政府能讓購買雪佛蘭Volt車款的消費者予以減稅，藉由這款插電式油電混合車再次帶動雪佛蘭風潮。通用這個產品計畫其實還在進行，如果政府不理會通用的要求，恐怕消費者根本買不起這輛車。而克萊斯勒則是內部變動太快，以致於他們根本不知道自己要什麼。由於無法達成共識，三大車廠決定各走各的。

福特堅持申請能源部門的貸款。六月二十一日，來自於肯德基州的眾議員約翰・亞姆斯（John Yarmuth）與議長南西・佩洛西（Nancy Pelosi）想一同拜訪福特路易斯維爾組裝廠。亞姆斯是國會新生，這趟工廠之旅主要目的是要展現他對工會的支持。福特答應協助安排，但必須條件交換。永續能源、環境與安全工程資深副總裁蘇・西斯克（Sue Cischke）與福特製造部副總裁韓瑞麒要求佩洛西盡力幫他們爭取貸款。她答應幫忙，但幾個月過去了，眼看著經濟狀況愈來愈糟，貸款依然沒有下落。

通用汽車似乎無視於汽車產業的困境，堅持遊說國會通過購買Volt車款的減稅措施。福特華盛頓辦公室認為，通用高階主管沒有誠實將企業評估的結果告知遊說團體。至於克萊斯勒，終於發出警示，只是內部還是四分五裂，無法對國會發揮任何影響力。

就在通用與穆拉利的合併會議幾天後，情況突然有所改變。六月三十日，美國汽車產業的三大巨頭終於聚在一起，討論如何影響華府的態度。穆拉利決定再度說服瑞克．華格納與羅伯特．納得利發起聯合聲明，要求申請能源部門的貸款。依穆拉利的風格，他會為這次的會面花幾天的時間準備。這次他準備充分，提出許多證據說服其他兩位執行長，除了與福特合作外，他們沒有任何選擇。才剛開始沒多久，華格納就打斷他。

「這真的很重要，」通用汽車執行長贊同地說。「讓我們一起合作，提出聲明。」

納得利也頻頻點頭贊成。事實上，穆拉利根本還沒完成簡報。

這突如其來的改變讓穆拉利了解，這兩家競爭廠商已經走投無路了。現在他完全相信，通用與克萊斯勒的狀況比他們更糟。

* * *

以底特律的汽車製造廠而言，福特與小布希政府的關係算是十分融洽。白宮內部非常敬重福特的總法律顧問大衛．林區、政府與社區事務關係副總裁齊亞德．歐扎克利，他們與這兩位曾在白宮任職的前同事還是保持密切關係。在經歷兩次參戰與房市泡沫化之後，小布希根本無暇理會汽車產業。然而，二〇〇八年開始改變。白宮幕僚很感激福特對當前經濟狀況的建言，全力支持他們向能源部申請低利貸款，只是如何申請與何時核准卻操控在民主黨控制的國會手中。最重要的一點是，白宮很快就要改朝換代，福特得確保下一任總統能對汽車產業多點同情心。

和歐巴馬會談

他們可以確定的是歐巴馬（Barack Obama）參議員並非與他們同一陣線，至少初期不是。五月在「底特律經濟聯合會」（Detroit Economic Club）的演講，他就展現了典型民主黨人對產業的批判觀點。

「好幾年來，國外競爭者已投入相當多的心力發展更省油的技術，但美國車廠卻還是把錢花在製造更大型、快速的汽車。」這位相當有魅力的候選人說。「每當我們要提高油耗標準時，這幾家企業絕對反對到底，寧願花大把的鈔票躲避原本可以拯救汽車產業的改革[2]。」

歐扎克利與幕僚聽到許多歐巴馬的傳聞，很多人稱讚他非常能接受新的想法、觀念。六月二十五日，穆拉利決定測試傳言的真假。他和幾位產業領導者要會會這位來自伊利諾州的參議員，也是民主黨總統候選人，共同商討美國經濟現狀以及應變的對策[3]。穆拉利盡力傳達當前經濟危機的嚴重性，並表示由於成本提高與銷售量急速下降，整個汽車產業已經來到某種「轉折點」。

「你的重點是什麼？」歐巴馬詢問。「我們要如何協助你為當前的經濟狀況貢獻一份心力？」

穆拉利談到恢復貸款市場流動性的必要，以及發展全國性能源政策的重要性，也就是設定油耗與廢棄排放的單一標準。舉例來說，加州與其他幾個州就在研擬更嚴格的規範。對快要陷入絕境的產業來說，要遵守這些不同規範不但困難，而且非常浪費時間與金錢。福特其實不反對發展綠色科技。穆拉利大致敘述政府應如何協助、刺激用在油電混和車與電動車的電池技術發展。他也提到與韓國的貿易失衡，以及國家施加在汽車產業的嚴格限制。當然，醫療費用也是他此次談話的另一項重點。穆拉利解釋，上述種種原因再加上員工的保險花費更加深美國與國外車廠的鴻溝。他認為歐巴馬真的是一位好聽眾。很顯然地，這位候選人十分了解這些議題的細節，也真的關心福特與其他企業的意見。

當共和黨總統候選人約翰・麥肯（John McCain）二月拜訪密西根時，穆拉利也和他舉行類似的會議。

當穆拉利透過公開場合為福特爭取資源時，福特董事長也沒閒著。他在幕後運用各種關係將解決美國汽車產業困境列入選舉的重要議題。比爾・福特十分看好歐巴馬，認為他絕對會當選下一屆美國總統。他在二〇〇七年就曾打電話給歐巴馬，為未來的對話埋下伏筆。二〇〇八年中，看起來比爾的直覺是對的。當歐巴馬贏得民主黨總統候選人的提名後，比爾要求喬伊・雷蒙與歐巴馬聯絡，請他幫個忙。

---

② 或許有人覺得歐巴馬有些虛偽。那場演講後，有人拍到他開著克萊斯勒耗油的300C車款離去。幾個月後，他才換了福特出產的Escape油電混合車。

③ 其他成員包括摩根大通執行長傑米・戴蒙（Jamie Dimon）、投資機構Centerbridge Partners創辦人馬克・蓋洛格里（Mark Gallogly）、杜克能源（Duke Energy）執行長吉姆・羅傑斯（Jim Rogers）、安泰保險公司（Aetna）執行長雷諾・威廉斯（Ronald Williams）、有線電視服務商Comcast執行長布萊恩・羅伯斯（Brian Roberts）、軟體公司RealNetworks執行長羅伯特・葛雷塞（Robert Glaser），以及穆拉利的老戰友波音公司（Boeing）的財務長詹姆士・貝爾（James Bell）。

雖然雷蒙現在為雪佛龍能源公司工作，且住在加州，但他依舊認為自己是福特的一員，會為前任老闆赴湯蹈火。他拿起電話，打給羅恩．蓋特芬格。很奇妙的是，聯合汽車工會對民主黨具有相當的影響力，雷蒙要求工會主席牽線，為比爾．福特與歐巴馬安排私下的會面。

八月四日，這位候選人的飛機降落在密西根機場，一輛黑色禮車停放在飛機跑道上。比爾．福特正坐在禮車內等待歐巴馬。在前往演講會場——蘭辛會議中心的途中，兩個男人談了很多經濟現況與美國汽車的困境。

「你們需要紓困嗎？」歐巴馬問比爾。

「不需要，我想我們應該能熬過。只是通用汽車和克萊斯勒如果沒有政府的財政支援，極有可能宣告破產。」比爾說。「如果這真的發生，那麼可能會拖垮整個汽車產業，甚至是其他產業。」

歐巴馬點點頭。

比爾認為此次會面十分順利。歐巴馬能理解他的想法，兩個人相談甚歡。比爾早就是歐巴馬選舉陣營的大金主，當然，他的許多親戚也是。同樣身為民主黨的雷蒙催促比爾以福特領導者的身分公開表態支持歐巴馬。雷蒙相信，如果比爾這麼做，他應該能入閣，這正是比爾夢寐以求的事情。他們攜手擬定計畫，要求歐巴馬前往迪爾伯恩參觀福特的研發實驗室，讓他在那裡發表與綠色科技相關的演說，最後再宣布福特公開支持這位民主黨候選人。

歐扎克利則採不同意見。他認為比爾公開表態支持任何人都是十分危險的舉動。如果歐巴馬敗選，福特將永遠沒有與麥肯合作的機會；如果歐巴馬勝選，卻不受人民愛戴，福特的形象也會隨之下滑。穆拉利與大衛．林區也贊成歐扎克利的看法。公司內部有些人認為，他們之所以反對是因為政黨立場不同，但歐扎克利說，如果今天換成公開支持麥肯，他也會提出相同的建議。「無論如何，」他說，「你都會讓另一半選民與福特愈形疏遠。」

比爾認同歐扎克利的看法，決定取消先前的決議。

* * *

不只汽車業，連大型投資銀行也向政府要錢

八月十五日，歐扎克利與凱斯・軒尼斯（Keith Hennessey）會面。他是國家經濟會議（National Economic Council）的主席，也是小布希總統最信任的顧問。

「凱斯，讓我先跟你報告現在的狀況。我們借貸的利率快要逼近百分之二十，」歐扎克利說。「如果連我們都負荷不了，我不知道通用和克萊斯勒會有多慘。你絕對會一個頭、兩個大。」

軒尼詩同意，並承諾會想辦法協助他們申請能源部門的貸款。

在兩黨召開全國代表大會前幾個星期，底特律三大車廠聯合發表聲明，希望國會能儘快核准他們的貸款。他們請經銷商寫給各地的會議代表，並要供應商串聯，發揮影響力。他們抵達會議現場，廣發傳單，並與會議代表對話。他們的訊息很清楚：「前往白宮之前，一定得經過中西部的汽車之州」。

就在八月二十八日獲得民主黨的提名後，歐巴馬公開支持貸款一案。他不僅要求國會通過

貸款，而且還要他們增加貸款金額，從原本的兩百五十億美元增加到五百億。至於九月四日成為共和黨候選人的麥肯則無法接受這項提議。在他擔任美國參議院商務委員會（Senate Commerce Committee）主席時，就非常不屑美國汽車產業，他無法認同納稅人應該為這個從不自救的產業買單。

在雷曼兄弟宣布破產的幾天後，公開要求國會核准企業貸款的不只有底特律三大車廠。幾家華爾街大型投資銀行悄悄地遊說立法者成為他們的利益代表。他們與福特站在同一陣線，希望華府能施以援手。汽車製造廠更是持續對國會施壓。九月十六日，比爾．福特前往華盛頓特區，與白宮負責汽車產業的核心小組代表會面。這次會面只有「站票」，房間內一邊站了超過二十位國會成員，以及他們的助理與顧問。比爾向大家解釋福特需要貸款的原因，並強調這件事刻不容緩。國會議員與福特代表開始對麥肯施壓，要他也支持能源貸款一案。最後，他終於妥協了。

有了兩黨總統候選人的支持，國會在九月二十九日通過兩百五十億美元的企業貸款案，只是錢進入這些企業的口袋是九個月以後的事了。

＊　＊　＊

自從通用汽車在二〇〇六年出售賽伯樂斯資產管理公司多數股份獲利一百四十億美元後，華爾街便不時對福特汽車施壓，要他們也放棄最賺錢的左右手——福特信貸。比爾與穆拉利堅信，福特信貸最重要的價值在於，協助汽車與卡車的銷售。隨著全球貸款市場萎縮，現在看起來福特似乎有先見之明。在雷曼兄弟破產後，銀行根本無暇顧及汽車產業。即使是信譽良好的消費者也無法獲得貸款或租賃；經銷商借不到所需的貨款。這種情形漸漸擴及福特的競爭廠商。反觀福特仍舊擁有自己的財務公司，只要他們手上握有現金，絕對能持續提供貸款給消費者與經銷商。

現金為王，拐著彎要錢

到了九月底，福特信貸似乎也無法提供更多的資金了。穆拉利向柏南克與鮑爾森喊話，請他們不管用什麼方法，務必恢復貸款市場的資金流動。比爾指派在二〇〇七年被升任為財務主管的尼爾・施洛斯（Neil Schloss）前往華盛頓，看看有沒有可以使上力的地方。施洛斯很驚訝地發現，不管是在聯準會還是財政部，都能找到與他們意見相同的盟友。事實上，美國中央銀行正準備執行兩項重要方案，提供貸款給所有企業[4]。

第一項即是眾所皆知的「商業本票融資機制」（Commercial Paper Funding Facility），這項方案允許企業以有擔保或無擔保的商業本票為抵押，向聯準會借錢。當相關單位在十月二十日開始接受申請時，福特信貸可說是最先動作的企業。這家財務公司立即簽署價值一百六十億美元的短期票據給聯準會[5]。

④ 福特信貸全球行銷業務總裁約翰・努恩（John Noone）以及他的財務副手史考特・克羅恩（Scott Krohn）也參加不少這類的會議。值得注意的是，聯準會幾乎都能從這些貸款獲得實質的回饋。

⑤ 雖然福特信貸簽下的短期票據有一百六十億美元，但他們從沒用到那個數目。福特所有的票據在二〇〇九年九月三十日到期。

第二項方案「短期資產抵押證券貸款機制」（Term Asset-Backed Securities Loan Facility，簡稱ＴＡＬＦ）在十一月二十五日宣布，目的在恢復資產抵押市場的流動資產。在二〇〇九年三月前聯準會暫時不會將資金投入在資產抵押證券上，但福特已經準備就緒，一旦方案啟動，他們絕對能立即提出申請。因為福特信貸在十二個月內已經發行超過一百二十五億美元，符合ＴＡＬＦ方案的債券。ＴＡＬＦ方案協助的對象不僅只有美國企業，許多日本與德國車廠也相繼發行在擔保範圍內的資產擔保證券[6]。

這些方案為福特信貸保有活絡的資金，讓福特汽車能協助它的經銷商與消費者度過這次經濟危機。反觀通用汽車，沒多久就出售旗下的貸款公司，讓經銷商與消費者只能苦苦哀求一毛不拔的銀行[7]。福特汽車在這點的確占了絕對優勢。

但相較於國會在十月三日通過對華爾街的紓困計畫，上述幾個方案簡直小巫見大巫。這就是著名的「問題資產紓困計畫」（Troubled Asset Relief Program，簡稱ＴＡＲＰ）。美國財政部擬撥七千億美元從那些即將破產的金融機構手中收購所謂的「有毒資產」。同時，聯邦政府也可運用紓困資金購買這些企業的股票，鞏固他們的財務狀況，保護金融市場。

底特律當然也希望能分到這塊大餅。

＊　＊　＊

十月十三日，通用汽車執行長瑞克・華格納與鮑爾森在華盛頓碰面，他告訴財政部長如果聯邦政府再不提供援助，通用汽車最快可能會在總統大選的前一天——十一月三日宣告倒閉。他要求從援助銀行機構的七千億美元中撥一百億給通用汽車。但財政部長堅決拒絕這項要求；鮑爾森認為華格納的行為是一種勒索，在大選前夕威脅拖垮經濟來獲得聯邦政府的援助。即便如此，鮑爾森在會面過後還是要求部屬想出協助汽車產業的應變計畫，以防華格納說的狀況真的發生。

想方設法提高救援金

無獨有偶，克萊斯勒也宣稱手頭資金即將用罄。他們其實與通用汽車一樣，想分一杯羹。

福特現在發現自己處於一種十分尷尬的地位。由於國會通過能源部低利貸款，這家汽車製造廠已經從華盛頓那兒獲得最想要的東西。他們很有自信地認為能從這項計畫中獲得幾十億美元的補助，用來更新廠房設備以及重整計畫所需的資金。聯準會的計畫讓福特信貸得以生存下去。雖然福特的現金水位仍舊處於警戒狀態，穆拉利認為即使沒有額外協助，福特也能度過難關，但通用汽車與克萊斯勒可沒這麼幸運。如果真的如此，福特之前的努力將化為烏有。他們只希望政府能讓這兩家競爭者維持生計，但他們日漸擔心華盛頓的任何決策都可能置他們於不利。為了解決這種窘境，福特希望聯邦政府能提供額外協助，拯救整個汽車產業，其中包括對通用汽車與克萊斯勒的直接援助，並保證未來如果福特需要，也能獲得相同的補償。

⑥ 譯註：TALF方案涵蓋範圍包括汽車貸款、信用卡與助學貸款。

⑦ 有時候，福特信貸甚至貸款給在福特經銷商購買通用或克萊斯勒汽車的消費者，只因為福特希望它的經銷商能維持營運。

歐扎克利對軒尼詩和其他政府官員提起福特憂心的事情。他們表示，白宮願意讓汽車製造廠平分能源部貸款補助，並將這筆錢用在企業營運開銷上，到明年一月新任行政團隊上台時再看看他們的態度。歐扎克利欣然接受這個建議，並詢問總統是否會讓底特律三大車廠也加入ＴＡＲＰ的方案。他得到的答案是「不行」。

福特將目標轉到國會。雖然國會議員的關注焦點都在金融危機和總統大選上，但歐扎克利想尋求他們的支持，因此在十一月六日安排了與議長佩洛西、參議院多數黨領袖哈利·里德（Harry Reid）的會面。通用汽車與克萊斯勒聽到風聲也想加入。既然福特是為了整個汽車產業請命，穆拉利也就同意。在會面前，他先安排和華格納、納得利以及汽車聯合工會主席羅恩·蓋特芬格的私人會議。

「我們必須在民主黨領袖前表現出是同一陣線，」穆拉利告訴他們。「我們絕對要團結一致。」

其實另兩位底特律執行長早就不再將穆拉利當成沒見過市面的土包子了。穆拉利已經證明自己是可敬的對手——也是這次生存戰中最重要的盟友。他們一起擬定會議草稿，解釋國內汽車產業對美國經濟的重要性。文件也指出，三家車廠過去聘雇了多少員工、在哪些州設廠、有多少供應商倚賴他們等。此外，他們也說明車廠相互依賴的程度，各家的重要供應商通常也會供貨給美國的其他車廠。上述說明的目的只有一個：展現汽車產業對美國有多重要，若某一家車廠出現問題，美國政府絕不能掉以輕心。三位執行長在會前達成共識，亦即能源部貸款只是短期資金的來源。他們現在要做的就是提高救援金，確保更新設備廠房的經費有著落。通用汽車與克萊斯勒又重申加入ＴＡＲＰ計畫一事，希望聯準會能以借給投資銀行相同的利率，貸款給他們。蓋特芬格則建議他們，要求國會再另外提撥兩百五十億美元放在VEBA信託基金[8]，補足三家企業二〇〇七年與汽車聯合工會簽署的契約中，允諾給付給鐘點聘雇員工的退休醫療保險。最後三家車廠同意，不管他們從華盛頓那兒拿到多少錢，將以各家的市占率瓜分這筆錢。

十一月四日，歐巴馬當選美國總統。民主黨同時掌控參議院與眾議院。兩天後就是三大車廠執行長、聯合汽車工會主席蓋特芬格與佩洛西、里德見面的時間。在他們眼前這些人掌控著美國的經濟大權。令他們意外的是，這兩位民主黨領導人竟然願意聽取建議。

來自底特律的代表坐在長形會議桌的一邊。佩洛西、里德以及幕僚坐在他們對面，詢問應如何協助汽車產業。三大車廠拿出長長一串的提議。當他們逐一講出每項細節時，穆拉利隱約可感覺到這兩位國會代表似乎面有難色。他們的要求真的又多又廣，他知道對面聽眾愈來愈沒耐心了。

穆拉利拿出他的檔案夾，抽出一張紙，紙上的圖表是美國二〇〇六年一月到二〇〇八年十月汽車與卡車驟降的銷售曲線圖。這段時間的年度銷售量從原本的一千八百萬輛，降到不到一千萬輛。他將這張紙遞給佩洛西。

「議長大人，美國真的要有大麻煩了，」他指著圖說。「這可能拖垮整個產業。」

佩洛西挑著眉，低下頭仔細研究圖表。

「這張可以給我嗎？」她問。

穆拉利點點頭。

---

⑧譯註：這是美國聯合汽車工會旗下的信託機構。

如同穆拉利的預測，通用汽車在隔天宣布第三季損失二十五億美元，承認手上資金即將用罄。同一天，福特汽車公告第三季損失僅一．二九億美元。這在經濟蕭條時期根本不算什麼，只是福特實際的狀況比帳面上損失還要嚴重。要不是福特在這一季收到VEBA信託基金一次性金援，損失恐怕高達二十七億美元。分析師憂心福特的巨額損失，更擔心他們燒錢的速度，這已經完全超出華爾街的預期。福特每個月的支出甚至高於規模最大的通用汽車，因為他們得配合實際需求，降低過剩的產能，不管市場如何萎縮也要達到目標。在穆拉利之前的執行長無法承受如此巨大的損失，根本沒人夠有魄力堅持下去。他們用顫抖的雙手拿著手術刀，試著切開傷口，但就是切得不夠深。然而，穆拉利不同，他知道這是將福特從生產過剩、幾十年來大打折扣戰，因而削弱獲利能力的惡性循環解脫出來的唯一方法。

「在這艱困的時代，我們的計畫更顯重要：包括積極組織重整、加速發展消費者需要與想要的車款、為計畫挹注資金、達到損益平衡、提升全球資產以及讓所有員工團結一致，」穆拉利在一次晨間電話會議中對分析師與記者這麼說。「我們堅信福特的計畫和行動是正確的，我們將度過這段苦日子，並蛻變成一家更精實、擁有穩定收益的跨國企業。」

大到不能倒

福特採取一種折衷的作法，一方面說服消費者與投資人，福特的現狀比另兩家車廠好太多了，另一方面試圖讓政府當局相信他們是值得幫助的。只是有許多人質疑，既然福特的狀況還不錯，為什麼還需要美國納稅人的資助。穆拉利表示，這只是防患未然。一旦通用或克萊斯勒瀕臨破產，屆時福特絕對需要同樣的資助。

「我們只是未雨綢繆，因為現在要面對的問題不只一項，」穆拉利說。「三家車廠密切相關。最重要的是我們倚賴美國經濟，如果一家有麻煩，整個價值鏈，包括供應商、車廠以及經銷商絕對會發生問題。」

那天稍晚，歐巴馬總統首次在新聞稿中強調汽車產業的困境。

「汽車產業這星期傳出的消息顯示他們正面臨嚴重的困境。不僅是製造廠本身，依賴它們的供應商、小型企業，甚至是社區也必須面對相同的挫折。汽車產業是美國製造業的支柱，更是減少倚賴進口石油的重要關鍵。我希望政府當局能盡一切力量，遵從國會頒布的法令，加速產業升級。此外，我已經命令暫時內閣將協助汽車產業列為優先處理項目，即使當前經濟現況不佳，也要讓他們發展屬於美國本土的省油小車。」歐巴馬如此宣示。「我要我的團隊先了解，在現有法律下我們能做什麼，以及是否需要制定新法案。」

十一月八日，里德與佩洛西請求即將卸任的小布希團隊將福特、通用與克萊斯勒加入七千億美元的援助名單中。他們寄了一封信給財政部長鮑爾森，為了讓他批准這項援助案，他們願意賦予他充分裁量權，穩定經濟市場。

他們在信中這麼寫，「健全的汽車製造業對於恢復經濟市場的榮景是十分必要的。」

鮑爾森卻不同意。他和其他布希政府團隊還是認為讓三家車廠分這塊大餅只會讓經濟陷入萬劫不復的境地。如果此例一開，其他產業一定也會跟進，大家一定認為自己對美國經濟有著舉足輕重的地位。鮑爾森持續擴大能源部低利貸款的對象，讓歐巴馬一月上任時再決定如何處理這些問題。里德與佩洛西完全無視鮑爾森的態度，直接草擬從TARP計畫撥款給底特律三大車廠的法源。

幸好，在國會通過前，他們會先確保三大車廠不會亂花錢。十一月十七日，穆拉利、華格納、納得利與蓋特芬格收到來自參議員克里斯多夫・陶德（Christopher Dodd）以及國會議員巴尼・法蘭克（Barney Frank）的信件，要求他們隔天前往華盛頓特區，在參議院銀行委員會、住宅暨都市事務委員會與眾議院金融服務委員會前宣誓，絕對把錢花在刀口上。當穆拉利看完信後，深深地嘆了一口氣，他們終於得到華盛頓的注意了。

* * *

十一月十八日，穆拉利向華盛頓表明底特律車廠的困境，更宣布他們已經以五・三八億美元出售馬自達的股份。這價錢實在低得離譜，但福特已經走投無路了。

出售馬自達

穆拉利認為福特過於依賴這家日本車廠。他從一開始就想擺脫它，只是德瑞克・庫薩克不斷說服他放棄這個念頭。這位產品研發部門領導人認為兩家企業能夠互補。福特的新款小車就是以兩家聯合發展的平台為基礎，他們甚至想創造更完善的結構。庫薩克指稱，馬自達為福特開了一扇窗，讓福特看到日本製造業與汽車工業真正的面貌，也彌補福特的缺點。馬自達「校友」，如馬克．舒茲、路易斯．布斯也堅持福特絕不可賣掉這家廣島日本車廠的控股權。唐．勒克萊爾則採相反的看法，他認為福特需要現金度過當前的難關，因此在離開福特前，他竭盡所能地遊說高層主管出售馬自達。原因在於，福特幾乎把所有資產拿去抵押，他們當然可以出售抵押的資產，只是限制較多，難以下手。馬自達是少數可變現的資產，當然就成為開鍘的首要目標。

一如往常，穆拉利沒有積極促成出售案，而是讓事情自然發展。領導團隊最後達成共識：福特將保留馬自達百分之十三的股份[9]。馬自達將福特這項決策視為一種進展，但日本分析師則懷疑福特是否有獨立運作的能力。

＊　＊　＊

那天下午，穆拉利與隨行人員抵達德克森參議員辦公大樓，這棟五十年代的宏偉建築就在國會大廈對面。歐扎克利對於他老闆的表現非常有自信。他和福特政府事務部其他成員已經花好幾天時間為穆拉利準備在參眾兩院聽證會前作證的證詞。他們先與國會山莊的消息來源會談，了解這些立法人員想要何種資訊，接著與穆拉利關在福特華盛頓辦公室內討論每個委員的基本資料，最後透過「專案謀殺會議」[10]的方式不斷演練，直到穆拉利能輕易應付這些棘手的問題。他們模擬各種情

⑨出售前，福特的持股有百分之三十三。在出售的百分二十中，有三分之一由馬自達自己買下，其餘股份則由日本銀行、供應商、保險公司以及與馬自達有往來的貿易公司分別持有。

⑩譯註：與會人員提出質疑，阻擋專案過關。

境，提出尖銳的問題，試圖讓穆拉利跳入陷阱。但穆拉利沉著地應付他們丟出的任何問題。

聽證會上應戰

他的表現一定會可圈可點，當穆拉利穿著慣穿的藍色夾克，衣領扣襯衫與紅色領帶，帶著自信的微笑大步穿過大門，走進塞滿攝影記者的538會議室時，歐扎克利這麼想。參議員陶德看了台下觀眾，笑著說應該將聽證會移到甘迺迪球場。在一張長形的證人桌前，穆拉利坐在納得利、華格納當中，面對參議員。他先說了一段簡短的開場白，說明福特正在進行的重整計畫。

「許多最近的報導顯示，福特需要全新的企業模式。我完全贊同。事實上，我們正朝著這個方向進行。我們正在改造組織，而且我相信新福特的未來絕對令人眼睛為之一亮。」他解釋福特已經關閉十七座廠房，裁減北美區五萬一千個工作，與聯合汽車工會簽下有利車廠的契約，出售國外品牌，並調整產品線，降低福特對大型貨卡車與休旅車的依賴程度。「從這星期的行動就可看出我們重整的速度與範圍。在明天洛杉磯汽車展中，我們會推出兩款全新的油電混合小車，其中Fusion車款每加侖可比豐田的Camry混合車多跑六英哩。現在我們想申請去年國會通過的貸款，利用這筆錢加速改善符合市場需求的技術與車款。星期五，我們將結束密西根卡車廠生產線，導入省油小車的生產平台。」

當蹲在台前的攝影記者變換腳步發出喀喀聲時，穆拉利指出，美國經濟還未惡化前福特已經重新獲利，並試著出售拖垮福特的其他品牌。

「我們認為福特必須與競爭者站在同一陣線，共同爭取這項企業暫時借貸案，度過這段非常時期，」他說。「福特擁有足夠的流動資產，但我們還是得未雨綢繆，畢竟誰也無法預測二〇〇九年的經濟狀況會惡化至何種程度。此外，只要一家競爭者出問題，對福特以及我們的重整計畫絕對影響深遠，因為美國汽車產業是息息相關的。未來勢必也會像漣漪一樣影響美國整體經濟。」

穆拉利傳達的訊息很清楚：我們沒有問題，在座的其他兩位才有麻煩。如果他們垮台，我們也無法倖免，所以請幫幫忙，讓我們加入專案。只是沒有幾個委員願意這麼做，至少他們認為眼前這三位執行長與其團隊得為錯誤決策付出代價。

「既然你們在經濟狀況良好的情況下沒有能力進行組織重整，憑什麼要我們相信現在就做得到？」參議員理查・謝爾比（Richard Shelby）慢條斯理地說。這位阿拉巴馬州共和黨員的家鄉有許多外國車廠進駐。「你們有負大眾的期望，營運模式根本不可行，現在來這裡只是做最後的掙扎。你們三家車廠已經花了很多錢，現在只是希望能有更多錢能讓自己起死回生。」

當他對著三位執行長講話時，臉上露出厭惡的表情，就好像看到一堆腐爛的屍體。

「我相信如果這次順利拿到兩百五十億美元，你們大概還會想要另外的兩百五十億、三百億，甚至是四百億美元。」他嗤之以鼻地說。

甚至原本應該和他們站在同一陣線的委員長也開始動搖。

「我贊成協助汽車產業的決定，」陶德說。「但是他們的董事會與高階主管向來以缺乏遠見著稱。」

這些尖銳的批評對象其實主要針對通用汽車與克萊斯勒，只是有些參議員還是認為福特所做的錯誤決策比另外兩家還多。突如其來地攻擊讓穆拉利有點措手不及。雖然他平靜地回答參議員的質疑，他那天的表現顯然與往常的雄辯有些不同。就在陶德宣布聽證會結束時，穆拉利也用盡全身氣力了。他希望隔天在白宮的聽證會能比今天更順利，只是天不從人願。

惡評如潮

十一月十九日，美國各媒體的頭條都是三家車廠執行長搭乘私人飛機前往華盛頓特區開會的新聞。大家認為這些執行長根本不知民間疾苦，應該叫飛機直接載他們到孟加拉，看看偏遠地區的孩子如何生活。

「通用、福特與克萊斯勒汽車的執行長今天將會回到國會，要求高達兩百五十億美元的援助，他們指稱，若無法獲得這項金援，三家企業將瀕臨破產。然而，即使在這樣的窘境之下，三位執行長還是依然故我。現在，頭等艙已經無法滿足他們，」美國廣播公司晨間新聞節目〈早安美國〉（*Good Morning America*）的記者邊搖頭，邊厭惡地說，新聞先停在華格納登上通用灣流噴射機的畫面，接著出現穆拉利前一天離開聽證會的鏡頭，完全不理會現場記者的提問。這就像菲爾德斯當初將公司噴射機當成自家交通工具的翻版，只是這次加入了趁機嘩眾取寵的政客。

「看到這些豪華私人噴射機飛進華盛頓特區，每個下飛機的人手上拿的是昂貴的錫杯，這種景象其實非常諷刺，」紐約州民主黨眾議員蓋瑞．阿克曼（Gary Ackerman）在白宮聽證會後表示。「就好像在廚房裡看到穿著燕尾服、帶著禮帽的人感覺很奇怪。你不禁會懷疑穆拉利先生所說的『我們已經看到未來』究竟是真是假。至少，有人會想：『我們真的看見未來了嗎？』我是說，他們的行為舉止與說法完全背道而馳。難道你們不能坐一般商用機的頭等艙或其他交通工具來就好了嗎？」

然而，阿克曼在一個月前投票通過七千億美元金援案時，根本也沒過問那些華爾街大型投資銀行負責人用的交通工具是什麼，不過至少他很文明。其他眾議員當天則是對著穆拉利與其他兩位執行長大聲咆哮。這種舉動讓前一天聽證會的質詢顯得十分有教養。

「我不知道到底能不能信任你們！」麻州眾議員麥可．卡普亞諾（Michael Capuano）大吼。「我很怕你們拿走這筆錢，但還是做出如同這二十五年來的愚蠢決策！」

同樣地，這些人大部分還是針對華格納與納得利，但穆拉利無法置身事外，尤其批評砲火集中在噴射機事件。他不斷提醒自己這些國會議員絕對有權利對汽車產業生氣，只是他的回應愈來愈激動。

當密蘇里州民主黨議員艾曼紐．克里佛（Emanuel Cleaver）詢問福特需要兩百五十億美元中的多少錢，穆拉利只是簡短回應，等通用與克萊斯勒分走他們所需後，剩下來就是福特的。

「不管剩多少都拿？」某位國會議員一邊搖頭，一邊反問。「這太隨便了吧？」

到了另一位議員彼得．羅斯坎（Peter Roskam）提問時，情況又更糟。這位伊利諾州眾議員詢問三位執行長是否願意一年只支薪一塊美元，如同當年克萊斯勒執行長李．艾科卡在八〇年代接受政府援助後一樣。納得利說他願意。華格納表示，他已經自動將薪水減半，但也不排除這種可能性。接著，羅斯坎轉向穆拉利。

「我們已經不再支領紅利，並停止加薪，」福特執行長說。

「好，所以你願不願意只領一美元？」

「我可以理解你這個問題背後的意義與想法，」穆拉利顯露倦容地回應。「只是我們現在非常需要積極、有經驗的團隊。這對組織以及重整計畫十分重要。我了解你的意思，但我覺得保持現狀就行了。」

「好吧，我想再把問題說清楚，我問的不是團隊，而是你個人，」羅斯坎瞪著穆拉利說。

「我了解。」

「那……你的答案是不要嗎？」

「嗯，我想現在這樣子就好了。」

坐在穆拉利後面的歐扎克利聽到老闆的回答，整個人瑟縮了起來。

* * *

國會幾乎整個秋天都在拯救華爾街，他們已經不想再協助任何私人產業。許多憤怒的選民甚至為立法機關冠上「企業的救濟單位」稱號。在感恩節假期前，國會還未通過汽車產業的要求，但提供他們第二次機會。佩洛西與里德將在假期過後召開「跛腳鴨會期」[11]，並在十二月舉行第二次聽證會，但這次每家企業都得提出「確實的組織重整計畫」。

那一年在福特汽車沒有所謂的感恩節假期。

穆拉利飛回密西根，滔滔不絕地敘述他和其他兩位執行長如何被國會議員批評得體無完膚。

他能理解這些立法者對美國汽車產業的失望，也能了解為什麼他們拒絕協助這三家企業。但他無法忍受這些人把福特和通用、克萊斯勒混為一談。在他的領導下，福特能正視過往的錯誤，並在經濟解體之際還能依照自己的步伐前進。然而另兩家車廠不同，他們堅持己見，等到覺悟時已經太遲了。福特就像已經清醒的酗酒者，另兩家還處於酒醉的狀態。但國會把他們都視為是酒鬼。

福特必須劃清界線，它必須把自己從「三大車廠」中除名。**他們得向國會與美國人民證明福特與另兩家車廠的差別，最好的方式就是停止向政府要錢。**

我們還是有其他選擇，穆拉利想。**通用汽車與克萊斯勒已經沒有退路了，但我們還有。**

⑪ 譯註：選舉結束後，新舊國會議員交接的過渡時期。

第十七章

劃清界線

協助我們的不是華盛頓，而是我們自己。

——亨利．福特

隔天一早，也就是二〇〇八年十一月二十日，艾倫・穆拉利重新坐回雷鳥會議室的圓桌，看著每週更新的投影片，思忖著福特汽車究竟能否安然度過這次的金融風暴。投影片上的數據仍舊慘不忍睹，北美與歐洲區汽車產業的銷售量不停地向下修正。但福特和競爭對手間似乎有點不同，他們下修的幅度不如其他車廠。發酵時間大概從十月開始。福特的銷售分析師剛開始認為這或許是僥倖，但現在已經進入十一月的第三週，他們漸漸相信福特的改革終於有些成果了。

新一代的F150貨卡車系列終於陳列在美國各地的展示中心，很意外地，雖然經濟日益衰退，消費者對此的需求依然十分強勁。如果要說福特的強項，大概就是十分了解貨卡車的駕駛者，新款F150即是最好的證明。它提供許多消費者需要以及想要的特點，例如讓乘客上下車更方便的可伸縮側踏板，能讓後面拖車搖晃程度縮小的高科技系統，甚至是可選配的小型車用辦公室，包括鍵盤、印表機以及車子專用的文書處理軟體等。新型的F150較前一代省油，外型也十分搶眼。當時延後上市的決策真的讓消費者望眼欲穿。

福特另一種車款Fiesta小型車在歐洲也十分熱賣，不但讓駕駛人重拾開車的樂趣，並展現超低油耗，一加侖可開四十英哩。新款Fiesta與其他車款相比，它多了一種時尚感。福特這款「性感」小車在某些市場甚至賣得比前一年還好。

不論是F150還是Fiesta都是拯救這間企業的重要關鍵。雖然整體銷售量還是不斷下滑，但這兩種車款初期的成功在在顯示穆拉利的策略其實是正確的。**當其他車廠刪減投資新車款的預算時，福特的反向操作拉大他們與競爭者之間的差距。**照此情況看來，福特重回獲利的行列也一定較競爭者還快。福特的首席經濟學家艾倫・休斯康威表示，她相信美國經濟將在三到六個月內停止繼續惡化，並預測二〇〇九年第二季汽車與卡車的銷售量一定會回春，因為消費者忍得已經夠久了。

不靠金援靠自己，評估過的

財務長路易斯．布斯也有好消息。福特燒錢的速度開始減緩，所有刪減成本的效益漸漸發酵。福特所有努力總算沒有白費。

我們的計畫的確可行，穆拉利想著。**我們要做的就是度過這段黑暗期**。

BPR會議投影片檢視完成，主管站起來倒完咖啡後，穆拉利要他們再繼續開SAR會議，因為有太多議題需要討論，不能再等。其中有一個問題是穆拉利最迫切想知道答案的。當他看著團隊成員時，不得不去注意後面的牆面除了福特創辦人與早期車款的照片外，最近也多了自己的照片，就掛在亨利．福特與他的英雄湯瑪士．愛迪生（Thomas Edison）旁。他看著亨利．福特的畫像，想著這位出生於迪爾伯恩的農家子弟如何將當時的社會轉變為四輪動力的世界。如果要選出一位最偉大、白手起家的人物，非他莫屬。穆拉利不想讓他失望。

「我們可以不靠政府資助度過難關嗎？」穆拉利詢問團隊。「如果沒有任何幫助，我們能撐得下去嗎？」

現場陷入一片寂靜。所有主管開始衡量這麼做的風險與利弊得失。如果華盛頓的支票真的下來，福特不分一杯羹豈不是笨蛋。況且如果只靠自己的力量度過這段時期，可以想見福特可能有一段時間推不出好產品。但吉姆．費爾利馬上看出不尋求政府援助的好處。

「這是個讓福特脫離的好機會，」他說。「這是讓福特和其他兩家車廠產生差異化的絕佳時刻。」

通用汽車與克萊斯勒很明白地指出，如果沒有政府援助，他們只能走向破產一途。

「我們還沒到這種地步，」布斯說：「福特還有一線生機。」

「大家一起檢視一下現狀，」穆拉利說。

首先是循環信用。福特還未用完一百一十億美元的信用額度。實際上福特能用的額度只有九十幾億，因為有十分之一是雷曼兄弟貢獻的。沒有人想碰這部分，部分原因在於會增加福特的利息支出，部分原因則會讓華爾街認為福特已經走投無路了。實際上，福特不刻意刪減投資新車款的預算，讓它比通用、克萊斯勒多了另一條路。財務主管尼爾．施洛斯與其團隊正在尋求債權轉股權的可能性，降低福特的利息支出。第二個選擇是出售Volvo。這本來就是穆拉利的計畫之一，但他後來決定等品牌重新獲利後才出售。由於世界經濟走下坡，雖然福特還未能從Volvo汽車中獲益，但肯定對母公司多少有點幫助。最後一個選擇是與聯合汽車工會重新談判。主席羅恩．蓋特芬格暗示，工會可能願意重談條件，讓福特與底特律其他車廠能以股份代替現金支付員工的醫療保險。聯合汽車工會甚至願意讓他們借回原本放在信託基金裡的資金[1]。

①二〇〇七年福特與聯合汽車工會的合約上要求福特得開一個暫時性的資產帳戶，並存進二十三億美元的有價證券。二〇〇九年一月，福特換成一張在二〇〇九年十二月三十一日到期的本票，在這段期間支付VEBA基金百分之九的利息。

就在團隊說完所有選擇後，穆拉利漸漸露出笑容。

「我們可以靠自己度過這段時期，」他說。「我相信你們，我也相信計畫。我相信這是正確的方向。」

* * *

那天晚上，許多主管輾轉難眠，他們不敢相信穆拉利會做此決定。他們其實不相信福特能撐過金融風暴，甚至認為即使有政府的金援也不一定能安然過關。大多數主管擔心福特關了一扇以後不可能會再開啟的門。汽車產業已經試探過政府的底線，國會在前兩次聽證會上也清楚表明，不希望他們在六個月或一年後又再度求援。如果他們想從山姆大叔身上借錢，現在絕對是最佳時機。

就算今天福特看起來沒問題，也不能保證明天能安然過關，尤其是其他兩家國內車廠的命運還懸而未決。再者，華盛頓會不會撥錢給車廠還是個問題，如果通用或克萊斯勒瓦解，福特現在的假設將被完全推翻。在資本市場凍結的情況下，大概沒有幾家企業能東山再起。

成功的最後一哩路，比意志

隔天團隊回到會議室時，穆拉利能從許多人的臉上看到一絲恐懼。福特澳洲主管彼得・丹尼爾（Peter Daniel）直言不諱地提問。

「如果通用垮台怎麼辦？如果克萊斯勒破產怎麼辦？」他問。

會議室再度陷入一陣寂靜。穆拉利最後打破沉默，提出一種魚與熊掌都能兼得的解決方案。如果福特要求九十億美元的信用額度，並承諾不到最後關頭絕不動用這筆資金呢？如果真的要用，我們最多提出一些政府早就強加在另兩家車廠的條件。齊亞德・歐扎克利表示這個想法或許很難讓國會接受，尤其是在這段過渡時期，政客都比較偏好簡單的解決方案，但他還是會去試試看。

* * *

對於穆拉利不接受政府援助的決定，比爾・福特感到非常興奮。這就是他想要的，是福特家族想要的，也是他的曾祖父以往所堅持的。他之前擔心一旦福特接受華盛頓的財務援助，或許政府會要求福特家族釋出控制權。

董事會有點憂心這項決策。他們想知道這麼做福特放棄的是什麼，以及如果情況愈來愈糟，是否有機會讓華盛頓回心轉意。至於外部董事則毫不考慮其他選項，包括宣告破產。當福特現金水位不斷下降時，這些董事會成員開始擔心是否對得起福特的投資人。申請破產保護令可能會讓股東灰頭土臉，至於公司債持有人在走出聯邦法院時至少還能拿回部分投資。董事會通常不必對公司債持有人負責，但如果這家公司面臨破產則又另當別論。總法律顧問大衛・林區向董事會保證福特還沒到這個地步，但大部分成員還是憂心忡忡，有些人甚至提出辭呈。

約翰・龐德爵士（Sir John Bond）與約瑪・奧利拉（Jorma Ollila）在十月離開福特董事會，離開的理由是他們必須專注在自己的事業上。在全球經濟衰退的情況下，這樣的說法是可以接受的。龐德是Vodafone電訊公司的董事長，奧利拉則是諾基亞手機（Nokia）與皇家荷蘭殼牌

（Royal Dutch Shell）石油的董事長。由於福特陷入危機，這些董事會成員必須時常往返美洲與歐洲，他們無法分散心力在福特身上。然而，主要原因還是在於破產在歐洲是種抹滅不掉的汙點。如果福特宣告破產，對這些人的職業生涯必然是一種汙辱。資深董事會成員厄文．霍卡迪曾試著讓他們打消辭意。他知道就華爾街來看，這些成員的離去對福特只有扣分，沒有加分。但龐德與奧利拉去意甚堅。

一個月後的現在，霍卡迪也開始動搖了。他和其他獨立董事決定聘請外部顧問，在破產、接受援助等各項議題提供意見。畢竟，比爾與埃茲爾擁有家族法律顧問，他們也希望開會時能有個人能維護他們的利益，並確認管理階層是否已經評估各種可能性。他們雇用盛信律師事務所（Simpson Thacher）專門協助董事會評估各種危機的理查，彼提（Richard Beattie）。他們同時也讓彼提明白誰才是他的客戶。

「你不代表任何人，只有獨立董事會成員，」他們告訴彼提。「換句話說，你現在不是為福特家族工作。」

他們也這麼告訴代表外部董事的高盛集團。

在每個人都找了自己的律師、顧問後，董事會議室擠得水洩不通。這也代表林區必須花費更多工夫，扮演各派系之間的協調者。他能理解為什麼董事會成員需要這層額外的保障。雖然比爾．福特厭惡看到這種情形，但他多少也能體會其他成員的心情。只是這一切就像二〇〇六年的翻版，尤其是大家談論的都是與破產有關的事情。

福特汽車破產代表的是美國家族企業朝代的終結，家族成員與福特的關係也將劃下句點。福特汽車還是會存在，只是亨利・福特的後裔不再擁有掌控權。對比爾・福特與他的親戚而言，結束祖先留下來的遺產是件非常不光彩的事。對穆拉利來說，破產也是一項重大打擊。如果福特申請破產保護令，他就不再是拯救波音公司的英雄，而是讓福特走上絕境的罪人。董事會成員已經沒有本錢自怨自艾了。他們希望了解破產對公司整體而言有何意義。

穆拉利與其團隊研究這項議題已經有段時間了。申請破產保護令或許能讓福特的債務一筆勾銷，甚至能讓先前與聯合汽車工會簽的契約作廢，但對企業與品牌形象帶來的傷害則無法估算。此外，過往兩年的努力，包括品質提升、新車款、EcoBoost系統等也都付諸流水。試問，有人會想買破產車廠製造出來的車子嗎？不僅在汽車產業，整個華盛頓也都在討論這個問題，大家心裡其實都有答案。當時實施這種「預先打包」或「快速沖洗」式破產其實並不常見。董事會仍舊認為申請破產的過程十分冗長、複雜，也因此他們願意給穆拉利多點時間證明福特能靠自己度過黑暗期。

* * *

現在要求某個信用貸款額度的問題在於，福特需要在十二月再度返回華盛頓參加第二輪的聽證會。自從穆拉利與另兩位執行長在首輪聽證會公開受到汙辱後，有些團隊成員質疑是否有必要再參加第二次。穆拉利強烈認為，他們必須出席，為通用汽車與克萊斯勒打氣。這次聽證會也是福特和底特律其他車廠公開劃清界線的最佳舞台。如果上次聽證會就出現某些跡象，媒體報導一定會很熱烈。

既然決定退出這次的過渡貸款，那麼福特也就不需要去證明自己的財務狀況。穆拉利認為還是得謹慎處理。福特不需要踩著競爭者的屍體往上爬，這樣會讓華盛頓當局認為其他車廠根本不值得幫忙。**協助通用與克萊斯勒獲得金援，是確保福特穩當走下去的最佳方式。**

國會要求車廠在十二月二日之前交出重整計畫的細節以及預計獲利的時間表。穆拉利與其團隊積極準備既符合政府要求，又能點出福特與另兩家車廠差異點的完整文件。這是福特脫離老底特律的宣言。穆拉利決定公開整個計畫。這是讓國會與美國人民了解福特能承認自己錯誤並從中學到教訓。現在的福特正在進行從上到下的改革，不僅提升自己的競爭力，同時也讓世界知道美國仍舊是一個製造強國。

從聽證會證言和兩大車廠切割

穆拉利與其團隊在感恩節假期都在工作。他分派任務，要求所有主管準備自己專精的部分，並要林區做最後的檢查、整合，確保敘述語調得體、合宜。團隊在十一月二十四、二十五、二十六日在福特總部開會。他們在感恩節當天放假一天，不過大部分主管不是一邊工作，一邊看著底特律雄獅與田納西泰坦隊的激戰；就是快速地咬了一口火雞肉，眼睛又回到電腦前。所有人在十一月二十八日回到雷鳥會議室，他們每天總要碰面好幾次。十二月一日早上，福特宣布考慮出售Volvo這家瑞典車廠。那天傍晚，團隊成員擠在穆拉利辦公室會議桌旁，再次檢視報告的最新版本。他們修正到所有人滿意為止，而這也是穆拉利想要的內容：

身為一家企業以及汽車產業的一員，我們承認過去犯了許多錯誤以及錯估情勢。然而我們也要讓國會了解，福特並非等到今天才要步上重建之路。接下來要敘述的是正在進行，能帶領我們邁向成長的決策與行動……我們要說明的是，福特和其他車廠的狀況不盡相同，我們相信自己擁有足夠的流動性資產，能讓我們度過這段期間的經濟危機。然而，如果經濟衰退比現在預期的還要久或嚴重，那麼政府的援助對我們而言就十分重要，如此才能繼續執行重整計畫，讓福特在經濟復甦時重返獲利的行列。雖然我們不希望用到這筆貸款，但這對我們及國內其他車廠是非常重要的救命錢。

由於信用市場凍結，企業根本無處申請貸款。換句話說，一旦有突發事件發生，如某家競爭廠商宣告破產，不僅供應鏈、經銷商與債權人可能解體，我們的流動性資產也將面臨極大壓力。

我們可以從競爭廠商的報告中得知，他們的現金很有可能在幾個月，甚至幾星期內用完。汽車產業是處於環環相扣的生態，舉例來說，我們的供應商有百分之八十重疊，福特有將近兩成五的經銷商同時擁有通用與克萊斯勒的債權。這也是為什麼其中一家或兩家車廠發生問題，福特也無法倖免的原因。

對福特來說，政府提供的信用貸款額度就像是一種防護措施，確保我們在發生上述情形時還能持續進行重整計畫。有鑑於當前經濟與市場危機，福特希望政府能提供我們大約九十億美元的「備用」信用額度。我們保證只有在情況持續惡化下，才會動用到這筆貸款。

穆拉利十分滿意，但布斯仍舊眉頭深鎖。

「我們必須讓這份報告更完美，」他說。「我們是否能在裡面特別框出幾個重點或引言？」

時間已晚。所有祕書都已下班，回家過夜，辦公室只剩下這些高階主管與他們的助手。林區已經筋疲力盡，他對排版一竅不通，但願意嘗試。回家後他花了一整晚研究如何在微軟的Word中加入文字框。

這就是我念法律的主要目的嗎？當他一邊整理總共三十一頁的文件，挑出最具代表性的引言時想著。但也由於他曾在華盛頓待了很長的時間，因此清楚知道這幾句話大概也是國會議員會想看的重點。

* * *

隔天，穆拉利動身前往華盛頓。這次他不再搭乘公司的私人飛機，陪伴他的是福特Escape油電混合車以及超過五百英哩的柏油路[2]。穆拉利與媒體公關凱倫．漢普頓（Karen Hampton）、美國區主管鮑伯．尚克斯（Bob Shanks）車隊隊長約翰．柯斯提克（John Kostiuk）一起塞進Escape。貼身警衛則分別開在穆拉利車子前後。這不顯眼的車隊開了十小時，中間只有停下來上廁所，穆拉利最後一次休息是在賓州。一位祕書為團隊準備了雞肉三明治、薯條與汽水。停車休息時，穆拉利打電話給財政部長漢克．鮑爾森與聯準會主席柏南克，告訴他們福特即將單獨行動的決策。若將公路旅行所需的安全防備考慮進去，搭乘企業專機其實不會貴太多，只是福特從前次的聽證會學到教訓：**在美國政府內部，表面有時比事實重要**。那天早上福特宣布賣掉所有企業專機[3]。

為了能順利到達首府，他們先開到福特華盛頓總部。歐扎克利在那裡等著他們。從感恩節開始，他就在國會大廈裡奔走，試圖了解當局對福特放棄財政援助的看法。他得到的回應幾乎都是正面的。很明顯地，現在多數國會議員只針對通用汽車以及克萊斯勒。這也意味著福特終於和底特律其他車廠有了顯著的區隔。歐扎克利為穆拉利複習隔天的報告，就像教練在場邊對著第一戰打輸的拳擊手耳提面命一樣。

「不要回答與你無關的問題，」他說。「回答務必簡短、切中要點，千萬不要說太多。」

接著他們開始討論開場白。

「你是對美國民眾講話，而非只有國會議員，」歐扎克利告訴穆拉利。「你有幾分鐘的時間敘述福特的故事。」

對穆拉利而言，這是個千載難逢的機會。只是現在大家都累了。他們再也找不到正確的詞彙，說出穆拉利心中早就知道的答案。穆拉利顯得有點沮喪。

「艾倫，你心裡真正的想法是什麼？」漢普頓問她老闆。她已經培養一種不可思議的能力，總是能在適當的時間將穆拉利的思緒拉回正軌。接下來五分鐘，穆拉利發表一場極為出色的演

---

② 通用汽車與克萊斯勒的執行長這次也明智地選擇以開車的方式前往華盛頓。

③ 事實證明，說比做更容易。在當時的經濟狀況下，根本沒有幾家企業想買這些二手飛機。不僅如此，飛機停在機棚時，福特也必須花錢維修、保養。由於福特保全人員不建議穆拉利搭乘商用飛機，福特必須花更多錢包機。埃茲爾・福特擁有一家包機公司，福特還以較高的價錢承租。最後，福特主管的交通費不但高得驚人，許多之前負責專機業務的員工也因而失業。唯一的好處是國會與媒體不再以此大作文章。

說，並且完全解答大家先前的疑惑。

「艾倫，你明天就這麼說好了，」她說。「你不需要任何額外的筆記。」

「讓我們把剛才那些話寫在紙上，」穆拉利說。幸好，當時在房間內的人都記了一些。歐扎克利蒐集所有紙條，走進他的辦公室，開始撰寫文章。

＊　＊　＊

隔天早上——十二月四日，穆拉利與隨行人員又回到德克森參議員辦公大樓參加第二輪聽證會。雖然這次的會議室較大，但與會的人數也更多了。穆拉利與通用的瑞克．華格納、克萊斯勒的羅伯特．納得利、聯合汽車工會的羅恩．蓋特芬格，一起被迫在發言前先聆聽某些「權威人士」細數三大車廠的罪行。經過兩小時後，穆拉利才有機會說出他的開場白，但他認為這一切絕對值得。

聽證會證言

「自從上次聽證會後，我仔細思考你們提出的所有問題。我想讓你們知道，我很清楚地聽到大家的心聲。」與華格納的藉口、納得利的認錯、蓋特芬格的自衛不同，穆拉利還未切入主題前就先以一段痛定思痛的懺悔做為開場白。

你們的訊息十分清楚：我們需要改變企業模式。這點我真的十分同意。這也是為什麼我兩年前答應比爾·福特接任福特執行長的原因。我希望能將組織重整，讓福特成為一家使用綠色科技的尖端企業。接下來我會告訴大家，從以前到現在我們到底做了哪些改變。

以前我們有許多品牌，現在我們專注在最重要的核心事業——具有藍色橢圓標誌的福特。兩年來我們賣掉Aston Martin、Jaguar、Land Rover，並減少在馬自達的持股。這星期我們將考慮出售另一個歐洲品牌——Volvo。

以前我們的方法是「如果製造出來，客戶自然就會上門。」因此總是供過於求，最後只好削價競爭，不僅傷害品牌形象，也對不起客戶。現在我們嚴格把關，讓產量與客戶需求畫上等號。

以前我們專注在貨卡車與休旅車，現在我們會發展各類車款，甚至會將重心轉移到小型車，並發展更先進的科技，讓所有車款都能達到最低油耗。

以前令人咋舌的人事成本讓我們毫無競爭力，現在我們和聯合汽車工會達成共識，降低人事開銷。在此我們也非常感謝工會的配合，願意縮小競爭差距。

以前我們的供應商與經銷商真的多到無法計算，現在我們刪減到合理的數目，讓所有夥伴都能發揮最大效益。

以前各地區自行運作，歐洲區出產歐洲車款，亞洲區出產亞洲車款，美洲區則出產銷售美國的車款。現在我們整合全球資源，在創新、技術與規模層面都能發揮槓桿效應，為各個市場創造世界級的車款。

以前我們的目標是要贏競爭者，現在我們只想在品質、省油、安全性與價格等各方面能滿足客戶需求。

這就是我們做的改變。我們變得更和諧，我們變得更有效能，我們變得更全球化，我們現在真的非常專注……福特是一家美國企業，也是美國的標竿。我們知道許多城鎮都倚賴我們出產的汽車、卡車，許多居民的工作機會來自於我們公司，因此福特全體上下，從員工、股東、供應商到經銷商無不立下決心，執行全新的企業模式，讓福特成為一家更精實，擁有穩定獲利的企業，並為顧客製造最好的車款。我們知道前方道路還十分遙遠，但我們對於福特的未來絕對深具信心。

最後，穆拉利以邀請議員前往迪爾伯恩親眼見證福特的改變做為結尾。當他結束時，臉上充滿笑意，這是他最精彩的表演。他一講完話立刻閉嘴，離開現場[4]。

* * *

當福特主管在整合公司的重整計畫時，雷．戴伊的公關部門則忙著和廣告代理商聯絡。他們有意在這段時間推出新廣告，一方面點出福特與通用、克萊斯勒的差異點，一方面宣告福特放棄政府的援助計畫。為了讓內部了解廣告的急迫性，戴伊指出最近〈周六夜現場〉（*Saturday Night Live*）諷刺穆拉利與其他兩位執行長的片段。

「我們總是被混為一談，」他說。「我們必須說出自己的故事，讓大家知道福特多麼地與眾不同。」

對大眾說福特的故事

公關團隊在感恩節假期間趕工完成一個全新的網站——www.thefordstory.com，包含福特在重整計畫中的每個細節、進度與行動，產品資訊，國會質詢以及比爾．福特、艾倫．穆拉利與其他主管談論福特改革計畫的影片。網站完成後，他們將網頁連結傳給經銷商、員工，鼓勵他們再轉寄給親朋好友與顧客。他們也希望經銷商在當地報紙刊登福特如何與眾不同的廣告。

戴伊開始對主管耳提面命，讓他們在面對官員、分析師或記者時能把握機會說明福特和其他車廠的區別。他也警告大家要特別注意談論通用汽車或克萊斯勒時的語氣。

「千萬不要幸災樂禍，」戴伊說。「如果他們問你另兩家車廠怎麼回事，只要將話鋒一轉，對他們說：『我可以告訴你福特的故事。』」

那個月比爾．福特在〈賴瑞金脫口秀〉（*Larry King Live*）中做了最好的示範。他將每個美國汽車產業為何值得政府協助等的問題，轉成福特為何與眾不同的話題。

「我們的計畫真的可行，市占率也逐步回升。我相信我們前進的方向與國家所期待的一樣，」他告訴主持人。「我們不要求政府的任何援助，只是盡力靠自己的力量從泥淖中爬出來。」

* * *

---

④ 隔天在眾議院金融委員會的聽證會，他也是同一套講稿，而在那個時候，福特幾乎沒有任何爭議點。

第二次聽證會即將進入尾聲，但通用汽車與克萊斯勒似乎沒為自己爭取到什麼。

小布希政府出面干涉汽車業紓困案

十二月十日，眾議會通過批准提供一百四十億的緊急救助金給兩家車廠紓困，直到即將上台的歐巴馬政府想出長期解決方案。理論上，援助時間應該到三月底。不過，隔天聯合汽車工會拒絕以刪減工資，作為紓困的條件；因此提案遭參議院否決。人們擔心通用汽車和克萊斯勒會讓美國已經糟透的經濟跌落谷底，小布希總統出面干涉力挺紓困法案和簽下支票。

「由於當前美國經濟發生危機，讓汽車產業自生自滅的確不是一種負責的表現，」小布希總統在十二月十九日的宣言中表示。「這麼做可能讓美國經濟進入更深、更久的衰退期，也讓下一屆美國總統在上任第一天就得面對如此令人頭痛的問題。」

小布希總統宣布提供一百七十四億美元貸款給通用汽車與克萊斯勒[5]，要他們在二〇〇九年三月三十一日前提出完整的重建計畫，證明他們還有成長空間。如果提不出來，屆時只有申請破產保護令一途。小布希政府也要求兩家車廠的「管理階層、工會、債權人、債券持有人、經銷商與供應商」必須做出「有意義的妥協」。政府開出的條件很多，但不大明確，包括管理階層的薪資必須有上限，取消高階主管的紅利，賣掉公司所有噴射機，以及嚴格限制開銷等。他們也要求通用與克萊斯勒以股權換取三分之二的債權，設法讓聯合汽車工會讓步，如要工會同意取消「人力資料庫」（Jobs banks）計畫；把薪資與工作條件調整成和日本車廠一樣；重整VEBA基金，讓兩家車廠以股票代替現金支付費用。此外，他們也要求兩家車廠提升技術，符合政府CAFÉ的要求，製造更環保的車款。最後，兩家車廠若有超過一百萬美元的支出必須經過政府同意。

他們對於福特的貸款額度沒有任何著墨。然而就在大家看過華府對兩家車廠的要求後，大概也沒有企業想再乞求政府的援助。許多人認為政府拿著槍指著債券持有人與聯合汽車工會的頭，要車廠代表讓步，這未嘗不是一件好事。穆拉利要團隊接受這種狀況。

「我們必須參與史上第一次由政府領導的車廠改革，但我們得確保自己在過程中不會處於不利的地位，」說完他露出微笑，揮舞著手上的文件。「至少我們知道他們的計畫。」

⑤ 這筆錢將從之前財政部長鮑爾森拚命保護的TARP基金會中支出。在某種程度上是鮑爾森想確保民主黨國會會通過另外的三千五百億美元。事實上，只有在上述金額通過後，通用與克萊斯勒才拿得到一百七十四億中的四十億短期貸款。

—第十八章—

獨自奮戰

為什麼只能守株待兔？你可以用更好的管理方式壓低成本，你也可以降價加強購買力。

——亨利．福特

艾倫・穆拉利在國會山莊發表即席演講後，電子郵件和電話開始湧進福特總部。而福特留意到企業網站也湧進不少流量；幾天後，信件也如雪片般抵達迪爾伯恩。他們講的都是同一件事：謝謝福特汽車。謝謝福特不用納稅人的錢，謝謝福特能自己解決問題，謝謝福特讓他們知道美國大無畏的精神還是存在。

謝謝福特

一封由加州唐娜・班納（Donna Benner）寄給穆拉利的信指出，「我對於你們最近拒絕接受政府援助的行動感到印象深刻，」她寫道。「我真的很欣賞你們的態度，因此決定立刻買一輛福特新車。」

一月，班納就將她的Infiniti QX4換成福特Escape油電混合車。

來自於德州的詹姆士・舒茲二世（James Saultz Jr.）寫了一封稱讚的信給穆拉利，「我欣賞你們擁護資本主義的立場，希望你們能堅持到底，」他還特別強調他也寫了一封完全不同的信給通用汽車執行長瑞克・華格納。詹姆士說他計畫將現在開的BMW換成福特野馬。

其他人則以買進福特股票，而非購車來表達支持。除了福特總部外，各地經銷商也聽到客戶的讚揚。很多人湧進各地展示中心表達對福特的支持，並順道參觀福特的車款，使得經銷商得緊急下單，訂購更多商品手冊。一位德州的經銷商描述，一名女性顧客開著她剛買的Jeep車款要求更換為福特汽車。她羞於開著得靠政府金援才存活的車廠所製造的車。

福特的民調中心顯示，第二輪國會聽證會結束後不到十天，有百分之九十五的美國民眾已經知道通用與克萊斯勒央求政府金援。有百分之五十二的人知道福特不在金援名單上。聽證會結束的兩週後，百分之四十八的受訪消費者表示，下部車他們會考慮更換福特車款。穆拉利從不以此自傲，他也知道團隊絕對能團結一致，為福特找到出路。美國人民也願意給這間企業實踐計畫的機會。

「福特成為眾所矚目的焦點，這簡直是天賜良機。我們只需要持續告訴大眾我們的故事，」穆拉利在十二月聽證會後的幾天這麼說。「福特的故事能讓人們清楚知道，現在的福特有很大的不同——我們已經漸漸上軌道，財務狀況也逐漸好轉，更研發出好的產品，有一套完整的生產系統。總而言之，我們一天比一天進步。」

上天彷彿要幫助福特一樣，十二月，美國國家環境保護局（the U.S. Environmental Protection Agency，簡稱EPA）公布了福特新款的Fusion油電混合車的油耗數據。Fusion以市區油耗四十一英哩與高速油耗三十六英哩的成績，打敗豐田汽車的Camry油電混合車款，榮登美國最省油中型房車的冠軍寶座，對豐田無疑是一大威脅[1]。幾星期後，EPA更宣布在非油電混合車項目，Fusion再次擊敗Camry以及本田Accord車款。Fusion前一代車款在二〇〇五年末上市以來就是福特最賣座的產品，改款後不僅省油，外型也更搶眼。現在的福特絕對能與日本車廠正面對決，挑戰自一九九七年就被豐田獨霸的中型車市場。

二〇〇九年一月十一日，在底特律北美國際汽車展中，穆拉利喜孜孜地公布了全新改版的Taurus。這是他在二〇〇六年首次拜訪福特設計中心時就心生嚮往，極力想讓它重返車市的車款。此外，福特的設計師也將原本古板的福特500系列改造成充滿現代風格的旗艦車款，可說完成不可能的任務，也讓福特成為汽車業界的時尚領導者。不僅如此，他們的改版時間也創下紀錄。原本新版Taurus預計在二〇一一年推出，但公司正在存亡的緊要關頭，穆拉利下令加速計畫時程。因此德瑞克・庫薩克的團隊省去泥土塑型的過程，直接在電腦上設計全新車款，將發展流程整整縮短一年的時間。這簡直將福特的全球產品研發系統的潛力發揮到極致。

這些新的福特車款是穆拉利承諾產品革新的首批成果。這一切只是開端。就在穆拉利宣布新款Taurus上市的同一天，比爾・福特也公布一項史無前例的電動化策略，計畫在二〇一二年底推出全新的油電混合車、充電式油電混合車以及兩款使用電池的電動車。福特的所有舉動完全超出美國消費者的期待。

* * *

在福特總部卻沒有人在慶祝。

一月二十九日，這家汽車製造廠宣布二〇〇八年總共損失一百四十六億美元。這是福特有史以來最嚴重的虧損；但在慘不忍睹的數據後還是隱藏了幾項好消息。二〇〇八年第四季，福特汽車的核心北美汽車業務只虧損十九億美元，比起去年同期經濟較佳的情況下，只多損失了四億

①福特Fusion油電混合車在高速公路一加侖比豐田Camry多跑八英哩，市區則是多跑二英哩。福特也提供另一款Mercury Milan油電混合車。

美元。由於銷售量急遽下滑，分析師原本預期的虧損幅度更慘重。這證明組織的成本控制開始出現成效。福特在全美整年的銷售量下滑百分之二十，較整個汽車產業的百分之十八還差。但在二○○八年最後三個月，福特的銷售量下降幅度低於同業平均。這意味著這家汽車廠在十月、十一月與十二月的市占率逐步上揚。福特的現金支出也在二○○八年最後一季減緩到五十五億美元。到了年底，福特現金與貸款額度只剩下兩百四十億美元，其中還包括一百零一億美元的循環信用額度。

打出王牌

穆拉利認為已經夠了。他告訴分析師與記者經濟即使再困頓，他也不會刪除產品研發的預算，更不會重新考慮向美國政府要求金援。

「我們的產品線已經滿載，」穆拉利在年度財務報告後的電話會議中這麼說。「福特絕對有足夠的流動資產可以撐過全球經濟風暴，並在沒有政府金援的情況下維持現有的產品計畫。」

但福特終究還是啟動循環信用額度。

那天早上七點四十五分，福特執行長致電給三天前剛任命為新財務部長的提摩西・蓋特納（Timothy Geithner）。穆拉利首先恭賀這位福特前任副總裁[2]的曾孫上任，接著大致敘述福特的財務現狀，最後告訴他福特會從這些搖搖欲墜的銀行系統裡提領至少一百億美元。

「我們已經跟每個人談過，」穆拉利說，但他不確定新任財務部長會有何反應。「我們認為應該沒關係。」

在做此決策前，福特財務主管尼爾・施洛斯已經親自打電話給五十家銀行，讓他們知道福特接下來的行動。由於當前的經濟現狀不大穩定，施洛斯不確定是否每家銀行都能提供福特所需的現金水位。除了雷曼兄弟外，所有投資銀行都沒問題。當時，雷曼兄弟已經來日無多，福特也因而少了約九億美元的流動性資產。

雷曼兄弟的離開有很大的原因來自福特的決策。公司高層一直以來都將這筆循環貸款當成最後一線希望。許多主管，包括財務長路易斯・布斯事後表示，這是經濟危機時所做過最艱難的決定，這代表福特得丟出最後的王牌。在正常的情況下，華爾街或許會將此視為公司走投無路的徵兆。但凡事都有例外，尤其是在經濟蕭條時期。雷曼兄弟在九月出現問題時福特已經失去約十分之一的貸款額度，其他幾家銀行是否能承接這一百零一億美元的額度還是未知數。施洛斯每天都在確認這些額度，他擔心這個數目會愈來愈小，唯一的辦法似乎就是把錢借出來。福特希望分析師能理解他們的舉動，並承諾絕不會將資金用在營運開銷上[3]。

「我能理解，」蓋特納說。

穆拉利鬆了一口氣，因為他不想第一次和新任財政首長講話就被責備。

「我們會自我管理，」穆拉利向他保證。「福特進行重整計畫已經有一段時間了，我們絕對

② 蓋特納的外曾祖父就是查爾斯・摩爾（Charles Moore），他曾在一九五二年到一九六二年擔任福特公關的主管。
③ 福特必須在二〇一一年底償還貸款或再次融資。

會堅持下去。」

穆拉利掛上電話後，他再致電給聯準會主席柏南克敘述同樣的內容。當然，柏南克也能理解福特的作法。

* * *

福特的財務團隊必須時時刻刻監督公司的現金水位，才能避免將貸款用在營運開銷上。施洛斯和部屬持續評估近期的營運花費，並儘可能在銷售量回歸正常前提供協助。福特大概需要八十至一百億美元讓公司與工廠維持正常運轉。不計算貸款額度的話，銀行帳戶只剩下一百億美元可用，福特充其量只有十幾億美元的喘息空間。

即使福特財務狀況十分吃緊，但還是優於通用汽車與克萊斯勒。這兩家企業已經瀕臨破產的邊緣，似乎也無法提出任何說明符合申請政府暫時性貸款的要求。通用汽車與克萊斯勒必須在二月十七日前向小布希政府證明公司債券持有人與聯合汽車工會願意讓步，才能進一步獲得聯邦政府的資助。眼看著一月份即將過完，兩家公司卻一點進展也沒有，這真的不是好現象。

制敵機先，爭取談判

福特團隊漸漸失去耐心。韓瑞麒與馬汀·慕利[4]已經向工會清楚表明，在沒有政府資助下福特也需要工會做出類似的讓步。工會主席羅恩·蓋特芬格對福特現況表示同情，但他表示，除非先和另外兩家車廠簽署合約，否則不會與福特進行任何協商。福特其實可以理解他的想法。因為華盛頓拿槍指著他的頭，才逼得他不得不上談判桌，但聯邦政府可沒提到福特，韓瑞麒與慕利只能乾著急。

某天晚上，他們在位於福特總部的穆拉利辦公室裡枯等時，韓瑞麒突然跳下椅子，拿起白板筆，開始在白板上算數。慕利回過頭看著這位從通用汽車來的主管正在計算這家車廠的債務，包括欠聯合汽車工會VEBA基金的醫療保險以及還未提撥退休金的負債。當韓瑞麒算完後，他倒退了幾步，不停搖頭。

「他們快要破產了！」他說。

「政府不是要幫忙？」慕利問。「如果他們能提出華府要求的條件，就能借到更多現金。」

「沒錯，但他們應該提不出來，」韓瑞麒說。「羅恩才沒那麼笨。他不可能讓通用汽車以股票來支付VEBA的債款，那些股票根本一文不值。」

如果通用無法說服聯合汽車工會讓步，他們就無法獲得政府的額外金援。

「感覺是一場災難，」慕利同意地說。「整個汽車產業一定會跟著陪葬。」

此時，布斯把腦筋動到福特的債券上。以當時的債市行情來看，大約二十八美分就可以買到福特債券，他們應該很快就能解決公司在外的債券量，但前提是福特要有多餘的資金。不幸的是，布斯得謹慎地使用每分錢。突然，韓瑞麒帶著一項提議出現在穆拉利的辦公室。

④ 自從喬伊・雷蒙二〇〇八年離開福特後，韓瑞麒就同時接掌全球生產部門與勞工事務部門。慕利直接向他報告。

「如果我們先發制人呢？」他問。

「如果我們先和聯合汽車工會協商呢？」

這麼做不僅會讓福特先處於不敗之地，也能讓手頭資金解凍，布斯因而可買回福特債券。穆拉利不大確定。他認為這看起來就像福特占了便宜，不但可能激怒聯邦政府，也自毀才剛在美國民眾心中建立起的好形象。

韓瑞麒非常堅持自己的想法，而另兩家車廠與聯合汽車工會的會談似乎也無止盡的延宕。很明顯地，蓋特芬格希望歐巴馬政府能介入處理，為這些曾對歐巴馬順利入主白宮出過力的會員爭取更優惠的條件。只是日子一天天過去，工會的延宕只會讓外界更加誤解他們才是這場戲的「壞蛋」。二月初，韓瑞麒說服蓋特芬格必須把握機會，對大眾展現願意妥協的誠意。

「看看還有什麼能做的，」穆拉利告訴韓瑞麒。

韓瑞麒幾乎是狂奔到慕利的辦公室，在下班前攔截到慕利。

「我們必須與羅恩見面，」他露出一抹勝利的微笑說著。

雖然蓋特芬格不願意和福特談判，但韓瑞麒從未停止和工會主席連絡。事實上，他們幾乎每天都通電話。有時，蓋特芬格會告訴他和通用與克萊斯勒最新的談判結果。不過，大多數時間他只是想找人發洩。當然，韓瑞麒則扮演著聆聽者的角色。那天晚上，韓瑞麒致電蓋特芬格要他立即和福特上談判桌。

「你的期限快到了，羅恩。如果到時候你和兩家車廠還沒有任何協商結果，聯合汽車工會一定會變成眾矢之的，」韓瑞麒告訴他。「大家會認為你們才是蠻橫無理的一方。」

他說，福特聽到傳言，共和黨似乎在等待通用汽車與克萊斯勒宣布談判破局，他們才能順勢打擊工會。只是蓋特芬格非但不領情，還狠狠地訓了韓瑞麒一頓。

「我不想再聽到福特想怎麼做！」他對著電話大聲咆哮。「我會告訴你，工會要怎麼做！」說完立即掛上電話。

盱衡情勢，分析厲害

事實上，韓瑞麒根本不為所動。一月二十四日星期六，他坐在自家電腦前，寫了一封文情並茂的電子郵件給蓋特芬格以及他的代理人鮑伯．金（Bob King）。

羅恩和鮑伯，您好：

我不斷想著我們談論產業未來與福特重整計畫的談話。很明顯地，我們所有人，或者說我們公司需要這項重整計畫，好讓北美區重返獲利的行列，以及重回投資等級的企業，最終的目的是增加資金投入新的產品計畫，提供在職與退休員工該有的保障，並保住福特信貸。我們真的很希望能和您合作，所有股東也樂見其成。我知道，羅恩曾經表示對我們「想要的項目」不感興趣，我們也會予以尊重，因此談判桌上不會出現任何的要求清單。然而，我還是深切期望能與你們對談，討論一下應該注意的事項。看起來福特的確還有很多改進的空間。我們現在想辦法處理債務；我們正在處理經銷商的問題，包括成本與經銷商數目。我們也在研究應該如何對待供應商；

我們也對員工做了非常困難的決策，包括資遣以及讓他們自願離職。員工手上的股票選擇權全都沒有價值，今年也不會有任何分紅或加薪。而當我們在執行這些計畫時，福特一般股的股份會被徹底稀釋。大家想的只是要讓這間公司東山再起。

韓瑞麒接著列出福特與外國車廠成本上的差異，福特一年大概多出七億美元的支出。

我知道數字看起來很嚇人，事實上的確也是。這也是為什麼我們必須坐下來，共同檢討成本的重要性。以下是一些我們覺得能縮小與外國廠商差距的做法。

他總共列出他認為福特與工會都能接受且可更動的二十五個契約項目，包括減少休息時間、取消復活節補假等。大部分項目看起來可能微不足道，但加總起來一年可節省至少五億美元的支出。相較之下，全體員工減薪百分之五只為公司節省一．一億美元。福特願意和聯合汽車工會向華府表明，不需降低基本工資也能弭平人工成本的差距，但交換條件是讓通用汽車與克萊斯勒能在VEBA基金上獲得一些進展，也就是以股票代替現金償還剩下的債務。

韓瑞麒按下「傳送」鍵之後就開始等待，他幾乎每隔幾分鐘就看一下黑莓機的收信匣。到了星期一早上，還是沒有任何回音。幾天後他終於忍不住打給蓋特芬格，詢問他究竟有沒有收到訊息。

「我收到了，」這位聯合工會主席淡淡地回答。

「好吧，為什麼你不讓我和馬提去聯合大樓（Solidarity House）為你們報告一下我們的想法呢？」韓瑞麒問。「你為什麼不讓我們解釋，為什麼這項做法有利於工會與福特的理由？」

蓋特芬格終於答應與福特代表於二月六日星期五在工會總部見面。

在同一條船上，工會不得不談判

聯合大樓位於底特律市中心，是一座臨近河邊的現代化辦公大樓。韓瑞麒與慕利把車開進停車場，經過一個外國車款不得進入的告示牌。他們知道只有一次機會說服蓋特芬格與金坐上談判桌，因此準備十分完整的簡報，不僅能回答工會所有問題，也能解釋對方有疑慮的部分。當他們抵達工會總部，蓋特芬格與金看起來心情不是特別的好，韓瑞麒只好速戰速決，直接切入重點。

「你絕不可能談成什麼好交易，」他開門見山地告訴這位工會領袖。「通用汽車的債務太多，他們快要宣告破產了。」

他提醒蓋特芬格與金，當初德爾福集團提出破產保護令時的狀況。當時的聯合汽車工會已經發現在破產法庭上要維護會員的利益有多困難。最好在還有籌碼談判時就先和福特上談判桌。一旦雙方達成共識，工會自然能帶著協議要求通用汽車與克萊斯勒也比照辦理。如果兩家車廠拒絕，那麼壞人的角色就由他們扮演，而非工會。

「繼續說，」蓋特芬格表示。

「從第一次聽證會開始，你們就曾談到共體時艱，」韓瑞麒對工會主席說。「我們準備好這麼做了。」

福特在一月時已經宣布裁減百分之十人力，其中大約有一千兩百名福特信貸員工會失業。福特會另外再宣布一項債務重整計畫，將協商債權人折減債務並沖淡股東權益。其他如主管與董事會成員的薪資也都攤在談判桌上討論。韓瑞麒與慕利大約花了九十分鐘解釋所有事項。說完後，他們向工會主席致謝，並將福特提議留給工會人員討論。

那天晚上慕利接到金的電話。

「我們星期一會到你們那兒開始進行談判，」他說。

雙方的協商從二月九日開始。討論持續整個星期，他們來來往往爭辯各項議題，包括工作保障與人力資料庫計畫。直到星期五，福特與工會的協商似乎沒多大進展。星期六早上，蓋特芬格與金帶著一個前所未有的提議來到福特。這是史上第一次工會表示願意考慮終結人力資料庫計畫。一名才剛申請退休的福特資深財務人員，同時也是參與這次協商的人員說出了企業聽到這項計畫的反應。

「我在福特工作了三十七年，從來沒想過可以等到這一天！」當韓瑞麒轉述從兩位工會領袖傳來的消息時，他不禁大喊。「這真是歷史性的一刻！」

從此，協商快速進行，最後於二十四小時內達成協議。

韓瑞麒提供一間位於福特總部樓下的辦公室給蓋特芬格。金和慕利與其他協商團隊則在十一樓的會議室等待。每次當他們達成某些協議，蓋特芬格與韓瑞麒會開始計算總共省下多少成本，盤算如何才能大幅縮減與日本車廠之間的人力成本差距。談判終於在週日凌晨兩點進入尾聲，或者說福特以為結束了。福特已經同意刪除所有員工的紅利，但蓋特芬格想要的不只如此，他也要穆拉利共體時艱。

「他的年薪只能有象徵性的一美元，」蓋特芬格堅持。

韓瑞麒已有心理準備聯合汽車工會主席絕對會要求穆拉利減薪，但沒想到他的要求這麼過份。韓瑞麒其實已事先問過穆拉利的底線。穆拉利也給了他一個數字，只是這個數字仍舊有七位數。他告訴蓋特芬格好好想想自己的要求所引發的後果。

「第一，我們需要艾倫，我們公司沒有人希望他離開——請你先記住這一點。第二，我不認為執行長的薪水應該比一般員工少，」韓瑞麒說。「艾倫這兩年願意每年減薪六十萬美元，總共是一百二十萬，這已經是很大的讓步了。此外，董事會也願意放棄支薪。」

蓋特芬格強忍住不笑。

「那麼馬克、路易斯和其他人呢？」他問。

「他們除了減薪外，還放棄所有分紅。你要的共體時艱其實已經達成了。」

蓋特芬格點頭並握著他的手。

現在，就剩下一件事：韓瑞麒要打出這一生中最尷尬的一通電話。他回到辦公室，關上門，撥了穆拉利的手機，對方電話沒有回應，韓瑞麒只好留言，不好意思地告訴老闆，方才的協商中，他的薪水被砍了近三分之一。當天早上稍晚，穆拉利聽到留言，他只是為韓瑞麒達成任務而開心。

但其實還有VEBA基金的事還沒解決。韓瑞麒與慕利希望在那個週末完成協商，蓋特芬格則希望將結果先交給通用、克萊斯勒，讓他們能先在即將來臨的期限——二月十七日交差了事。

「我會再回來，」他承諾。

＊　＊　＊

當歐巴馬在一月二十日宣誓成為第四十四屆美國總統時，汽車產業的危機正式落在歐巴馬頭上。事實上，歐巴馬及其團隊早在競選之初就開始處理這件事。在就職典禮前幾個星期，他欽點一位曾經是記者，後來變成華爾街億萬富翁的史蒂芬・拉特納（Steven Rattner）成為他的「汽車沙皇」（car czar）。他是私募股權公司四方集團（Quadrangle Group）最主要的投資者，從沒有管理汽車產業的經驗。當消息在一月七日傳出時，比爾・福特是最先表達關切的。

歐巴馬政府的作為

「如果能找到一位非常了解汽車產業的人來幫忙，對我們絕對有很大的助益，」他在底特律汽車展上說，其實是在暗指拉特納對汽車產業一竅不通。

歐巴馬暗示，他會組成直接向白宮報告的專責小組，只是隨著通用、克萊斯勒提交發展計畫的期限一天天逼近，歐巴馬政府還是毫無進展，甚至連拉特納的指派都還是檯面下的消息。二月十六日，在空軍一號上的記者追著白宮新任新聞祕書羅伯特・吉伯斯（Robert Gibbs）不放，詢問汽車專責小組的相關訊息。他們提醒羅伯特離截止日期只剩下一天。吉伯斯向這群記者保證，當天稍晚就會發布正式的新聞稿。只是不但那天沒有任何消息，連二月十七日也沒有。就在兩家瀕臨破產的車廠遞交報告後，政府立即發表一項極短的宣言表示：「他們會要求相關各方參與，包括貸款銀行、供應商、經銷商、勞工與汽車產業主管等，確保這些公司未來還是有繼續發展的潛力。」

* * *

就在那個星期接近尾聲之際，聯合汽車工會再度回到談判桌，繼續和福特討論ＶＥＢＡ相關事項。他們在週末達成暫時性的共識，並在二月二十三日星期一對外宣布。最後的協議包括改變加班費的計算方式、減少休息時間與生活津貼、取消復活節補假以及六百美元的聖誕節津貼。同時，他們要求員工在報到前應該先做健康檢查，以減少雇主負擔的醫療保險費用，並允許公司再進行一輪的優退計畫。雖然福特答應給付資遣的員工長達一年的補助薪資，在最新的協議裡的確是將人力資料庫取消了。最重要的是，工會讓福特以股票支付在ＶＥＢＡ信託基金的欠款[5]。

到現在，官方的汽車業專責小組才正式成立，並舉行首次會議，由財政部長蓋特納與國家經濟委員會（National Economic Council）主席賴瑞・薩摩斯（Larry Summers）共同領導，成員包括商務部長、交通部長、能源部長、勞工部長以及管理與預算辦公室（the Office of Management and Budget）主任、經濟顧問委員會（the Council of Economic Advisers）主席、白宮能源與氣候變化政策辦公室（the White House Office of Energy and Climate Change Policy）主任、美國國家環境保護

⑤福特願意將新產品由某些廠房生產製造，並承諾會讓工會知道債權人、供應商與經銷商會做出何種讓步。

局（Environmental Protection Agency）局長、Lazard投資銀行代表羅恩．布倫（Ron Bloom）[6]。他和拉特納負責這個臨時小組每天的運作，監督這些新任技術官員的小團隊。

工會讓步：修正後的勞資協議

當通用汽車、克萊斯勒聽到福特與聯合汽車工會私底下達成協議時，十分著急地致電給布倫和拉特納。克萊斯勒尤其沮喪，甚至指控福特是逼迫他們破產的罪魁禍首。拉透納也不大高興。在他聽到新聞後馬上打電話給齊亞德．歐扎克利。

「讓我來處理這件事，」還未獲得正式任命的沙皇表示。

歐扎克利告訴他，福特得捍衛自己的利益。

蓋特芬格與金在二月二十四日向各地工會領導者報告協議的內容。除了穆拉利減薪外，沒有支薪的比爾．福特也同意放棄部分的延遲報酬。大家對這個部分印象深刻，因此毫無異議地接受協議內容，並督促工會會員儘快投票通過。由於三家美國車廠就有兩家搖搖欲墜，瀕臨破產邊緣，大家也只能接受這項協議。勞資協議修正案於二〇〇七年三月九日正式通過。

一名福特俄亥俄州組裝廠的工人理查．林茲（Richard Linz）說出對此勞資協議的感想。「我覺得我們就像溺水求生的人，充滿著無力感，」他說。「我想在福特工作到退休，但我已經不知道這個夢能不能實現了。我只想工作，我只想保住飯碗。」

他說穆拉利與比爾．福特減薪的新聞讓他較能坦然面對自己的犧牲。

修正後的勞資協議對福特無疑是成功的一擊。工會的讓步讓他們在二〇〇九年至少可省下五億美元，而在VEBA基金會的協議也讓福特多出三十七億美元現金買回市場上的債券。布斯與其團隊幾乎馬上開始行動，事實上他們也必須這麼做。聯合汽車工會同意做出這些讓步是因福特承諾會讓利益關係人，尤其是特定債券持有人也得做出對等的犧牲，如同華府對通用汽車與克萊斯勒的要求。韓瑞麒、慕利給了蓋特芬格承諾，各地區工會領導者也因為信任他們才得以通過協議。現在，該是福特表現的時候了。

* * *

棋高一著，漂亮的財務操作

三月四日，福特的確展現出它的誠意。當通用汽車、克萊斯勒持續與工會討價還價時，這間位於迪爾伯恩的車廠宣布一項三步驟的債務重整計畫。首先，他們願意以八十美元現金與一〇九股福特股票贖回每一千美元的可轉換優先票據[7]。第二，福特信貸公開出價十三億美元收購無

⑥布倫同時也參與聯合鋼鐵工會（the United Steelworkers Union）與機師協會（Airlines Pilots Association）。

⑦這項建議適用約百分之四點二五於二〇三六年十二月十五日到期的可轉換優先票據。通常面值為一千美元的票據實際上可分到一〇八．六九五七股的福特股份。

擔保、不可轉換的福特債券，剛開始收購的價格為三十美分，之後降為二十美分[8]。第三，福特信貸再另外出價五億美元（最後增加至十億美元）收購福特無擔保優先債券，價格則交由拍賣市場。這一連串現金、股票交易主要目的是防止投資者聯合起來從中獲益。每項交易都是針對不同的投資族群[9]。

這個重整計畫的成效超出福特預期。一個月後，福特與福特信貸花了二十四億的現金並發行四．六八億股，贖回價值九十九億美元的債券。華爾街對此轉換率感到十分訝異。

「投資者把握住這絕無僅有的機會，好像錯過就不會再有這麼好的報價一樣，」交易結束前，Gimme Credit分析師雪莉．倫巴迪（Shelly Lombard）表示。

這是美國史上最大的負債交換協議，卻不是福特第一次這麼做。在過去幾年，施洛斯與其團隊曾悄悄處理過福特的資產負債表。他們曾在二〇〇七年八月將二十一億美元的優先債券轉換成一般股票。接下來十二個月，他們繼續將九．九八億美元的福特債券轉換成股票。在二〇〇八年八月到十二月之間，他們出售價值四．三四億美元的股票，並用此收益收購福特信貸的債券[10]。

福特稀釋自家股票的舉動，的確讓股東蒙受其害。然而，福特家族的股份卻完好如初，股東雖然十分氣憤，卻也無能為力。只要福特家族成員不出售股份，最終獲益者還是投資人。至於他們在三月份針對債券持有人的提議完全是隨意參加。但不管是對福特或債券持有人，以三十美分贖回或賣出債券似乎是雙贏的策略。至少就當時美國汽車產業的慘況來看，如果能拿回一點報酬已經很好了。

歐巴馬總統不想等到三月三十一日。很明顯地，不管是通用汽車或克萊斯勒，都無法達成前一任政府設定的援助條件，但他決定還是給他們一次機會。就如前總統小布希一樣，歐巴馬也認為兩家車廠的崩盤會給已經岌岌可危的經濟現狀致命的一擊。

＊　＊　＊

歐巴馬發表全國演說

三月三十日，當穆拉利正在雷鳥會議室舉行每天必開的SAR會議時，歐扎克利告訴他，歐巴馬將對全國發表演說。控制室工程師在十一點零七分前就將會議室的大螢幕切換成CNN新聞，歐巴馬總統剛好走進白宮大廳，兩旁圍繞著汽車專責小組成員。這是他對底特律車廠的最後通牒。

「日復一日，年復一年，我們看到的是問題被忽略，困難的決策一拖再拖，直到現在落後外國車廠一大截。我只能說現在已經逼近道路的盡頭，」他說。「我們不能，也不應該讓美國汽車

⑧ 如果債券持有人能在三月十九日前簽署文件，福特信貸贖回的價格為三十美分，之後只剩下二十七美分，最後收購的總價為十一億美元。

⑨ 這絕對是有先見之明的舉動。不管是通用汽車或克萊斯勒，投資者後來合夥要求更多更有利的條件。

⑩ 福特的財務團隊其實非常敏銳。他們在二〇〇七年，也就是金融風暴爆發前一年就已經移動退休基金化解危機。這些資金總值大約六百億美元，其中約有百分之七十投資在股票市場，剩下的則選擇較安全，具固定收益的投資。就在下半年股市持續探底之前，施洛斯決定將基金平均分為兩個部分，避開利率風險。這些動作至少為福特省下六十至七十億美金。

產業就這麼消失，但我們也不能無止盡地用納稅人的辛苦錢讓這個產業苟延殘喘。他們必須依靠自己的力量，而不能總是躲在國家的保護傘下。」

歐巴馬給通用汽車六十天的時間寫出一個「較佳的營運計畫」，內容必須包含如何讓這間企業轉型成更精實、更有競爭力的公司。他並開除瑞克．華格納。歐巴馬說，克萊斯勒已經無法挽救了，但他也給他們三十天的時間與義大利的飛雅特洽談併購的問題。

歐巴馬的談話內容也間接涉及福特。

「我們必須承認汽車產業面臨的困難絕大部分是因為我們的經濟現狀，」總統說。「為了在這段時間支持汽車產業的買氣，我直接要求專責小組採取幾項步驟。」

歐巴馬表示，他會藉由近來通過的「美國復甦與再投資法案」（American Recovery and Reinvestment Act），讓採購政府用車的資金儘速核發。第二，他會讓汽車財務公司更自由的運用流動資產，提供貸款給經銷商與消費者。第三，他將要求國稅局，讓購買新車的消費者享有稅收減免。最後，他會與國會討論，制定一個「更能刺激汽車買氣的計畫」。

「太棒了！」歐扎克利一邊揮舞著拳頭，一邊忘情大叫。他和團隊成員這幾個月以來不斷說服華府採取行動刺激新車銷售量終於有了回應。在歐洲早就有類似的計畫，成效也十分顯著。這是美國汽車銷量起死回生的第一個徵兆。

最後，歐巴馬承諾協助密西根與中西部地區，共同面對這有史以來最大的重整計畫。

「如果我們能在這艱困時期相互扶助，竭盡所能的做我們應該做的事，未來回過頭時，絕對會說這是美國汽車產業拋棄舊思維，邁向未來，重新改造的關鍵時刻。不僅成為密西根州，更成為中西部，甚至美國的經濟重鎮。」歐巴馬信誓旦旦地說。

總統結束演說後，在雷鳥會議室的人面面相覷，最後一起爆出一聲，「哇！」

檢核重整計畫

在關掉視訊裝置後，穆拉利對主管發表了短暫的談話。

「各位，這是我們共同盡力執行公司的重整計畫，創造歷史的絕佳時機，」他說。「你們花了這麼多時間在工作上，不就是想創造奇蹟嗎？就是現在了。這是美國製造業的靈魂，你們就是最佳解決方案。」

當歐巴馬總統在電視上發表演說時，白宮就已經發了演講內容的副本給歐扎克利。他們很快複製好幾份，發給會議桌的每一位。穆拉利全場做筆記，聆聽華府交付給另兩家車廠的執行事項。他開始仔細瀏覽內容，並在每一點後面註記。

歐巴馬要通用汽車合併所有品牌。

「我們這點完成了嗎？完成。」穆拉利自問自答。

總統要求通用汽車整理出資產負債表。

「我們有做到這點嗎？有！」

歐巴馬認為通用汽車需建立一種可靠的營運模式，讓它能在全球市場中占有一席之地。

「我們完成了嗎？完成！」

每個人都認為要通用汽車在短時間內完成這些條件實在難如登天，破產只是遲早的事。幾位福特的高階主管幾乎已經快要對外宣布福特的勝利了。

「破產後他們什麼也不能做，」一名主管說。「沒有人會想買它們的車子。」

穆拉利搖搖頭。

「你們最好相信，如果聯邦政府決定介入，他們應該不會落到這種下場，」他說。「**相信政府，他們能改寫遊戲規則**。想想看，他們都能把人送上月球了。這項計畫應該會有成效。我們只要堅守自己的計畫，更勇敢地向前邁進。」

當福特主管開始盤算這對福特有何影響後，會議室的氣氛瞬間凍結。

「他們的債務一定會一筆勾銷，」有人嘆氣說道。

「我們的也是，」穆拉利微笑地說。「我們必須加速計畫的進度，還清貸款。誰最快向前邁進？誰能快速前進？誰能從華府通過的一億美元採購案中獲得最大的利益？我們的命運由自己掌握。」

有人開始取笑華格納的下場與總統穿的靴子。除了穆拉利，每個人都哈哈大笑。他突然舉起手，要大家停止竊笑。

「我們千萬不要幸災樂禍，」穆拉利說。「此時我們要展現的是謙卑與專注。」

* * *

就在債務協商之後的幾天，布斯率領福特代表團前往華盛頓與歐巴馬的汽車業專責小組進行首次會面。由於福特已經放棄華府的金援，因此他們認為穆拉利不需與專責小組直接接觸。代表團除了布斯外，還有歐扎克利、韓瑞麒、全球採購副總，也是供應鏈端的專家湯尼・布朗（Tony Brown）。他們在財政部一間小會議室與拉特納、布倫見面。兩位官員對於福特私下與聯合汽車工會協商的事情還耿耿於懷。

「為什麼你們要介入這件事？」拉特納再次問到。「為什麼你們不讓政府處理就好？」

「我們得確定自己不是處於劣勢，」布斯回應。

拉特納想知道福特如何能讓工會讓步。韓瑞麒表示，這與信任有很大的關係。

「我們有個基本原則，」他說。「我們列出所有計畫，並承諾絕對會執行這項計畫。」

拉特納印象十分深刻，但他沒表現出來。取而代之的，他看了一下福特與聯合汽車工會達成共識的各項條件。

「這些讓步真的能讓你們有競爭力嗎？」他問韓瑞麒。

「是的，以我們目前的狀況來看，這真的能達成，雖然不是現在，但至少是在可見的未來，」韓瑞麒解釋。「這是經過深思熟慮的，這些條件讓我們的計畫能持續進行，重整福特的營運模式。」

* * *

到了三月底，所有資訊顯示福特在公眾形象上與通用汽車、克萊斯勒已經有一段差距。美國民眾已經不再把迪爾伯恩車廠與另兩家相提並論。歐巴馬的演說後，即使福特會以債權換股權的方式稀釋股東利益，投資者還是大量持有福特股票。四月三日，福特股價來到三美元，這是自二〇〇八年以來的新高。四月九日，股價超過四美元；四月二十四日，福特公布第一季虧損為十四．三億美元。這看起來已經不算什麼。那天收盤，股價攀升到五美元。華爾街持續關注福特的現金消耗率，現在已經降到三十七億美元。在四月三十日，福特股價向六美元叩關。標準普爾在那個月也提高福特的信用評等，這是十年來的第一次。雖然這家車廠的債券仍舊停留在垃圾等級，但可以確定的是他們正朝著正確的方向前進。

黑暗中的曙光

既然股價起伏沒有削減投資人對福特的熱情，他們決定再發行價值十六億美元的新股份，進一步減少負債。這不在計畫之列，但好處是讓福特與破產法庭的大門愈來愈遠。雖然經濟狀況不見好轉，但在玻璃屋頂樓的每個人都相信即使沒有政府援助，他們也能度過難關。

汽車產業的銷售量持續探底，福特的表現還是優於市場，市占率愈來愈高。那年四月，福特銷售量下跌百分之三十一，但豐田汽車相對萎縮百分之四十二。福特在歐洲的表現也十分亮眼，甚至又重新站回雙位數的市占率，上次有這麼高的占有率是二〇〇一年，創福特十年以來單季市占率的新高。

董事會滿心歡喜。他們原本希望福特放棄政府援助能扭轉大眾的印象，但沒想到竟然獲得這麼多鼓勵。與聯合汽車工會的協議定案後兩天，董事會成員決定以股票選擇權獎勵穆拉利，讓他以超低價一・九六美元買進五百萬的股份。福特偷偷摸摸以這種方式補償穆拉利的損失，他們不希望有人注意到這件事。只是工會還是知道了，金覺得被福特出賣。他希望福特能共體時艱，所以才要求會員接受讓步。他絕不會忘記這件事，工會會員也不會。後來，這個舉動反而回過頭來扯了福特與金的後腿。

對於現在的福特來說，他們要做的就是避免被底特律的洪水吞噬。供應商的狀況依舊沒有改善。一旦通用汽車、克萊斯勒提出破產保護令，他們也會受到連累。然而，他們的損失就是福特的收益。到了五月一日，有百分之六十三有意買車的消費者表示偏好福特的車款。在美國汽車產業八十年來最大的危機之下，穆拉利與團隊完成了不可能的任務。他們重建美國大眾對福特汽車的信心，主要原因在於，他們放棄政府援助，當然還得加上福特展示場裡的多款新車。正當消費者認為福特值得信任時，福特新車款，如改款的Fusion、Fusion油電混合車也剛好抵達福特各地的經銷商。福特再次抓對時間點[11]。

無論是之前的布希政府，或是才剛上任的歐巴馬政府都得想出要怎麼給福特九十億美元貸款額度的辦法[12]，但看起來他們是不需要了。在福特宣布獨自奮戰後，外界對他們的支持猶如排山倒海而來。馬克・費爾德斯前進之路計畫執行後的三年，艾倫・穆拉利終於讓福特成為美國車廠的代表。

---

⑪ 如果福特等通用汽車、克萊斯勒與聯合汽車工會談過再行動，夏天可能已經過了一半。到那個時候，福特的營運狀況勢必有所改善，工會會員絕不可能同意讓步。福特的債券價格只會更高，絕不可能有贖回的機會。

⑫ 眾議院的確有通過福特要求的九十億美元貸款額度。

第十九章

轉危為安

除非你有堅定的勇氣，能讓你擁有無視於周遭障礙的勇氣，持續向前邁進，否則沒有所謂的成功。

——亨利．福特

二〇〇九年四月三十日，克萊斯勒申請破產保護令。一個月後，通用汽車也同樣申請破產保護。雷烏會議室的電視再次切換到新聞台：總統歐巴馬正式向美國民眾宣告，聯邦政府將投資通用汽車三百億美元，成為美國最大車廠的主要股東。

「我知道這或許會讓你們產生質疑，」歐巴馬承認。「但這兩家車廠的生存與美國經濟息息相關。」

在迪爾伯恩會議室內一片沉寂，聽到的只有大家的呼吸聲。

「你的意思是他們不需要還任何一毛錢！」其中一名主管大聲咆哮，其他人只是不斷搖頭。

艾倫・穆拉利沒料想到此事。事實上，福特汽車也沒有人想得到。他們只知道這兩家車廠會獲得政府大量資金挹注，原以為只是暫時性的借貸，通用與克萊斯勒最終還是得還清貸款。現在總統竟然宣布，接手這兩家車廠的企業可以把債權轉換成股權。在克萊斯勒的部分，飛雅特應該會買下政府的股份，完成併購；美國政府在通用汽車清算過後將持有大部分股權。

穆拉利與其他主管安靜地坐在會議室，聆聽並消化總統說出的每一個字。往後他們要對抗的不是兩家破產的車廠，而是美國政府。一如往常，穆拉利最快接受這項消息。

「你們必須預期會有這種突如其來的消息，並努力地消化。」他說。「**坐在這裡哀嚎不是我們的計畫，墮落也不是我們的計畫。我們必須想出因應的辦法。如果無法改變，我們就得努力調適。**」

* * *

政府接手，球員兼裁判

福特密切觀察兩家破產車廠的一舉一動，甚至還聘雇外部法律顧問公司研究他們送到破產法庭的每個文件。幾乎每天都有新文件送出，少則幾百頁，多則上千頁。福特的律師群仔細研究這些細節，以及政府主導的重整計畫。監督華府的工作就落在齊亞德．歐扎克利頭上。他和團隊成員穿梭於各權力中心，試圖了解政府會如何保護它的資產。穆拉利和其他人則持續關注最新發展。很快地，這些會議變成每天的例行工作。

「大家聽到什麼？」在主管就定位後，穆拉利一定會這麼問大家。

消息不外乎其中一家或這兩家競爭對手又從政府獲得哪些利益。在玻璃屋的每個人都知道通用汽車、克萊斯勒大概能從債務風暴中安然脫身，但沒有人能預測華府會重整供應商排名，甚至強迫聯合汽車工會做出更大的讓步，接受更差的條件。許多福特主管很難接受這些事情，尤其是那些努力好久才有某種進展的人，他們無法苟同另兩家車廠只要大筆一揮就能獲得相同利益[1]。

其中一些決策，例如免除通用汽車因錯誤行動衍生的債務，讓福特處於劣勢。早期，美國三大車廠因為讓技師與其他相關人員暴露在石綿中，而成為代價不斐的集體訴訟目標。這種用在煞車皮上的石棉直到九〇年代初期才逐漸淘汰。[2]之前，福特與通用決定共同負擔所有訴訟與賠償費用。某個夏日早晨，一位通用汽車律師致電給福特的總法律顧問大衛．林區，告訴他聯邦法院裁定這些由石綿訴訟案衍生的所有費用不得轉嫁給新的通用汽車。

「我們和這些債務沒任何關係了，」通用律師隱藏不住笑意地說。「都給你們付吧！」

隔天早上，林區說出這個消息時，整個雷鳥會議室陷入一片死寂。

「等等，你是說他們從此以後與這個訴訟案無關？」其中一人問道。「他們不用再背負石綿訴訟案的債務？這是真的嗎？」

「這就是我們破產機制的運行方式。他們反而獲得新生，」林區平靜地說。「當然，他們獲得許多好處。你們也想效法他們嗎？我們也可以。」

沒有人想這樣做。福特主管對於另兩家車廠輕鬆抹去過往的罪行感到十分不滿，但沒有人想變成他們。福特自從放棄政府金援後也獲得極大的利益；雖然汽車產業極度不景氣，但福特在美國與全球的市占率不斷攀升。到了五月，它在美國的銷售量下滑不到兩成五，居全球六大車廠之冠。豐田與本田汽車的下滑率大約在百分之四十一。Lincoln的銷售量一年比一年好，是福特當時唯一正成長的品牌。

市場需求漸漸恢復。從三月開始，美國整體銷售量逐漸上揚。六月二日，福特宣布第二季產量增加一萬輛，第三季預計可能還會再增加四萬兩千台，反觀通用與克萊斯勒的工廠還是毫無動靜。華府為通用與克萊斯勒提供保固服務，但許多美國人還是不敢購買破產車廠的產品。到了五月，福特宣布一項新方案讓兩家車廠更雪上加霜。他們將協助克萊斯勒車主還清車貸，轉而購買

① 另一項福特無法接受的項目是，法官決定讓通用汽車保有延遞所得稅資產（deferred tax asset）。通常企業一旦破產，這些資產會被全部沒收。而在華府變成通用汽車的主要投資者後，這些資產全都轉給新的通用汽車。

② 福特和其他美國車廠在七〇年代開始淘汰石綿煞車皮，但直到九〇年代初期才完全退出市場。

福特新車。

「有很多人其實不喜歡政府成為這兩家車廠的幕後金主，」福特美國業務行銷部主管肯．庫茲貝（Ken Czubay）解釋。「他們對於自家產品的轉賣價值也不抱任何幻想。」

當時，克萊斯勒車款的剩餘價值只有五成。

即使是政府背書的經銷商聯合專案，結果也證明不如當初預期。五月，克萊斯勒宣布在這備受爭議的計畫下會減少八百家經銷商；通用汽車則刪減一千一百家。

吉姆．費爾利對團隊成員宣布此事時，氣炸了。

「我們一家接著一家上門戰鬥，」這位福特全球行銷、業務與服務副總裁說。「我們在戰場上匍匐前進，而他們只要一覺醒來，三分之一的經銷商就自動消失！他們真他媽的中了樂透！」

不過，他的一腔怒火很快就紓解。許多通用、克萊斯勒的經銷商因為失去經銷權而感到憤怒，因而銷毀客戶名單與帳號。為了不得罪選民，華府在十二月宣布受理那些經銷商上訴後，情況更加惡化。費爾利此時反而感謝福特的柔性策略。大部分福特的經銷權結束後都會賣給其他經銷商，而這些廠商在交接時也會特別謹慎，確保沒有任何遺漏。他們會從已經停止運作的經銷商購買客戶名單，甚至提供優秀的業務員或服務人員工作機會。這個過程十分緩慢，雖然無可避免的某些經銷商仍會有威脅感，但大體來說此方式十分有用。福特已經成功說服六百七十家經銷商停止或轉讓經銷權，大約占美國零售市場的百分之十六。

當政府的手伸進來

然而，穆拉利與團隊每天都會收到新的意料之外的消息。美國政府從沒和私人企業密切合作過，自然也沒有任何教戰守則；很顯然地，華府採取且戰且走的策略，這讓福特十分憂心[3]。

政府提供兩家車廠破產企業融資，這對其他企業來說根本不可能。華府是在花納稅人的錢宣傳通用汽車與克萊斯勒的優點，以對抗福特汽車。換句話說，兩家公司用民脂民膏提供優惠方案刺激買氣。更令福特困擾的是，政府讓通用先前的貸款公司GMAC提供消費者誘人的買車方案，福特根本做不到這樣優惠的條件。

十二月時，政府開始接管GMAC，並花了五十億美元收購GMAC的優先股份。到了五月，華府又再挹注八十四億資金到這家貸款公司，並拿下絕對控股權。在此同時，美國財政部將GMAC轉為銀行控股公司，這樣就能和銀行一樣，以超低利率向聯準會貸款。對此，福特氣得七竅生煙。他們也曾申請批准福特信貸類似的待遇，竟被擱置好幾個月[4]。華府的作為還不僅止於此。在政府的指示下，GMAC也成為克萊斯勒的貸款公司。穆拉利開始公開質疑政府的不公，違反自己立下的規範。

③ 福特很擔心通用與克萊斯勒最後不必受到聯邦法規的限制，降低許多製造成本；幸好，福特多慮了。

④ 福特曾要求政府讓福特信貸轉成工業貸款銀行（industrial loan company，ILC）。如此一來，福特信貸雖不是銀行控股公司，但ILC的身分也能讓他們以較低利率借錢。

「我們必須確認福特不處於劣勢，」他告訴財政部長提摩西．蓋特納與聯準會主席柏南克。

穆拉利也譴責GMAC提供給通用與克萊斯勒客戶的貸款利率過低。

「如果他們是銀行，那麼就必須有銀行的作為，」他說。「他們必須優先考量股東，也就是美國納稅人的利益。」

其他主管持續對歐巴馬組成的汽車專責小組發出不平之鳴。

「福特請先稍安勿躁，」汽車沙皇史蒂夫．拉特納稍後寫道。「艾倫．穆拉利常打電話給提姆（財政部長），也常派密使來找我。福特的訊息從來沒有變過：我們也不好過，但我們試著以自己的力量修正問題。我們不想因為沒拿政府的錢而遭受懲罰。」

然而，華府對此情形已開始厭煩。有次當穆拉利對某位政府官員抱怨完通用汽車的特別待遇時，對方只是微笑。

「我們也很歡迎福特來申請援助，」政府官員說。

* * *

如同穆拉利預期，美國政府對通用與克萊斯勒的問題採取速戰速決的方式。兩家車廠在七月中就已經走出破產的陰霾。只是華府的行動還是比不上福特從消費者身上贏得的信任感。六月，福特美國銷售量只下降百分之十一，整個產業下滑了百分之二十八。福特首席經濟學家艾倫．休斯康威相信，產業復甦之日就在不遠的前方。福特宣布第三季再增加兩萬五千輛的產量，較二〇〇八年增加百分之十六。

順勢而為，轉虧為盈

福特終於在此時獲得政府的援助。六月二十三日，他們成為第一家獲得美國能源部門更新設備廠房專案的車廠。五十九億美元讓福特實現比爾．福特的承諾，推出全系列的電動車與油電混合車。但這可不是經濟援助。這項貸款專案是要協助福特與其他製造廠更新設備廠房，以符合美國政府在二〇〇七年通過的法案。美國能源部補助的對象不只三大車廠。福特獲得貸款的同一天，電動車製造商Tesla Motors與日產汽車分別取得四．六五億美元與十六億美元的貸款。

七月一日，美國政府宣布實施「舊車換現金」（Cash for Clunkers）計畫，福特也從中獲益。這是歐扎克利與其團隊私底下推動好幾個月的專案。

德國政府在一月發表名為「環境補貼」（Environmental Premium）計畫，刺激汽車買氣，並鼓勵駕駛人把家中容易排放廢氣的舊車換成較環保的車款。任何擁有九年以上老車的人都可以獲得相當於三千三百美元以上的換車補貼。這項計畫相當成功。三月，德國汽車銷量上升百分之四十。無以數計的德國人受惠於這項計畫，福特是最大的受益者。

「全球汽車產業或許遭遇有史以來最大的危機，但福特在科隆的工廠可沒受到影響。」德國《明鏡周刊》（*Der Spiegel*）在五月的報導。「那裡的員工週末都得加班，以應付消費者對小型車Fiesta的需求。事實上，福特在德國的銷售量激增。消費者在前四個月對Fiestas、迷你車款Ka與中型車款Fusion的訂單已經達到六萬八千五百輛，是稍早之前的三倍。」

很快地，歐洲開始推出一個又一個報廢車計畫。每項計畫都推出誘人的獎勵方案吸引消費者。福特開始在美國積極推動類似計畫。歐扎克利召集所有福特菁英深入國會各個角落。他要休斯康威前往華盛頓解釋這種方案對整體經濟的好處。那年春天，休斯康威私底下拜會了至少兩百位立法者與助理，說明每售出一輛車會對美國經濟如何造成漣漪效應。

國會終於在一月十八日通過「汽車折價退款系統」（Car Allowance Rebate System）。符合資格的駕駛人最高可獲得四千五百美元的購車補助。專案一推出，效果立即顯現。美國各地經銷處湧入大量消費者，想將老舊又費油的車款換成省油小車。日本廠商是這一波買氣的最大獲益者，但福特也有不少收穫。雖然福特省油的歐洲小車要再幾個月才會抵達美國展示中心，但他們還是有許多符合專案的車款可供消費者選擇。福特繼續銷售舊款的Focus，後來成為他們最暢銷的車款，排名在豐田Corolla，本田Civic與豐田Camry之後。專案宣布後不到三週，福特公布自二〇〇七年以來同期最佳的單月營收。

「經濟狀況已經不再惡化，」馬克．菲爾德斯在七月二十一日告訴記者。「現在的問題是在哪個時間點福特才能轉虧為盈呢？」

三天後答案揭曉了。福特公布第二季營收獲利二十三億美元，這個結果的確讓華爾街目瞪口呆。他們每季的現金消耗率降至十億美元。投資人欣喜若狂。那天福特股價回到七美元，並在一週內來到八美元，這是一年來最好的價位。

福特終於轉虧為盈，而且這次會持續獲利。雖然美國與全球的銷售量還是萎靡不振，福特做到其他車廠辦不到的事。他們走出自己的道路，並在低迷的市場中交出漂亮的成績單。對福特而言，夢魘已經結束了。

* * *

保住重要經銷商就是保住自己

對於美國其他汽車製造廠而言，情況未見好轉。許多供應商仍舊奄奄一息，每週都有許多供應商倒閉。湯尼・布朗與夸克計畫團隊持續密切監督與福特往來的零件廠，只是狀況愈來愈難掌控。福特被迫在四年內第二次帶領偉世通脫離困境，並在它五月二十八日提出破產保護令後，提供破產企業融資給這家零件廠商。

曾經掌控美國車廠的投資銀行根本對車廠與供應商之間複雜的關係一無所知，也不大了解汽車產業的資金流向。布朗盡全力教導這些人。他解釋，幾乎所有重要的製造廠都依賴相同的供應鏈，因此一旦某家重要供應商倒閉，可能會引起連鎖反應，拖垮整個汽車產業。他也說明製造廠更換供應商的難度，尤其是涉及重要零組件或專利技術難度更高。投資銀行漸漸明瞭其中的關聯，至少這些知識可以防止他們惡搞，讓情況更加惡化。

布朗反對直接把錢丟給這些供應商。他們需要的是整合，建立更健康的產業環境，因此布朗提出一項菁英計畫，只協助那些最重要的廠商。但對華府而言，這種執行方式過於複雜。政府為那些岌岌可危的供應商設立五十億美元的基金，只是借貸的利率過高，大部分廠商根本敬而遠之。

後來，政府透過通用汽車與克萊斯勒將這筆錢給供應商。在歐巴馬政府強迫兩家車廠提出破產申請前，他已經清楚聲明他們的供應商還是可以拿到錢。這個舉動安撫了整個產業，避免因為供應鏈的潰堤而拖累全部廠商。華府甚至把錢交給兩家車廠，要他們交給最需要的供應商。對此，福特沒有任何意見，因為政府幫助的廠商也是福特的供應商。

* * *

此時，福特掙扎著是否要和通用、克萊斯勒一樣，在勞資層面放手一搏。當福特與聯合汽車工會協商完成後，華府強迫工會對另兩家車廠也比照辦理，只是政府的要求不僅止於此。白宮汽車專責小組（Auto Task Force）對工會施壓，要他們接受更多讓步，包括基層員工薪資凍漲以及更彈性的工作規則等。最重要的是，歐巴馬政府命令工會現有的勞資契約於二〇一一年到期後，放棄對兩家車廠罷工的權益[5]。這將復甦中的福特置於極大的險境。聯合汽車工會主席羅恩．蓋特芬格與鮑伯．金對福特罷工感到興趣缺缺——不管是現在還是二〇一一年。他們知道一旦回到二〇〇七年寬鬆的勞資協議，福特所有的努力就會化為烏有。他們認為保護工會成員最好的方式就是讓車廠維持穩定運作。只是工會也是選舉制，福特擔心工會以後可能會因愈加激進的份子而被迫發動罷工。

新版勞資協議

福特希望能獲得與通用和克萊斯勒相同的勞資協議。這次要讓工會再回到談判桌就沒那麼難。三月，工會投票通過福特的提案後，生產部主管韓瑞麒要求蓋特芬格最好預留退路。

「政府現在也介入了，我們不曉得這對通用與克萊斯勒未來有何影響，」韓瑞麒說。「如果有任何變卦，我們得儘快討論如何讓福特保持競爭力。」

雙方很快達成共識，讓福特與另兩家車廠享有相同的保護措施。福特則必須支付工會會員每人一千美元的「品質獎金」做為交換條件。只是現在的問題是，蓋特芬格、金不確定會員是否買帳。大家都密切注意福特的消息，有些人開始質疑是否工會退讓得太多。當車廠岌岌可危時，工會會員非常願意犧牲自己的權益，但現在福特重回獲利行列，反而成為成功下的受害者。

「和我談過的人都認為他們放棄的夠多了，」蓋瑞．沃克威茲（Gary Walkowicz）表示，他是福特迪爾伯恩卡車廠的員工，也是談判小組之一。「他們不想再放棄任何權益。」

在任何協議還未公布前，他和其他反對者就開始抗爭。福特和工會領導者決定等待好時機才提出新版協議，付諸投票。只是福特的營運狀況愈來愈好。

由於舊車換現金的計畫，福特美國地區七月的銷售量成長百分之二。美國國會原本只撥十億美元的經費給這項報廢車計畫，申請時間到十一月截止。只是消費者反應太熱烈，不到一個月經費用罄。白宮一方面要求經銷商持續推展這項專案，另一方面向立法者施壓，要他們在八月初再

⑤ 不罷工條款是飛雅特執行長賽吉爾．馬契爾尼（Sergio Marchionne）的想法。他告訴歐巴馬政府，如果克萊斯勒在下次的勞資協商發動罷工，他何必現在花費那麼多時間、金錢與精力拯救這間企業。歐巴馬總統也贊成他的想法。他想引進更多政治資本來挽救這些公司，所以要求工會在二〇一一年不得發動罷工。

撥二十億美元，讓計畫再延一個月。八月十四日，福特提高工廠產能；兩星期後，為了符合市場需求，他們增加迪爾伯恩卡車廠與密蘇里州的堪薩斯市組裝廠的輪班時間。八月，福特的營收增加百分之十七。由於大西洋另一頭的報廢車計畫也如火如荼地進行，福特在歐洲的銷售量也有顯著成長。

當舊車換現金的經費用完，福特九月的銷售量終於下降了一些。十月十四日，福特與工會宣布暫定的協議內容，蓋特芬格匆促地召集各地工會領導者回底特律，要他們支持新版的協議。有些成員，如沃克威茲直接拒絕。蓋特芬格只給各地工會一個月的時間投票，因為他想在福特十月營收公布前完成投票。

然而，福特當時的成功只是一部分問題。工會成員都記得福特董事會在二月以股票選擇權彌補穆拉利被減薪的部分。他們想知道福特這次又會耍什麼花招。

這次說服工會成員投下贊成票的工作落在可能接任蓋特芬格位置的鮑伯·金身上。就如其他會員一樣，金認為福特要求過多。他是理想主義者，相信勞工罷工的權益是神聖不可侵的，但他也是軍人出身，不輕易顯露真正的想法，盡職地執行蓋特芬格的命令，前往一間又一間工廠說服工人投贊成票。只是大多數時候，他接收到的是工人的噓聲。

聯合汽車工會會員在十月三十一日正式拒絕福特的提議，也因此福特背負著這個結果，進入了二〇一一年。

* * *

十月二十八日，福特宣布找到願意購買Volvo的潛在買家——中國吉利控股集團。他們是福特屬意的競標者，福特希望能在一年內正式脫手。其實，吉利控股集團多年來一直想收購這個瑞典品牌，只是福特花了很久才相信這間企業的誠意。

中國吉利買下Volvo

中國汽車產業與俄羅斯不相上下，而吉利控股集團根本在中國車業排不上前幾名。它並非國有企業，沒有有權有勢的共產黨在背後撐腰，換言之，他們沒有任何影響力、人脈與資金。吉利集團的創辦人是一位娃娃臉的企業家李書福。這位來自於浙江省的農夫之子不念大學，向父親借了兩千人民幣，在一九八四年創立了一家製造冰箱零件的公司。二十歲時，他已經將零件銷售至全國，但在一九八九年礙於政府法規，他只得將公司歇業。李書福愈挫愈勇，後來他又靠著自己的雙手創立摩托車公司。一九九四年，他接管一家搖搖欲墜的國有機車廠，並將它變成全中國最暢銷的品牌。他又將觸角伸至汽車產業，在一九九七年成立吉利汽車。他形容汽車是一種擁有「四個輪子，兩座沙發」的日常用品。很快地，吉利以低價策略擠進幾乎都是官股的大型汽車市場，其生產的車款「金剛」售價不到六千美元。

二〇〇六年，他準備好尋找更具規模的盟友。他帶著有著無限想像的車款MR7171A前進在底特律舉辦的北美國際汽車展。由於租不到展場內的位置，李書福只好在外面走廊擺了攤位，發了日程表給路過、暗自竊笑的記者。廉價的吉利車款不得不讓人把它與在美國慘敗的「Yugo車款」

聯想在一起[6]。

當李書福兩年後前往底特律詢問是否能收購Volvo汽車時，福特仍保有先前在國際車展的印象。答案當然是「不」，福特還沒到走投無路的地步。

只是計畫總趕不上變化。

二〇〇八年底，福特的狀況讓他們不能再這麼挑剔。當時根本沒有企業對收購Volvo汽車有興趣，至少沒有現金可買。雷曼兄弟倒閉後，每家企業狀況只能用「雪上加霜」四個字形容。李書福的產品不斷在進步，更成為中國名副其實的大企業家。董事會成員約翰．桑頓（John Thornton）前往北京時曾與李書福接觸，並轉告福特會重新考慮他的需求。現任財務長，同時也是Volvo前任執行長的路易斯．布斯負責收購案的談判，只是他仍舊對吉利集團抱持保留的態度。

「這些傢伙沒有能力經營像Volvo汽車這種大企業，」布斯告訴他的團隊。他一方面要求團隊放慢談判速度，一方面希望吸引更知名的企業收購。

即使是中國政府也有點不安。北京當局也在密切注意這次的收購案，他們不希望沒有經驗的中國企業糟蹋了國際知名的品牌，以前曾發生過類似案例。不同的是，李書福已經準備就緒。他組成一個可以解決各層面問題的顧問群，包括洛希爾銀行（Rothschild）負責汽車業務最頂尖的銀行家梅瑞克．考克斯（Meyrick Cox）以及中國前國家主席江澤民的媳婦俞麗萍。吉利集團也聘雇前富豪執行長，曾經帶領過福特行銷團隊漢斯歐羅夫．奧爾森（Hans-Olov Olsson）。李書福知道這是打出國際知名度的唯一機會，他決定謹慎地走每一步。幾個月後，他達到福特的各項要求，證明收購Volvo汽車的決心。布斯開始對這位年輕、外向、有魅力的吉利集團創辦人另眼相看。李書福想讓各方都滿意，包括福特、日益緊張的瑞典車廠以及中國共產黨。

布斯漸漸明瞭，李書福付出大量的時間、精力與資源試圖說服中國政府，他絕對有資格成為這家國際品牌的老闆。在某次與布斯的會面中，李書福接到北京的電話。他離開座位，拿著手機走到會議室角落。接下來十分鐘只見他對著電話大聲咆哮，不停地揮舞雙手。講完後，他把手機放回口袋，走到會議桌旁，彷彿一切都沒發生過。

「還好嗎？」布斯問。

「沒問題，」李微笑回答。

布斯認為選擇李書福算是不錯的。然而，要將Volvo汽車出售給吉利集團還有許多技術性問題，其中之一就是智財權的歸屬。許多用在福特汽車與卡車上的技術，包括專利都是屬於這家車廠，吉利集團希望買斷所有權利。福特當然不可能答應。即使吉利態度軟化，福特還是擔心對方有一天會出爾反爾。再加上福特不想在未來和吉利在中國打官司，因為中國法庭向來就是以不尊重國際專利法著稱。大衛．林區想出一個新奇的解決方案：只要是與智財權有關的爭議都必須透過約束性仲裁在中國以外的地區解決。

只要吉利集團答應，接下來就是細節部分。在福特十月正式宣布這間中國車廠是優先競標者後，吉利與Volvo汽車工會就開始進行正式協商。如同出售Jaguar與Land Rover一樣，布斯開始擔

⑥譯註：南斯拉夫製造的廉價車款，後來因品質不良全面退出美國市場。

心吉利集團將如何處置Volvo汽車的員工。此外，瑞典政府對於國寶車廠被賣給中國企業怒不可抑，因此布斯也花相當多的時間與瑞典政府交涉。只是福特真的沒有其他選擇。除了吉利外，瑞典雅各國際借貸集團（Jakob Consortium）以及由前任福特主管組成的美國集團也試著要加入這場戰局，只是這兩個集團沒有足夠資金競標。吉利集團的資金雖然還未到位，但福特認為在二〇〇九年他們絕對能完成。十二月，穆拉利宣布希望能在二〇一〇年第一季與吉利集團簽署正式合約，並在六月底完成併購案。

* * *

即使沒有政策幫忙，福特銷售量在十月仍舊恢復之前的水準，與去年同期相比增加百分之三。在過去十三個月內就有十二個月市占率正向成長。雖然整體產業也持續上升，但幅度還是不如福特。最壞的時刻已經過去。復甦是緩慢的，但市場需求已經漸漸回復。除了美國外，福特持續在歐洲與南美取得優勢。他們現在已經有足夠的現金與對未來的自信，因此宣布投入二十三億美元資金在巴西擴產。福特不用再做垂死掙扎，而是走向穩定成長一途。

福特漸入佳境

好消息不斷傳出來，十一月銷售量持續攀升。在知名汽車雜誌*Motor Trend*票選福特Fusion為「年度風雲車」後，Fusion銷量大幅躍昇百分之五十四。歐洲銷售量在此時也有百分之二十的成長。接下來的十二月是自二〇〇八年五月以來成績最佳的一個月，銷售量往上攀升百分之三十三。福特二〇〇九年在美國的市占率上升至少一個百分點，自一九九五年首見增加。二〇一〇年看起來只會更好。福特宣布二〇一〇年第一季北美區產量將到達五十五萬輛，較二〇〇九年同期成長百分之五十八。

十二月二日，福特股價創下兩年多以來的新高——九美元。受惠於重整計畫，這家企業又將發行價值十億美元的新股份。再次證明市場對福特股票依舊狂熱，三星期後，股價已經超過十美元。自二〇〇五年以來，福特股價恢復兩位數。

那個月，我和一群華爾街金融家在底特律共進晚餐。這些人代表投資銀行與私募股權公司，和美國納稅人、聯合汽車工會[7]一起成為新通用汽車的擁有者。他們對華府新指派的通用執行長艾德・惠塔克里（Ed Whitacre Jr.）非常失望，他是繼瑞克・華格納以來的第三位執行長，中間還有任期只有短短九個月的費里茲・韓德生（Fritz Henderson）。

「他們需要的是另一個艾倫・穆拉利，」其中一位銀行家說出他的想法，立即獲得同桌其他人的共鳴。

這似乎已經成為一種共識，不管是在底特律還是華爾街。但在迪爾伯恩，穆拉利與在玻璃屋下的每個員工都知道這得來不易。在他的領導下，以往的一堆散沙已經變成有凝聚力的團隊。而

---

⑦由於聯合汽車工會接受通用以股份代替現金支付VEBA基金會的債務，自然成為新通用汽車的所有權人。

這團隊才將福特從歷史上最久、也最大的經濟危機中拯救出來。

每年十二月，福特董事會會為公司資深主管舉辦一場晚宴。那年晚宴上，厄文·霍卡迪向大家敬酒，提到亨利五世的阿金庫爾村戰役，並引用莎士比亞《亨利五世》在面對法軍突襲前對英軍的談話。

「即使機會渺茫，但你們還是做到了，」霍卡迪舉起酒杯說。

幾個星期後，福特公布二〇〇九年財報：全年獲利二十七億美元。穆拉利遵守諾言，終於做到了。

第二十章

考驗

財富只是一種做事的工具，它就像暖氣用的煤油，輪子上的皮帶，是一種通往終點的手段。

——亨利．福特

二〇〇九年八月二十八日，加州國道警察馬克・賽勒（Mark Saylor）帶著老婆、十三歲女兒以及小舅子克里斯・拉斯特拉（Chris Lastrella）開著二〇〇九年出廠的Lexus（Lexus）ES 350在接近聖地牙哥的一二五號道路上行駛。突然，他發現無法減速，應該說車子正不斷地加速當中。當他們經過「高速公路終點」的警示牌時，時速已經來到一百二十英哩。拉斯特拉立即打九一一請求協助。

「我們的油門卡住了！」他在求救的同時車子已經偏離了道路。「我們有麻煩了，車子沒有煞車！」

幾秒後，車上的人全部罹難。豐田汽車以往無懈可擊的品質也隨著這輛車喪生。

剛開始這家日本車廠將問題歸咎到腳踏墊設計不良。十一月二十六日，它召回美國四百二十萬輛車進一步檢查問題點。然而，車禍仍舊接二連三。二〇一〇年一月十六日，豐田通知美國國道交通安全局（National Highway Traffic Safety Administration）指出真正問題可能是在油門踏板。五天後，豐田再召回兩百三十萬輛車；再過四天，美國政府要求車廠停止販售相關車款，直到問題完全解決。一天後，豐田召回市場上最暢銷的八種車款，包括熱賣車種Camry。只是問題持續擴大，後來演變成美國史上最大宗的車輛召回案件，甚至超越之前福特因輪胎問題召回車輛的數目。調查員開始了解豐田汽車先前是否知情，以及何時知道這項缺陷。結果顯示，這家車廠好幾年來都忽略這個問題。政府要求豐田主管前往華盛頓解釋，與二〇〇八年底特律三大車廠受到國會質詢的情形一樣。由於可販賣的車款沒剩幾種，再加上豐田汽車四個字幾乎每天登上報紙頭版，他們的營收瞬間驟減。福特便在此時迎頭趕上。

正當豐田汽車被打入冷宮之際，福特則是為了艾倫・穆拉利、德瑞克・庫薩克在二〇〇六年首次見面就開始談論的車款，召集全世界汽車線的記者。

展現成果，令人眼睛一亮的Focus

嶄新的福特Focus終於在二〇一〇年一月十一日在底特律舉行的北美國際汽車展上亮相。從穆拉利首次露面到現在只有短短的三年，只是這次台上沒有煙霧製造器，有的只是掛在藍色橢圓下方的座右銘：一個團隊，一項計畫，一個目標，一個福特。這次台上沒有笨重的大型轎車，取而代之的是時髦的斜背式車款。

「福特**新款**Focus有多酷，多迷人？」穆拉利忘情地大喊，與二〇〇七年同樣面對滿山滿谷的媒體記者相比，他現在顯得放鬆許多。「對我們來說，這不僅是一輛汽車。Focus是下一個『一個福特』的最佳典範，為冷冰冰的鋼鐵、玻璃與科技帶來新生命。Focus見證了我們的轉變。」

除了是底特律有史以來最暢銷的小型車外，新Focus是一款全球化的車型，一款造成規模經濟的現代T型車，也絕對會讓亨利・福特引以為傲的車款。儘管新Focus分別由三大洲的四座工廠打造，大約有百分之八十的零件全球適用，其中也百分之七十五來自於同一個供應商[1]。除了Focus本身，這個架構也是另外十種不同汽車與跨界車款的基底，從全球版的C-Max跨界車款到Focus電動車都含括在內。到了二〇一二年，每年約有兩百萬輛車子由相同製造平台製造，並輸出至全世界。

小型車現在是福特最大的部門，全世界賣出的四輛車就有一輛是小型車。藉由全球研發製造的整合，讓福特省下不少成本，因而可將此資金用在發展更多小型車，創造亮眼的營收。現在福特為人所知的反而不是省油卡車或休旅車，而是時髦的小型車與跨界車款。

即使是平常十分穩重的庫薩克也感到興奮異常。

「這絕對會讓我們的競爭力大幅提升，」他堅定地說。

最能代表福特轉型過程的大概就是底特律的舊密西根卡車廠。福特改造這座曾經為公司帶來最多進帳的休旅車工廠。他們曾經將它重新命名為密西根組裝廠，現在則是花費五．五億以上的經費更新機器設備，用來製造福特的祕密武器——新Focus以及Focus電動車。在汽車展前幾天，福特美國區總裁馬克．菲爾德斯更是率領一群記者參觀這間偌大，幾乎看不到另一面牆的廠房。

「這間廠房在一年前還在製造Navigator與Expedition，一年後我們將在這裡製造新款Focus，」菲爾德斯說。他的聲音迴盪在空曠的建築物內。「我們的目標是讓福特在美國境內擁有最強大的製造能力。」

經過仔細盤算，菲爾德斯很驕傲地宣布美國製造的新Focus將會為福特帶來豐厚的利潤。幾年前，這根本是不可能的任務。由於福特在二〇〇七、二〇〇九年和聯合汽車工會簽訂的勞資契約讓情勢扭轉。穆拉利曾答應雷恩．蓋特芬格與鮑伯．金會把製造小型車的工廠留在美國，現在他做到了，廠房移往墨西哥的提案就此被撤銷。

---

① 對於各地區的測試與要求會做小幅的調整。

直到二〇一一年新Focus才抵達各地的展示中心，但其他車款則早就準備就緒，包括才被選為「二〇一〇年北美年度最佳車款」的Fusion油電混合車以及贏得「年度最佳卡車」的Trnasit Connect小型客貨車。正當豐田汽車處於紛紛擾擾之際，福特竟然成為最大受益者。一月，福特銷售量爆增百分之二十四；二月，更是增加了百分之四十三；三月的表現也相差不遠。由於政府的獎勵方案，福特每賣出一輛車就能獲得可觀的利潤。

* * *

成功的果實

投資者的獲利更是豐厚。在一月六日，福特股價創下二〇〇五年以來的新高——十一美元。到了三月二日股價超過十二美元。只見數字不斷向上攀升。福特二〇一〇年第一季營收為二十一億美元。雖然汽車市場持續疲軟，但福特的每個事業單位，包括北美區、南美區、歐洲、亞洲區與福特信貸——營業利潤較前年創新高。福特在美國的銷售市占率上揚，從百分之二點五至百分之十六點六，是自一九七七年以來，成長幅度最大的一季。在世界各地，銷售量也上揚了。福特不再燒錢了。

「這一季的持續成長給我們很大的激勵，我們會堅持計畫訂下的目標，包括積極重整直到公司恢復獲利，改變產品模式，加速發展顧客想要的新產品，挹注資金在計畫上，還清負債，並團結一致努力工作，提升福特的全球資產，」穆拉利四月二十七日公布財報時，對現場的分析師與記者說。「復甦是緩慢的，消費者信心仍舊不足，全球汽車市場也處於供過於求的狀態，但我們絕對會專注執行計畫，並為未來發展出另一項更好的方案。」

穆拉利的專注漸漸改善福特的資產負債表，同時也讓它走出垃圾債券的範圍。福特簽訂的二〇〇六年大規模融資條款中規定：一旦清償循環貸款額度，以及三家大型投資銀行中有兩家將福特信評恢復成投資等級後，所有先前用來抵押的資產擁有權才會重新回歸福特。與通用、克萊斯勒不同，福特得努力地償還債務；這兩家汽車製造廠已經在破產法庭上將債務一筆勾銷，但福特只能用傳統的作法──一點一點的還清。此外，有些比爾．福特的親戚開始對他施壓，要他恢復發放紅利的措施，但比爾支持穆拉利：先還清債務，取回所有資產。

四月六日，福特還了三十億美元的循環貸款；六月三十日，他們又提前償還了三十八億美元給聯合汽車工會的退休健康醫療保險基金或VEBA基金會。福特後來宣布與工會達成協議，如果福特能以現金償還VEBA基金會的債款，工會將會給予百分之五的優惠。一年前，福特曾要求工會讓他們以股票代替現金償還一半債務，但現在他們已經擁有足夠的現金，根本沒有必要這麼做。其實聯合汽車工會一點兒也不介意，因為VEBA基金會在三月底出脫手上股票，淨賺十八億美元。

員工也同樣分享福特的成功。福特在一月恢復美國廠區工人的分紅制度，發給工會約四萬三千名會員每人一張四百五十美元的支票。他們也解除加薪禁令，並恢復一些之前發生危機時取消的員工福利。

不只是員工，經銷商也受惠於福特的重整，二〇〇九年的平均利潤為前一年的十五倍。這真是極大的反差，通用與克萊斯勒的經銷商還在爭取要回經銷權；至於豐田汽車的經銷商則是忙著要求技師加緊趕工，更換油門踏板。

穆拉利也有不少進帳。三月，福特透露，穆拉利在二〇〇九年的收入，包括現金、股票與股票選擇權共一千八百萬美元。他們甚至也開始支付比爾·福特薪資。在他放棄薪水五年後，福特宣布這位董事長終於可以拿到約四百萬美元的現金，以及價值至少一千一百萬美元的股票選擇權。比爾也立即捐出一百萬美元作為員工小孩的大學獎學金。

* * *

就如同穆拉利在二〇〇六年對團隊承諾的，走過低潮後的上坡果然充滿樂趣。他們的辛苦終於獲得代價。每星期、每個月、每季的表現也優於去年。福特不用再想著如何生存，只要盡情享受勝利的滋味。現在他們是所有平價車款中品質最穩定的車廠。現在他們不用降價求售；相反地，消費者反而願意多付一點錢購買一輛上面有藍色橢圓標誌的汽車。他們更是業界最快推出新車款的廠商。

七月二十六日，穆拉利在紐約先鋒廣場為福特全新改版的Explorer揭幕。新款Explorer比舊款省油百分之三十，售價卻降低約一千美元。**如同亨利·福特一世紀之前一樣，穆拉利已經知道如何以最有效的方式製造福特車款，並將節省的成本反應在售價上。**

這家車廠再度擴張。二〇一〇年的上半年，福特宣布將在亞洲、非洲、歐洲、南美洲與美國等地區，投資十幾億美元。隨著穆拉利重整歐、亞區領導人，這與他想均衡各區發展的目標一致，換言之，福特將結束長久以來依賴美國區的狀態。世界瞬息萬變；美國正處於經濟蕭條時期，看起來要恢復以往的榮景並非這麼容易。福特的未來在世界的另一個角落。

* * *

既然總部的問題已經漸漸解決，北美區恢復獲利狀態，穆拉利把下一個目標放在亞洲區。中國與印度已經迅速成為世界新經濟中心，但福特卻太晚進入這兩個市場，連追趕都有問題。

將改革擴及海外

穆拉利決定要將他的改革往海外輸出。在北美區重整計畫奏效後，他在二〇〇九年底指派韓瑞麒在亞太區進行從上到下的改革。年輕的製造部門主管取代了資深的約翰．帕克（John Parker）。他在這幾年對於先前出現的管理問題視若無睹，毫無作為。具有雄心壯志的韓瑞麒終於等到機會，他絕對會讓自己百分之百投入。他持續在迪爾伯恩與上海之間往來，找出中國區的需求，並親自返回總部要求資源。

中國現在是世界第二大汽車製造國，福特忽視這個地區太久了。韓瑞麒發現這裡的首要問題是產品太少。在原有車款上福特的市占率還不致於太差，但問題是他們在中國只有五種車款。他想出至少能讓十二種車款在中國上市的辦法。首先，他必須增強福特在中國的製造能力，因此興建兩座組裝廠與一座引擎廠。他也開始草擬設立興建變速廠的計畫。最後，韓瑞麒發表一項新增一百多個中國經銷商網絡的擴張專案——主要在小城市與內陸省份等需求逐漸強勁的地區增加銷售店面。

三月，艾倫．穆拉利風塵僕僕地抵達中國，突如其來的出現在消費者面前。當羅海麗前往福特上海東昌經銷商拿新的藍色Focus時，穆拉利突然現身，給她熱情的擁抱與新車鑰匙。這位手頭不甚寬裕的女人簡直說不出話來。

「我壓根沒想到，」她結結巴巴地說。

當時福特在中國的市占率只有百分之二點六。福斯名列第一，占有百分之十三的市場，緊接在後的是市占率百分之九的通用汽車，甚至鈴木汽車的銷售量還高於福特。但穆拉利一如往常地展現無畏的精神。

「我們來了，」他在東昌經銷商宣布。「現在我把中國列為福特最優先的市場。」

印度是福特接下來要發展的地區。這個地區的挑戰更大，福特要面對的是生產世界最便宜車款的製造商。對印度許多中產階級而言，三輪車仍舊是非常便利的交通工具。福特因此動手改裝才剛退休的Fiesta，包括將生產線移到印度欽奈工廠，小幅更動外觀設計，更把價錢降到七千七百美元，以福特Figo之姿重返市場。這項計畫獲得空前的成功，在印度獲得許多殊榮。在二〇一〇年底福特在當地的銷售量激增將近三倍。

新車發表會上，穆拉利戴上花環，點上朱砂，表演著印度樂器西塔琴。在這趟旅程中。他也不忘安排時間對當地五千名員工發表演說。

「福特印度區萬歲！」他對著台下的觀眾這麼說，罕見地出現不大正式的言語。「你們真的很棒，謝謝大家！」

隨後他帶著微笑走下台。

福特在歐洲地區出現新的挑戰。報廢車計畫結束後，銷售量也跟著下降，隨之而來的是各家車廠推出各種促銷專案吸引消費者上門。與美國不同的是，經濟危機並沒有讓歐洲地區的汽車製造商重新洗牌。事實上，由於歐洲政府的各項補助讓這些工廠還是燈火通明，員工還是領得到薪水。結果是在經濟大衰退狀況下，所有車廠，包括福特都面臨供過於求的情形。

到了四月，福特在歐洲區的銷售已開始下滑。即使可能會讓競爭對手的品牌在市占率占上風，穆拉利仍很堅持，福特堅決不加入促銷戰。他從福特的歷史深刻了解，這種促銷遊戲正是拖垮美國三大車廠的元凶。這種手段不僅會破壞轉售的價值，讓品牌形象變得十分廉價，最重要的是，會侵蝕企業的利潤。然而，歐洲的價錢壓力讓車廠無法拒絕這種促銷活動。

穆拉利認為歐洲地區也應該有所改變了。他讓原本歐洲區總裁約翰·弗萊明（John Flemiing）接下韓瑞麒之前的位置，並拔擢Volvo汽車執行長史蒂芬·歐德爾（Stephen Odell）在併購案結束時接任福特歐洲區董事長與執行長[2]。穆拉利十分欣賞歐德爾管理這個瑞典品牌的嚴厲措施。他在社會主義國家裁減上千個工作機會竟然能全身而退。最重要的是，當福特將Volvo汽車移交給中國車廠時，歐德爾已經讓這家車廠轉虧為盈。

---

② 由於Volvo汽車被併購，這個歐洲集團似乎沒有必要，也沒有責任還要回歸到福特歐洲區之下。

三月二十八日，福特確定以十八億美元將Volvo汽車出售給中國吉利集團。這個價錢雖然比穆拉利預期的一半還少，對吉利集團來說仍舊是種負擔。他們無法湊出那麼多現金，因此福特同意接受二億的票據，讓新東家手頭留點現金，維持這間車廠的營運開銷。最重要的是，至少對穆拉利是如此，他已經處理掉最後一個讓他煩心的品牌。當併購在八月二日完成時，福特集團下沒有任何外國品牌。福特在馬自達的股份也是如此，公司會在年底出售另外百分之七點五的股份[3]。現在穆拉利的處理清單上只剩下一個品牌：Mercury。

＊　＊　＊

再度簡化品牌，出售Mercury

六月二日，福特匆促的在迪爾伯恩的產品研發中心舉辦記者會。在經銷商之間流傳著一個謠言：Mercury即將壽終正寢。這次，傳言屬實。馬克．菲爾德斯對媒體解釋福特要中止這個有七十二年歷史品牌的理由。Mercury的銷售量一直未見起色，在美國市占率不到百分之一。福特不會再編列預算在這個品牌上，而將重心轉到其他較高級的型號。

「我們以Mercury過去的歷史為傲，但我們得向前看，」菲爾德斯說。「我們在福特品牌上做很多努力，現在我們想將重心放在Lincoln上」。

福特主管私底下承認公司會讓Mercury存活到現在的唯一原因是，沒有足夠的資金發展

Lincoln這個品牌。吉姆．費爾利自二〇〇七年離開豐田汽車Lexus部門後，就一直想在Lincoln進行全面性改革，現在改革經費終於有下落了。他的計畫與福特設定的目標一樣具有野心：在高級轎車市場這一塊打敗豐田汽車的Lexus。福特開始砸大錢修補高級車款的產線。費爾利知道光有新產品不夠。豐田汽車擁有Lexus專屬的組裝產線，能在最精準的要求下進行整合。Lincoln的產量不夠大，福特不會為它建立專屬的工廠，只能加強現有的廠房設備。他們也要說服經銷商裝飾一下展示場。費爾利希望那裡也能和他們的車款一樣，散發出尊貴的氣息。

福特先前曾試圖恢復Lincoln的榮景，但沒有多大進展。後來在穆拉利領導下，則是出現大幅改善。有些車款，如Lincoln MKS轎車款與MKS跨界車款在外型與許多特點上甚至已經能與世界其他大廠匹敵。只是這個品牌似乎還有一大段路要走。穆拉利堅持福特只需要自有品牌，但他願意給費爾利機會。

* * *

七月二十三日，福特公布二〇一〇年第二季營收為二十六億美元，這是自二〇〇四年來表現最好的一季。四天後，福特股價超過十三美元。只是有些華爾街分析師開始懷疑他們是不是被耍了，因為福特近來每季的表現都超出他們預期。有些人認為福特可能故意低估財測，如此一來他們才能每季都超越目標。事實上，福特員工自己也十分訝異每季都提前達成公司預估銷售量的表

③ 福特在二〇一〇年十一月十八日宣布公司在馬自達的股份降到百分之三點五。從這項交易中，福特大概多出三．七二億美元的進帳。

現。在福特內部其實也有一些謠言：某些地區經理人想了解，穆拉利是不是寧願低估目標，也不願背負無法達成目標的罪名。這或許是穆拉利堅持負起責任的後遺症。然而，福特在經過多年來過度承諾卻沒有執行力的狀態下，保守一點對這間公司也未嘗不是一件壞事。

妙手回春穆拉利的影響力

穆拉利對福特組織文化的影響沒多久就擴及公司上下，各階經理人開始模仿他以數據為基礎的管理方式。現在每個部門會舉行每週的BPR會議，在每個國家或地區定期也會有類似的集會。當員工看到自己的工作被認可或發現經理人願意聆聽自己的意見時，公司士氣無形中提升不少。記者也注意到這個改變。已經不再有人會將福特內部消息外洩了。

即便如此，媒體還是有一大堆福特的故事可寫。

福特的大獲全勝讓穆拉利頓時聲名大噪。一月十五日，穆拉利獲選為「汽車名人堂二〇〇九年產業領袖」，他們形容穆拉利是當年唯一的選擇。《汽車》（*Automobile*）雜誌更將他列為「二〇一〇年度風雲人物」。此外，穆拉利也躍上《巴倫週刊》（*Barron's*）年度最受尊敬的三十名執行長清單；《汽車新聞》（*Automotive News*）稱他為「年度最佳產業領導者」。穆拉利更被《財星》（*Fortune*）雜誌讀者選為「年度商業人士」，以及被美國財經網站「市場觀察」（MarketWatch）選為「年度執行長」。《底特律新聞報》（*Detroit News*）讚揚他為「年度最佳密西根人」。甚至是美國總統也在七月七日提名穆拉利為「外銷委員會」委員。

其實穆拉利最大的支持者為美國商業頻道ＣＮＢＣ〈瘋狂金錢〉（*Mad Money*）主持人吉姆・克瑞莫（Jim Cramer）。

「穆拉利不只是我們這個時代，更是歷史上最能讓企業起死回生的藝術家，」這位有點兒過動的主持人在六月三十日的節目這麼說。「這個人已經在波音公司施過一次魔法，現在更將原本嚴重落後其他車廠的福特轉變成產業領導者！」

克瑞莫不只在節目上稱讚，他還有一張很大的百元鈔，上面印的不是班傑明・富蘭克林（Benjamin Franklin），而是穆拉利的臉，下面寫著「穆拉利，我們絕對能信任的人」。當他在節目上用完這張百元大鈔後還寄給穆拉利，穆拉利也很自豪地放在辦公室展示。

八月四日，穆拉利邁入六十五歲，這也是許多福特人退休的年紀。在迪爾伯恩，大概沒幾位主管在這個歲數還能有這麼好的表現。穆拉利表示，他還沒想過退休的問題。雖然他已經將福特從八十年來最嚴重的危機中拯救出來，但他在迪爾伯恩的任務還沒真正完成。穆拉利想還清福特所有債務，贖回抵押資產。一旦完成後，下一步他想恢復福特家族與股東紅利的發放。

比爾・福特似乎也傾向放手讓他去做。

「他應該會待到二〇二五年，」每次有人問董事長是否在尋找下任執行長人選時，他總是這麼回答。

當媒體問到穆拉利的事情時，他也發現自己常以這類的玩笑帶過。事實上，比爾・福特的笑容掩飾了一些憂心，目前他也無法斷定究竟誰能取代這位史上最偉大的執行長。

誰能取代穆拉利？

比爾．福特認為福特不需要再從外面空降另一名執行長。他知道穆拉利的觀念、做法已經深植於每位高階主管內心。由於穆拉利的矩陣組織以及每週的BPR會議，每位主管都能了解營運的各個層面。人資副總裁費利西亞．菲爾德斯（Felicia Fields）能講出中國區最頂尖的業務姓名，而負責品質管理的班尼．福勒也能詳細敘述福特處理債務的最新做法。

到了二〇一〇年底，馬克．菲爾德斯的勝算似乎最高。穆拉利剛開始對吉姆．費爾利抱著極高的期待，但這位行銷鬼才後來似乎變成了瘋狂科學家。他能想出無人能及的創意，但在待人處事上卻有嚴重的缺陷。穆拉利也知道韓瑞麒深具潛力，但在輩份上，他還是排在菲爾德斯之後；韓瑞麒還得留在亞洲繼續磨練管理、銷售技巧。最重要的是，比爾．福特明白表示對馬克．菲爾德斯的期望最高，尤其是他對穆拉利態度的轉變最為讚賞。他親眼目睹馬克．菲爾德斯如何壓抑自己的怒氣，到接受穆拉利的組織改革，最後成為這位執行長死忠追隨者的過程。比爾十分推崇馬克．菲爾德斯的忠誠。

「這是我的決定，」當我問到這方面問題時，比爾提醒我。

比爾的另一個憂心是自滿。他知道以前的福特如何成為成功的受害者，他不想再重蹈覆轍。

「這是我無時無刻不在想的問題，」他透露。「我們如何不走回頭路？如何相互依賴，保持熱誠？如何持續創新？我真的想很多，因為我是這家企業的歷史見證者。」

* * *

二〇一〇年九月，艾倫．穆拉利迎接他在福特汽車的第四個年頭。隨著各地銷售量漸漸回升，供應商也日益穩定，組織內部其實已經不需要每天開會。穆拉利與他的團隊還是習慣每星期四聚在雷鳥會議室開BPR與SAR會議。現在，整個流程已經成為組織的一種慣例。

週四例會正向效應，由上而下擴及組織

九月份的第一次會議與往常一樣。穆拉利的團隊在早上七點進到會議室，找到各自的位置坐下。在圓桌周圍目前放了十四張主管的皮椅，分別代表財務長路易斯．布斯、美國區總裁馬克．菲爾德斯、福特信貸執行長麥克．班尼斯特、全球產品研發副總裁德瑞克．庫薩克、全球製造與勞工事務部副總裁約翰．弗萊明、全球採購副總裁湯尼．布朗、品管副總裁班尼．福勒、永續發展、環保與安全工程副總裁蘇．西斯基、資訊長尼克．史密瑟、人資與企業服務副總裁費利西亞．菲爾德斯、法律總顧問大衛．林區、全球行銷、業務與服務副總裁吉姆．費爾利、公關副總裁雷．戴伊（Ray Day）以及穆拉利[4]。穆拉利直接走到位於大螢幕正對面的位置坐下。韓瑞麒正位於福特亞洲新總部上海，但他仍透過視訊系統參加會議。位於德國科隆的史蒂芬．歐德爾以及在華盛頓的政府與公共事務部副總裁齊亞德．歐扎克利也是利用同樣的方式與會。他們如果回到迪爾伯恩，在會議室的另一邊有他們的位置。

④ 與會主管若請假，如生病、旅行或休年假而無法出席，都有一位代理人。舉例來說，穆拉利的代理人為布斯。

除了西邊的牆壁上掛著大螢幕外，另外三面牆各排十張有作用的椅子，也就是所謂的「來賓椅」。每位主管都能邀請一些來賓參加會議。有些來賓參加的原因是討論與自身有關的議題，但大部分則是一種榮耀，例如表現優異等。這些人可能是中階主管、工程師，甚至是工人。大部分的人進到雷鳥會議室都顯得非常緊張，穆拉利總是有辦法快速地化解他們的不安。

「我們歡迎你們的加入，」他帶著笑容表示。「我們希望你能融入這個會議，並在最後聽到你對會議的感想。」

這些來賓被賦予兩項任務。第一，他們必須把在會議上學到的帶回部門，並與同事分享BPR會議流程，進而推廣到整個組織。第二，穆拉利相信，他們的出現會讓主管的表現更好，就如同他之前在波音公司以攝影機記錄開會過程一樣。

每個人坐定位後，穆拉利點出第一張投影片。現在BPR會議的投影片共有三百二十張，但不是每一張都會在會議上用到，他們會因不同的議題而將投影片對調。穆拉利首先說明當天的議程，為來賓講解會議重點，並對公司現狀做出嚴格的評估。

「按照計畫進行，沒有改變。」

穆拉利敘述現在的現金、銷售量與營收，以及未來五年的預估利潤。投影片顯示所有數據都將穩定成長。

「福特持續成長的原因在於，我們製造出消費者想要的產品與服務。此外，我們的製造時間與成本都比競爭對手少很多，」穆拉利解釋。「這麼做絕對會為公司與股東創造出更大的利益。」

接下來他談到現今的產業環境，列出可能影響福特的地緣政治發展，檢視全球經濟、能源、環保以及勞資糾紛等議題，並關切首要競爭者近來發生的新聞。他接著展示兩張圓餅圖，顯示各地區包括美國、歐洲與亞洲對福特營收的貢獻；另一張則是大型、中型、小型車在福特營業額的分布。雖然兩張圓餅圖沒有平均分割為三等分，但可以看出來有漸漸趨於平衡的走勢。穆拉利提醒大家，這是組織的主要目標。他再次強調計畫的四項要點，防止有人忘記。最後，穆拉利列出稍後將在SAR會議上討論的議題。

布斯是第二個上場的人。他先詳細說明公司近來的財務狀況。從投影片看起來，第三季也有不錯的表現，到了年底福特的現金與債務有可能會拉近。布斯接著說明艾倫．休斯康威的報告：雖然對新車的需求還未達歷史新高，但全球經濟以及美國地區汽車與卡車市場也正緩慢回溫。四個事業群領導人——班尼斯特、菲爾德斯、韓瑞麒與歐德爾各針對負責的地區現況、財測與計畫進度上台說明十分鐘。說完後，換各功能部門說明部門運作的最新狀況。現在每個人都十分了解如何運用穆拉利的顏色編碼系統。近來投影片上的綠色標記愈來愈多，但偶爾還是可以看到一些紅色與黃色標記。穆拉利一點兒也不介意，因為只要他們能點出問題，團隊就有辦法共同解決。

大家報告完畢後，穆拉利再度站起來進行總結，他詢問大家是否有任何臨時議題需加到SAR會議的議程。最後他走到每位來賓身旁，請他們聊聊對會議有無建議或想法。大部分的答案是他們終於見識到組織如何誠實、團結一致的面對問題。

福特激勵人心、不可思議的改變

十月二十六日，福特公布第三季營收為十七億美元，並還清對聯合汽車工會VEBA基金會的欠款。福特終於免除對美國鐘點工人醫療保障的責任，換句話說，企業肩上最沉重的負擔終於卸下了。福特內部沒有人想到他們能這麼快還清負債。

當然，也超出華爾街的預期。福特股價已經超過十四美元；十一月三日更來到十五美元，兩天後突破十六美元大關。到了二〇一〇年底，很有可能上看十七美元。少數在二〇〇八年十一月二十日福特股價只有一．〇一美元進場的人在短短兩年就有十六倍的投資報酬率，但前題是他們的心臟夠強，能抱著福特股票這麼久的話。股價有可能會再創下新高。

晨星股票研究公司（Morningstar Equity Research）在十二月五日首先將福特的信用評等提高為投資等級。後來前三大投資公司也提高福特的信評，並對福特未來展望持正面積極的看法。這間車廠也在持續還款。到了十二月，當穆拉利在總部十二樓遇到布斯、財務主管尼爾．施洛斯與其他財務團隊成員時，他們總是帶著微笑，因為福特在那一年幾乎還了一半的債務，大約有一百四十五億美元。年底結算時，他們手上的現金已經超越債務了。

「做得好，各位！」穆拉利伸出大拇指，興奮地大叫。「真的太神奇了！」

在過去十二個月以來，福特在各地投入幾百億的資金。美國廠區開始招攬人才，吸引矽谷工程師前往迪爾伯恩，並把幾年前外包給國外廠商的工作拉回美國廠區。福特已經超越麻煩纏身的豐田汽車，成為美國第二大汽車製造廠，同時也是供應商最想合作的公司。

穆拉利從第一天進到福特總部所帶來的改變已經超出任何人的想像，包括比爾．福特。福特汽車從一家只依賴幾款大型卡車與休旅車的製造商轉變成提供迷你車、貨卡車等各種車款的領導者；從汽車製造廠的末段班一躍成為技術、設計、品質甚至效能都遙遙領先的領導者。費爾利與戴伊已經成功區隔出福特與通用、克萊斯勒的差異。豐田汽車的電視廣告現在針對的是福特，而非本田汽車，這代表福特已經被這家汽車界巨人視為可敬的對手。福特的消費者調查機構指出，客戶現在非常願意多花一點錢購買有藍色橢圓標誌的車款。

然而，最大的改變來自於玻璃屋內部。福特的主管不再把時間花在算計別人或捍衛自己的勢力版圖，而是專心工作，確保公司能持續邁向成功。他們幫助別人，也在需要幫忙時提出需求。他們衡量成功的標準不再是個人成敗，而是能否如期完成穆拉利的計畫進度。

當然，福特在美國與其他地區仍舊面臨一些挑戰。在歐洲，愈來愈多車廠來瓜分這塊市場，福特不得不削價競爭，防止客戶轉向其他品牌。在美國，聲控的Sync系統遭到聯邦政府的批評，他們擔心多媒體系統會讓駕駛分心。Sync當時是十分創新的系統，以客製化的電腦螢幕與觸控系統取代原本儀表板上的刻度與按鍵。這項與消費電子產業同步的系統的確吸引許多年輕人，但對較年長的客戶則造成一些麻煩與困擾。分析師開始厭倦福特每次都超出預期的表現，開始提高福特的預估營收。雖然每季都還很賺錢，但福特現在偶爾會達不到目標，股價也就有一些起伏。但這些還稱不上是危機，只是每家企業都可能遇到的問題。

二〇一一年一月二十八日，福特公布二〇一〇年整年營收為六十六億美元，這是十年來獲利最佳的一年。艾倫．穆拉利與其團隊不僅拯救這家美國標竿企業，也讓福特成為世界最賺錢的汽車製造商。

第二十一章

前方的道路

最有價值的歷史就是我們現在正在做的事。

——亨利・福特

美國汽車產業在二〇〇八年爆發的危機其實已經累積幾十年。在國外車廠競爭，沉重的歷史成本，過於慷慨大方的勞資契約，長期管理不當以及短視近利各種原因交互衝擊之下，長久以來隱藏在底特律的斷層終於裂開了。福特汽車首當其衝，幸好，這家汽車製造商在還未病入膏肓前就採取行動。反觀通用與克萊斯勒，雖然一直宣稱改革的步調在福特之前，但他們還是錯估情勢，未能即時投入全部心力進行改革，等他們發現時為時已晚。信用市場凍結，有能力拯救汽車製造商的人儘可能與底特律撇清關係。那些把福特的成功歸咎於運氣或時機的人忽略兩項重要事實。第一，艾倫．穆拉利曾經成功拯救波音公司；第二，福特本身也在歐洲與南美洲有過成功經驗。

改革為何會成功？

比爾．福特與唐．勒克萊爾很幸運地沒有等到二〇〇八年金融風暴爆發前夕才開始執行融資計畫，因為他們知道拯救福特需要大量現金，同時也預期貸款市場即將進入緊縮時代。這家迪爾伯恩製造廠成功贏得豐田汽車客戶的目光不光是豐田犯錯或危機處理不當，而是福特車款不斷改革創新，成為汽車市場上另一顆閃亮的新星。通用、克萊斯勒的破產，豐田的品質危機，以及讓日本汽車產業應聲而倒的三一一大地震與海嘯為福特帶來絕佳的機會。這家公司之所以能掌握機會的原因在於，他們的產品、資源與政策已經準備就緒。這些事情如果發生在五年前或許對福特有些幫助，但這間企業絕對還是會沉溺於過往的歷史。

或許有人會認為福特的成功在於，美國能源部門提供的貸款或向聯準會借的錢，無論如何福特的確拿了納稅人的錢。沒錯，但其他大型車廠不也如此？不僅是美國，日本與德國車廠都受惠於這些專案，更重要的是，外國車廠還拿了自己國家的補助。通用、克萊斯勒和福特最大的差異在他們確是接受美國政府的紓困，不只是貸款，甚至還包括每天的營運開銷。這兩家車廠在手術檯上結束生命，但因為華府的救援而再度甦醒；福特則是自救。

如果簡單說是艾倫·穆拉利拯救福特汽車，其實也不完全正確。真實狀況要複雜得多。或許你可以說因為比爾·福特的自覺、退讓拯救了福特；你也可以說因為馬克·菲爾德斯的「前進之路」計畫為穆拉利的改革奠定基礎；你甚至可以說是唐·勒克萊爾申請融資的先見之明讓福特得以預留大量現金。這些都是事實。拯救福特的並不只是哪個騎白馬進城的英雄，但如果不是他，福特大概也不會活到今天。至少不會是今天這個可以讓人引以為傲、獲利良好而且獨立自主的汽車品牌，更別說能夠成為在同一個世紀裡，二度象徵美國韌性與豐富資源的公司。

當時福特的重整計畫已經準備就緒，但內部文化卻讓計畫遲滯不前，無法做出真正的改革。菲爾德斯的計畫看似健全，但改革的腳步不夠快，也缺乏執行計畫的相關經驗。德瑞克·庫薩克知道要讓福特搖身變成世界級車廠的關鍵在於，要善加利用自身設計與技術資源，他藉由全球產品研發系統帶領福特走到正確的道路，但如果沒有穆拉利在後面猛加油門，恐怕福特的時間與現金早就用光，根本還走不到這一步。勒克萊爾深知福特的狀況有多危急，因此他提出一項財務計畫，希望能為公司爭取更多時間穩住腳步，只是華爾街根本不買帳。大型投資銀行在當時已經不大信任迪爾伯恩的人。班尼·福勒專注於改善北美區的產品；湯尼·布朗努力修補與供應商之前的關係；至於喬伊．雷蒙、韓瑞麒與馬汀．慕利則負責與聯合汽車工會協調勞資契約內容。不過，他們所有的努力，仍深受過往內鬥與混亂的束縛，畢竟，公司會衰退到今天這個地步，就是那些沉痾造成的。而且當局者迷，身在玻璃屋中的人，不但難以自救，而且也很難讓自己用嚴厲與無畏的眼光去正視福特問題的全貌。充其量他們只是試圖止血。

穆拉利撕開繃帶，清理傷口，把病治好。只有沒受過福特文化荼毒的人才辦得到。但不是隨便一個局外人都有此能耐：這個人必須了解全球製造業的複雜性，勞資關係與大量零件的工程產品。克萊斯勒任命毫無製造業背景的家得寶（Home Depot）前執行長羅伯特．納得利，就是一個血淋淋的失敗例子。納得利以為更換沖壓鋼零件供應商就像換夾板供應商一樣簡單，事實證明他是錯的。他的錯誤不僅對克萊斯勒，甚至對其他汽車製造商，包括福特造成嚴重的影響。

穆拉利知道如何避免出亂子。他特殊的工程思維和高明的商業頭腦兼具。擔任航太工程師的經驗讓他知道，怎麼減輕重量和阻力才能使飛機飛得更高、更快。他也將相同的方式應用在汽車產業，讓福特一飛沖天。穆拉利也為迪爾伯恩帶來勇往直前的決心，這是以往玻璃屋高階主管最欠缺的特質。他不是聽著汽車產業神話長大的人，但福特、通用與克萊斯勒的其他主管是，因此他們看不到問題，已經將產業惡性循環的狀況內化了。他們理所當然地認為，成功之後必定伴隨著失敗。這已經成為汽車產業輕易搪塞的藉口。因此他們常常做著像胡亂修理火星塞，或隨便綁綁皮帶這樣的事，因為沒人相信他們可以把整組引擎拆掉再重組。

但這就正是穆拉利正在做的事——而且他也想辦法讓所有人一起來幫忙完成。他以嚴謹的方式破除公司的陳腐文化，並促使大家朝一致的方向邁進。必要時，穆拉利的態度也會很強硬，但他主要的出發點，是希望能和大家建立起一個共同的願景——讓大家想想福特曾經有過，以及如何重新擁有的願景。他教導其他主管如何依照數據下決策，而非是透過會議室政治。一旦有此共識，團隊就能以整體考量做出對福特有益的決策。

「我們改革的目的並非是成功，」技術長保羅．馬斯卡雷納斯（Paul Mascarenas）告訴我。「艾倫的目標是打造『一個福特』。」

* * *

領導者的工作

或許其他人也能接手這間瀕臨破產的公司，修補問題，並讓它走回通往成功的道路，卻少有人能像穆拉利一樣管理出色。他讓福特經歷一次最痛苦，也最難以達成的組織重整，並撐過有史以來最大的全球金融風暴。儘管如此，那陣子，他每天走進公司時，臉上依然帶著他的招牌笑容。我有一次問他的媒體公關凱倫．漢普頓是否看過穆拉利精神緊繃的樣子。她笑了笑，然後告訴我二〇〇八年某天走進穆拉利辦公室，看見他凝視著窗外，手中握著壓力球。

「糟糕！」她叫了一聲，指著那顆壓力球。「連你都感到壓力，那我們一定死定了！」

穆拉利開始大笑。

「別擔心，」他說。「我只是打網球時扭到手腕。」

一旦穆拉利提出計畫，他就不會質疑計畫是否成功。從一開始，計畫的四個要點就像是他的宗教信仰，就像工程師天生莫名地相信數字一樣。

「數據顯示，如果你能確實採取行動，計畫就會成功，」當穆拉利被問到怎能如此肯定，即使是競爭對手也身處險境時也如此。「經營企業是一種設計工作。你必須對未來很有想法，擬出能到達那個未來的計畫，然後**義無反顧地**徹底執行。」

艾倫．穆拉利拯救的不只是一家，而是兩家美國工業龍頭。他在波音的成功足以奠定在美國企業界的地位，現在再加上對福特重整之路的貢獻，大家絕對會把他視為當代最偉大的執行長。

穆拉利的兩次勝利證明他獨特的管理方式，包括每週的會議，以數據為基礎，強調團結合作等是可行的。穆拉利對此深信不疑；他也用相同方式養育小孩，經營網球社團。他現在更確定的是這套方式不僅適用於小型的非營利機構，在大型跨國企業也行得通。

「我見識到某些要素的力量，亦即企業的宏願，全面的策略，持續不斷地執行力，以及能實現上述承諾的優秀員工。」這是二〇一一年五月，他為本書接受我最後一次採訪時說的。「我們那時擬定了一個計畫，至今已經持續不斷執行了四年半。」

這代表著不論環境有多艱困，他們都得面對現實；這意味著即使公司無法撐過明天，他們還是得為未來的成長辛勤播種；這顯示不管計畫有多難執行，他們絕對要堅持到底。

「你必須相信這個流程。你必須培養快速的情緒復原力，」他說。「你對未來有任何想法嗎？有的話打勾。現在你仍然認為這是你想要的願景嗎？是的話打勾。你有一套完整的計畫嗎？有的話打勾。如果你有能力，你就可藉由這套流程鼓勵其他人團結一致，共同為目標奮鬥，那麼你就會了解這套方式。但前提是你必須相信它。」

領導者的工作就是時時提醒其他人這個願景，確認他們遵循這套流程，並要他們團結合作。

「團結合作是最重要的一點。一旦團隊能合作無間，計畫絕對能成功，」穆拉利強調。「每個人都必須以團隊為優先，整個團隊必須依存。」

* * *

另一個功臣：比爾．福特

在福特，互相依賴的最佳實例就是，穆拉利以及名字被刻在總部大樓的比爾．福特。他們兩個絕對是一個默契十足的團隊。穆拉利擁有比爾欠缺的商業與領導技巧，但比爾了解福特的歷史以及拯救福特需要哪些要素。比爾．福特不會花很多時間告訴穆拉利該怎麼做。如果這位執行長有任何疑慮，比爾會用心聆聽。多數時候，穆拉利只是想找個人再度加強自己的信念。此外，比爾會教他如何面對董事會，何時提出想法，如何說服他們等。最重要的一點，他讓穆拉利放手去做，不受福特家族成員的干擾。

在這次福特汽車史上最嚴重的危機中，福特家族最大的貢獻就是對這間企業保持信念。由於他們的堅持，讓董事會無法進行出售車廠的任何動作。當然，他們以B股控制福特汽車其實會有不良影響，但如果是一般股東，福特汽車絕對會被放棄，丟給破產律師，恐怕早就體無完膚。福特家族給予這間企業一股安心的力量，看的是其他企業看不到的長遠利益。

「我非常以福特家族與董事會為榮。他們攜手度過一段最艱難的時光。當時他們每天看到的是一天比一天還要糟糕的消息，」比爾．福特告訴我。「每項指標都顯示這間公司撐不下去了，但福特家族與董事會拒絕接受這項消息。他們說，『如果真是如此，我們也要奮戰到最後一刻。』這就是我想說的。」

對於福特重整計畫的成功大家通常會把焦點放在穆拉利身上，而忽略了比爾．福特。如果這位亨利．福特的曾孫沒有勇敢奪回屬於福特家族的公司，可能就沒有今天的福特，因為賈克．納瑟會讓它一敗塗地。或許比爾裁員、縮小公司規模做得不夠徹底，但是他是開始這項困難、痛苦行動的先鋒。他了解產品的重要性，許多車款與跨界車款，如Fusion、Edge以及Escape油電混合車就是由他著手進行。他不僅贊成勒克萊爾的融資計畫，更說服董事會與家族成員同意抵押整間公司以獲得貸款。如果他沒有下定決心保護先人留下來的遺產，福特的故事可能會有個截然不同的結局。他不只是為了福特家族，也為了員工、股東，更是為了美國。比爾．福特不僅讓出執行長的位置，更卯足全力協助穆拉利，給他時間、空間以及改革所需的一切資源。沒有他的努力，穆拉利大概只是這間公司與文化下的另一名受害者。

* * *

我曾經問過一群華爾街投資家一個問題：既然福特現在已經轉危為安，福特未來還有什麼危機？供應商的不穩定嗎？歐洲車款削價競爭的壓力？還是中國車廠的勢力崛起？在我還沒說完所有選項前，一位來自貝萊德（BlackRock）的投資者打斷我的話。

「福特汽車最大的危機在於穆拉利的離開，」他說。

「沒錯，」其他人也表贊同。「這是他們最大的危機。其他的問題他們都還能處理。」

當時是二〇〇九年底。幾個月過後，愈來愈多人擔心穆拉利任期結束後，福特將何去何從。所有的擔憂在穆拉利二〇一〇年邁入六十五歲時轉變成一種壓力。到了二〇一一年幾乎在所有記者會場合，穆拉利都會被問到計畫幾歲退休的問題。

「我還沒真正想過這個問題，」在五月年度股東大會後，記者追著穆拉利問。

但每個人都知道時間已經開始倒數。產業外的人看不出玻璃屋下一位繼任者是誰，而許多產業觀察家則質疑一旦穆拉利離開福特，他所帶來的改革是否還能持續。福特員工更是憂心忡忡。穆拉利何時離開以及誰會取代他的問題，絕對會讓迪爾伯恩的任一個會議室陷入寂靜。

如果福特沒有穆拉利？

二〇〇六年穆拉利離開西雅圖時，波音公司陷入一片混亂。波音內部員工透露這是因為繼任者無法維持穆拉利那套流程。當被問到這類問題，穆拉利只是簡單回答，他已經給福特汽車各種工具了。在他退休後，公司要如何運用這項工具則不是他所能控制。從福特的歷史來看，他們在嚐到成功甜美果實後總是會漸漸腐化，他們在重振旗鼓後，總是會因為管理不當而退回原點。只是這次的成功似乎和以前不大相同。

福特以往總是藉由某項創新熱門的產品而大獲全勝，如A型車、野馬或Taurus。穆拉利的計畫不僅全面改革產品線，也重整設計與製造方法。亨利．福特以大量製造降低成本、提升效能，再將省下來的成本轉給消費者。至於穆拉利與其團隊則是以全球化的方式研發產品，分享相同的製造平台，並以好開、好看且便宜的車款取代之前的產品。

福特以往的復甦主要由某位強勢的領導者主導，但這位靈魂人物往往成為屬下奉承、拍馬屁的對象。久而久之，他們開始沉溺於權力、地位，為了扶植自己的人馬不惜趕走或陷害有才能的主管。在穆拉利周圍一定也會出現這種偶像式崇拜。當他走進公司，全部的人總是會站起來歡呼。當穆拉利擁抱他們時，他們會臉紅，甚至害羞地索取穆拉利的簽名照。他們會在座談會上以顫抖的聲音感謝穆拉利拯救福特以及他們的工作。但不同的是，無論在何種場合，穆拉利總是會提及他的團隊。在記者會上，穆拉利會讓其他主管有表現的機會，讚揚他們對重整計畫的貢獻，確保每位成員都能接受大家的掌聲。私底下，他會盡量讓部屬參與決策過程，要他們以相同的方式領導自己的部門。

然而，穆拉利與前幾任領導者最大的差異在於，他能正視福特最根本的問題：組織文化。他拿著大槌打破幾個世代以來各派系劃分的勢力範圍，他強迫每個人面對現實，不准他們轉身，甚至眨眼。改革真的不是件簡單的事情。由於穆拉利的堅持，福特的主管終於在危機爆發時不再以自身利益為優先，而是以公司整體利益為考量。這是迪爾伯恩從未出現的現象，這也是福特能重回成功之路的關鍵。現在大概只有時間能知道穆拉利究竟是根除了福特的病灶，抑或只是緩解症狀。

至少在二〇一一年的迪爾伯恩看不到福特先前慣有的自滿。穆拉利與團隊沒有因此而沾沾自喜，相反的他們還在努力改善福特的負債資產表，提高信用評等，挽救藍色橢圓標誌的形象，恢復紅利的發放。停滯不前的美國經濟與全球金融風暴在在顯示要達成上述目標其實不容易，但他們的目標不僅止於此。現在的福特汽車想與全球汽車產業龍頭，如豐田或福斯汽車競爭。二〇一一年六月，穆拉利誓言要在二〇一五年讓全球營收增加為現在的兩倍。

「一定要把腳放在油門上！」成為他最近的口頭禪。

如此積極的擴張策略其實是存在風險的。當豐田汽車決心要挑戰通用汽車成為世界第一大汽車製造商時，問題便一一浮現。這間曾經最受推崇的車廠開始走捷徑，處理事情的態度愈來愈懶散、隨便。這些現象似乎還沒出現在福特內部，但他們得對這些徵兆保持警覺性。

對今日福特最大的挑戰還是在於，如何延續穆拉利的改革。福特汽車如果能堅持執行這套系統，絕對可以避免重蹈覆轍。他同時也協助福特訓練一個知道如何邁向成功的領導團隊。

「我們穿越了鴻溝，了解可能出現的挫折，最後看到效果，」馬克．菲爾德斯告訴我。「擬訂計畫後，你開始執行，期間你必須克服一些問題、挫折，最後開會共同解決，在這過程中受益最多的人絕對是你。」

二〇一一年一月十二日，比爾．福特要求路易斯．布斯在年度領導人會議上對公司全球的高階主管發表演說。他首先說明福特在過去幾年的成績，包括還清一部份貸款以及在VEBA基金會的負債，並讓組織轉虧為盈。

「這是我在福特三十幾年來印象最深的過程，我看到前方有無限的機會，這對福特的未來絕對是件好事。此時的你應該全身發熱，興奮的顫抖，因為我們的未來充滿希望，」他帶著濃厚的感情表示。「這是改變福特的絕佳時刻。」

*　*　*

亨利・福特曾經說過，「一家只會賺錢卻什麼都沒有的企業最可悲。」

自從穆拉利二〇〇六年上任以來，可以肯定的是福特汽車賺了不少錢，但更重要的是他們讓大家相信美國企業仍然擁有獨創、創新以及正直幾項特質。在這斤斤計較、削價競爭的時代裡，穆拉利建立的福特讓大家了解好的產品根本不需要降價以求。當華爾街大型投資銀行試圖隱瞞巨額交易損失時，穆拉利反其道而行，他讓大家知道福特要克服的缺點與挑戰有哪些。華爾街的欺瞞最終拖垮整個金融業，造成經濟蕭條；至於福特則在穆拉利的決心與堅持下，勇敢面對衰退的事實，最後東山再起，成為汽車產業的核心企業。

從穆拉利抵達迪爾伯恩那天起，他就曾經說過要為美國製造業的靈魂而戰。如果福特失敗，某部分的美國精神也會跟著消逝。現在福特汽車做到了。在穆拉利的領導下，它向全世界展現美國汽車製造商也能擺脫包袱，絕處逢生，迎頭趕上世界一流的對手，邁向成功。

謝辭

感謝許多特別的人，讓這本書的出版成為可能。這當中有許多人參與，而有些不願具名。在願意公開姓名的人之中，我必須首先感謝比爾．福特二世（Bill Ford Jr.）和艾倫．穆拉利，若非他們的配合，我將無法如此鉅細靡遺地呈現這個故事。他們貢獻了寶貴的時間，並且針對書中記錄的事件，提供了絕無僅有的觀點。由於他們對這項計畫的支持，我也因此得以聯繫福特汽車公司其他的執行長，使用公司的資料庫，以及其他重要的資源。他們願意不干涉編輯，不經過任何審查就認可本書的內容，更加證明了他們對福特傳奇的信仰及自信。

我也必須感謝許多福特公司的成員，馬克特魯比（Mark Truby）是第一位。在他加入福特企業公關部之前，曾是我《底特律新聞報》的編輯。他在二〇〇五年錄用我報導這個汽車製造廠，知無不言地告訴我其中的祕密，並且教導我如何挖掘更多資料。馬克是我見過最好的新聞記者，我所擁有的一切身為記者的技能，皆歸功於他的指導。在福特公司，他大力倡導這項計畫，並且提供寶貴的協助。他和他的組員促成了多次我為〈美國偶像〉（*American Icon*）節目做的專訪，勞心勞力地提供我做研究時的種種協助，直到他在二〇一一年被調職到德國。這個重擔因此落到凱倫．漢普頓身上，而她在擔任穆拉利的媒體聯絡人時，已經幫了我許多。凱倫和他的團隊所做的，遠遠超過任何一個作家可以希求的。他們經常花費好幾個小時，甚至好幾天的時間，追查最微小的細節，或是確認曖昧不明的事實。我源源不斷地要求，本該消磨許多人的耐性，但凱倫不同。對於這些，她全都及時而樂意地給予回應，為此，我銘感五內。此外，我也對馬克和凱倫的長官雷・戴伊致上謝意，他在兩年前的一次午餐跟我討論了開始寫這本書的想法。是戴伊向福特和穆勒利提出這項計畫，並且極力鼓吹他們的合作。對他和其他的福特執行長們，無論是現職或是前任，以及所有參與這項計畫的助理們，我深深致上我的謝意。

我也想謝謝我在摩根大通（JP Morgan chase and company）工作的朋友，Eric Selle，讓我對書中牽涉到晦澀難懂的財經知識，有較深入的了解。

當然，對於我的經紀人Jane Dystel，我永遠感謝。Jane是一位不可多得的盟友、顧問及擁護者。對於她在出版業種種複雜問題上的引導，我總是萬分感謝。另外，也謝謝她的夥伴Miriam Goderich幫這本書提案，還有Dystel and Goderich Literary Management的所有成員，謝謝他們讓這本書得以出版。

當然，少了我在Crown Business的編輯Roger Scholl，這一切都不可能實現。謝謝他願意相信一個默默無聞的作家，和完美的配合。他對這項計畫的熱忱以及對我的無比耐心，遠超出我的預期。謝謝他的助理Logan Balestrino, Paul Lamb, Dannelle Catlett以及在Crown的各位，感謝他們相信這個計畫，並且不遺餘力地，讓它成功。

也感謝《底特律新聞報》，讓我報導這個非凡的故事，並且給我休假，讓我完成本書。在這個報業經營吃緊的世代，這樣的待遇非同小可。在此，我要特別感謝出版商Jon Wolman、總編輯Don Nauss、商務編輯Sue Carney和Joanna Firestone，謝謝他們的耐心與支持，以及《底特律新聞報》中汽車資訊部的所有成員，在我告假時，承接所有我份內的工作。我是如此有幸可以在《底特律新聞報》工作，因而與許多業界優秀的汽車記者共事，並向他們學習，其中包括了Christine Tierney和Bill Vlasic。但是，我最應該感謝的是Daniel Howes。在我感到煎熬時，他一直是我心靈的導師、告解的神父；他總是以他對汽車產業的淵博知識，直指我假說中的錯誤，並助我成為這樣一個作家。

關於這點，我也永遠銘謝Herbert Kohl。是他肯定我在寫作上的潛力，並鼓勵我踏上成為作家的道路。我在高中的時候第一次見到Herb，他幫助我雕琢寫作上的技巧，讓我知道如何運用這樣的才華，並且在我需要刺激時，推我一把。從此，他在我需要他時，總是在我身旁。

我父母，也扮演一樣的角色。無論在我遇到怎樣的難關，他們總是支持這項計畫，以及我生活上的一切。

他們都對我恩重如山，但是我妻子Gretchen Heyer-Hoffman對這本書和我生活中的一切幫助，則是無與倫比的。校閱、編輯、煮飯、分工、心理醫生、靈魂伴侶，在完成這本書的各個階段，她一直都常伴左右，正如同她十八年來，一直在我身邊一樣。她總是相信我的能力，即便在連我自己都不相信自己的時候；撰寫這本書時，也是如此。Gretchen的名字，應該跟我並列在作者欄，但是她太謙虛而婉拒了。所以，我只能在這邊，說聲感謝，向她致意。

方向 046

勇者不懼
拯救福特，企業夢幻 CEO 穆拉利

原著書名：American Icon:Alan Mulally and the Fight to Save Ford Motor Company
作　　者：布萊斯 · 霍夫曼（Bryce G. Hoffman）
譯　　者：許瀞予
總 編 輯：林慧美
主　　編：魏珮丞
封面設計：井十二設計
內頁設計：林佩樺
內頁排版：健呈電腦排版公司
寶鼎行銷顧問：劉邦寧

發 行 人：洪祺祥
出　　版：日月文化出版股份有限公司
製　　作：寶鼎出版
地　　址：台北市信義路三段 151 號 8 樓
電　　話：(02) 2708-5509　傳真：(02) 2708-6157
E-mail：service@heliopolis.com.tw
日月文化網路書店：http://www.ezbooks.com.tw
郵撥帳號：19716071 日月文化出版股份有限公司
法律顧問：建大法律事務所
總 經 銷：聯合發行股份有限公司
電　　話：(02) 2917-8022　傳真：(02) 2915-7212
印　　刷：禾耕彩色印刷事業股份有限公司
初版一刷：2014 年 2 月
初版三刷：2014 年 3 月
定　　價：480 元
ISBN：978-986-248-365-7

國家圖書館出版品預行編目資料

勇者不懼：拯救福特，企業夢幻 CEO 穆拉利 / 布萊斯 · 霍夫曼 (Bryce G. Hoffman) 著；許瀞予譯. -- 初版. -- 臺北市：日月文化, 2014.2
496 面；14.7×21 公分. -- (方向；46)
譯自：American Icon:Alan Mulally and the Fight to Save Ford Motor Company

ISBN 978-986-248-365-7(平裝)

1. 福特汽車公司 (Ford Motor Company) 2. 組織管理 3. 企業再造

494.2　　102026235

悅讀的需要，出版的方向